大学物理实验教程

陈惠敏　张朝民　刘　烈
王　珊　尚　荣　等编著

東華大學出版社
·上海·

图书在版编目(CIP)数据

大学物理实验教程/陈惠敏等编著.—上海:东华大学出版社,2017.10

ISBN 978-7-5669-1298-5

Ⅰ.①大… Ⅱ.①陈… Ⅲ.①物理学—实验—教材
Ⅳ.①04-33

中国版本图书馆CIP数据核字(2017)第265979号

责任编辑: 杜亚玲
装帧设计: 王亚亚 肖 兵

大学物理实验教程

编　　著:陈惠敏 张朝民 刘 烈 王 珊 尚 荣 等
出　　版:东华大学出版社出版(上海市延安西路1882号,200051)
本社网址:http//dhupress.dhu.edu.cn
天猫旗舰店:http//dhdx.tmall.com
营销中心:021-62193056 62373056 62379558
印　　刷:常熟大宏印刷有限公司
开　　本:787 mm×1092 mm 1/16
印　　张:14.75
字　　数:369千字
版　　次:2017年10月第1版
印　　次:2023年2月第3次印刷
书　　号:ISBN 978-7-5669-1298-5
定　　价:42.00元

Perface 前言

本教材是以全国工科物理课程指导委员会制定的《高等工业学校物理实验基本要求》为原则，结合上海工程技术大学历年来的教学改革和教学经验编写而成。

物理实验作为一门独立的必修基础课程，对培养学生科学实验素养起着重要的作用。为此，本教材写入了必要的实验基础理论内容，包括“测量与误差”、“实验的类型”和“科学实验的过程”三章内容，旨在使学生通过实验基础理论的学习，能够熟悉和掌握科学实验基本的共性知识，从而有效地培养学生的科学实验能力。

本教材的实验分为两部分，第一部分为基础与综合物理实验，每个实验都安排了观察和测量的内容，实验者必须自觉地应用基本理论指导自己的实验活动，通过这些实验不但要从理论上掌握物理实验的知识、方法和技能，而且还要在实验过程中积累实践经验，培养理论联系实际和动手实践能力。第二部分为设计性实验，它需要综合应用已学的实验理论知识和实践经验。教材对各设计性实验项目仅作简单介绍，并提供若干参考书目，学生可以据此进行选做，并根据参考资料对实验项目作进一步的了解。设计性实验的开设目的在于培养学生独立分析问题、解决问题的能力，培养学生的创新能力。

本教材是在《大学物理实验基础教程》的基础上编写的。《大学物理实验基础教程》1998 年第一次正式出版，它总结了物理实验中心多年来的教学改革和实践经验，其间经过了多次修订和完善，获得 1999 年上海市高等学校优秀教材二等奖，它凝聚了姚士亨、刘文光、江丕农等十余位老师的智慧和劳动成果；2001 年由张光忠、刘烈、尚荣等六位教师修改编写；2007 年又由刘烈、陈惠敏、尚荣等九位教师进行修订。2013 年再次由吴建宝、张朝民、刘烈、陈惠敏等十二位教师进行修订。

本次教材的出版，在保留原教程体系、风格、特色的同时，根据目前教学大纲的要求修改和调整了部分章节的内容，增设了部分新实验的内容，主要修改和编写者有陈惠敏、张朝民、刘烈、王珊、尚荣、王明霞、林琦、陈余行、吴建宝、孙晓慧、朱鹏飞、平云霞、高雅。

实验教学是一项集体的事业，本教材是物理实验中心全体教师和实验技术人员集体智慧的结晶，在此我们向参与本教材编写和修改讨论的周有余、季鑫、王付鑫和夏金安老师致谢，向曾经参加过教程编写和给予实验数据处理指导的姚士亨、段承后、戴纪华老师致谢。

此外，还要感谢曾经参加过优良等级答辩的学生们。十多年来，他们发挥了自己的聪明才智，撰写了几百篇答辩材料，从各方面讨论和分析了实验中存在的问题，大大丰富了实验教学的内容。最后我们还要感谢曾经对我们的教学改革、教材编写提出宝贵意见和对我们的工作给予热情支持的兄弟院校的同行们。

由于编者水平有限和现代实验技术的迅速发展，本文存在不妥之处在所难免，恳请广大读者批评指正。

作者

2017年10月

于上海工程技术大学

Contents 目录

设计性实验简介(力学)

设计性实验简介(热学)

设计性实验简介(电学)

设计性实验简介(磁学)

设计性实验简介(传感器)

设计性实验简介(光学)

设计性实验简介(近代光学)

绪　论

在物理学发展的历史上，16世纪意大利物理学家伽利略是第一个把科学引入正确近代方法的人。他用实验和批判性的考察去看待理论的适应性，并用此去提炼自然定律。由于他对实验的强调，使物理学发生了革命性的变化。其后，牛顿进一步丰富了近代科学方法原理，即运用数学语言将理论和实验结合起来去发现定量的原理和规律，用一个原理说明许多现象，预言新的现象，并用实验加以检验。于是，用实验定量地探索自然并从中总结自然规律的科学方法从此生根于一切近代科学技术领域。

物理学的发展就是一个不断地从实验事实的发现和检验中，由一个认识高度走向另一个更高认识高度的过程。在此过程中，理论和实验相互巧妙地推动着物理学在新学说和新事实之间不断地曲折前进。有时实验走在了理论的前面，给理论提出了新问题。有时理论又走到了实验的前面，给实验提出了新课题。有时它们又并驾齐驱，相互以其独特的方式推动着物理学向前发展，构成了一部完整的物理学。所以，物理学集中地体现着实验与理论紧密相连的关系，它是运用科学认识论和方法论探索自然问题，包括解决工程技术问题的典型代表。本教程就是以物理实验的知识、方法和技能为基础，阐述近代科学技术实验中的一般方法特点，并通过实验者自身的实践来体会和熟悉这些特点。

一、科学实验的地位和作用

由物理学创导的科学方法的基础之一是运用实验手段，即自然的规律要靠实验来发现，自然科学的理论要靠实验来验证，工程设计和生产实际的问题要靠实验来解决；实验是人们研究自然规律、改造客观世界的一种特殊的实践形式和手段。

实验之所以能有如此重要的地位和作用，是因为它与对自然现象的直接观察和生产过程的直接经验相比，有其特有的优点。首先，利用实验方法可以对各种自然条件进行精密的控制，排除外界因素的干扰，能有效地突出研究事物之间的一些重要关系；其次，它可以把复杂的自然现象或生产过程分解成若干单独的现象或过程进行个别的或综合的研究；第三，它可以对现象和过程进行精确的定量测量，以揭示现象和过程的关系；第四，它可以进行重复实验，或改变条件进行实验，便于对事物的各个方面作广泛的比较和分析等。正是由于它的这些优点，使其在人类认识和改造客观世界的“实践—理论—再实践”活动的历史长河中起着举足轻重的中间体作用。可以这样说，现代科学技术的发展离开了实验就几乎寸步难行，而一个新的工业部门的兴起往往就开始于某个实验。

我国科学界一位权威人士曾说过这样一句话：“从理论到实验，这是一个进步，从实验到商业应用，这又是一个进步。中国的基本理论并不弱，只是实验和应用方面较弱。”此话值得每一位从事应用技术的人深思。

二、物理实验的特点

物理学的基本组成部分是实验和理论，它们既紧密相连，又互为独立，在它们发展的道路上形成了各自的方法特点。物理实验的特点大致有以下几点：

① 实验是有目标的，它与理论有着千丝万缕的联系。当今的实验，包括应用性实验、验证性实验或探索性实验，几乎都是在已经确立的理论指导下进行的，所以，在做任何一项实验时，都应该将该实验的理论结论弄清楚。那种将实验只看作是摆弄摆弄仪器、动动手的单纯实践观点是非常片面而有害的，实验乃是在理论思想指导下为达到某项目标而进行的物理实验，是手脑并用的复杂劳动。

② 实验要采用恰当的方法和手段，以使所要观察的物理现象或过程能够实现，并达到符合一定的定量测量要求。虽然方法和手段会随着科学技术和工业的进步不断得到改进，但历史积累的方法仍是人类知识宝库中精华的一部分，有了积累才能有创新，因此从一开始就应十分重视实验方法的积累。

③ 实验需要技能，它的内容十分广泛。包括仪器的选择、使用和保养，设备的装校、调整和操作，现象的观察、分析和测量，故障的检查、判断和排除等。它有众多的原则和规律，但有时不一定成文，可以说它是知识、见解和经验的积累。唯有实践才有可能获得这种技能。

④ 实验需要一种语言，它要用数据来说明问题。实验做得好与差，两种方法测量同一物理量其结果是否一致，实验验证理论成功与否，这些都不能凭感觉，而必须用实验数据和实验误差的分析与估算来判断。领悟并运用这种语言，才能真正置身于实验之中，亲身感受到成功的喜悦和失败的困惑。

总而言之，实验集理论、方法、技能和数据处理于一个整体，它不但要求实验者弄懂实验内容与实验方法的原理，而且还要实验者根据这些原理付之实现，最后还要从获得的数据结果中得出应有的结论，这些就是物理实验的特点。

三、物理实验的基本程序

基于实验的特点，在做任何一个实验时，必须把握好下列三个重要环节：

1. 实验的准备

实验的准备重点要解决以下三个问题。

第一，实验的目的是什么？即做这个实验最终要获得什么结果，是测定物理常数，还是要验证某个物理定律，还是要探索某种规律。认识了实验目的，才能紧紧地围绕这个中心去思考。

第二，实验的根据是什么？它涉及实验课题的理论和实验方法的原理；必须明白研究对象的含义，弄清它与其它物理量之间的关系，最终还必须建立确定的测量关系式，并有可行的方法对其进行测量。

第三，实验该如何做？在熟悉了实验理论和方法后，必须设想如何去做试验。这包括仪器装置的安置图（如电路图、光路图等）及安装、调整的要求、哪些是直接测量量、用什么方法和器具进行测量、测量的先后次序及数据记录表格准备等。

综上三点，实验预习应简要写出以下项目：

① 实验目的；

② 仪器设备；

③ 实验原理(电路图、光路图、测量关系式)；

④ 大致步骤；

⑤ 数据表格。

实验的准备工作至关重要，它决定着实验的成败和收获的大小，所以实验前要务必做好充分的准备工作。

2. 实验的进行

实验是依据确定的原理解决具体问题的舞台，实验者就是这场戏的导演，因此不要急着开演，而是先根据设想好的步骤彩排一下，看一看，想一想，是否已熟悉实验仪器和工具的用法，怎样做会更好些、更合理些；在确认一切都正常无误后，再按确定的步骤一步一步地走向实验的目的。

在实验工作进入正常状态时，特别要注意两点：

① 要做好完备而清晰的记录。如研究对象的编号，重要仪器的名称、型号和编号；测量数据要记入事先准备好的表格中，以免遗漏；切勿将数据随意记录在草稿纸上，这是不科学的方法，而且容易丢失。

② 要随时用所观察到的现象和测得的数据作为反馈信息来判断实验是否正常，这是会不会做实验的重要标志之一。实验不是机械地完成一项测量读数工作，它是在完成实验的既定目的，所以为防止实验中可能出现的种种意想不到的差错和疏忽，需要随时检验自己工作的正确性，包括做一些必要的数据处理。在离开实验室后再发现实验有误，则为时已晚了。

由上可见，实验是一项艰苦的劳动，不但要动手，而且还要不断的思考、判断；实验者必须要有条理地进行工作和具备严格而又谨慎的科学态度。

3. 实验报告

实验报告是实验成果的文字报道，所以应该做到字迹清楚、文理通顺、图表正确、数据完备和结论明确。报告应该给同行以清晰的思路、见解和新的启迪，这样才算得上是一份成功的报告。实验报告的内容一般应包括：

① 明确的实验目的。不要照抄每个实验中“目的要求”一栏的内容，要分清目的和要求两个部分。要求只是在实现目的的过程中需要实验者掌握的具体内容，所以不能再以“要求”的形式在报告中出现，而必须在报告的具体内容中反映出实验者通过实验后已经达到了这些要求。换句话说，就是实验者在书写报告的具体内容时要紧紧抓住这些要求来写，以显示自己达到要求的程度。

② 实验的仪器设备(名称、型号及编号)。

③ 简明扼要的原理及测量关系式。其中应包括必要的原理图(如电路图、光路图、装置示意图等)。原理应该按自己的理解去写，不要一味地抄袭；原理必须写到实验目的能够实现为止。

④ 实验步骤(各直接测量的测量方法)。从原理与测量两方面对实验装置提出的调整要求与实现方法，乃至测量仪器的使用技巧(它不应只是具体操作步骤的描述，而应是有个人体会和见解的阐述)等。

⑤ 完整而清晰的原始数据记录表格和数据处理结果(包括实验图线)。在计算处理之后,必须以醒目的方式完整地表示出实验结果。

⑥ 实验的结论和结果评价(包括实验结果的精密度、正确度、一致性及对目的达到程度的文字性结论)。

⑦ 观察、分析与思考。它不是简单地回答书中的问题,而应该写出实验者在实验中所看到的现象得到了怎样合理的解释,遇到的问题是如何发现的,又是如何解决的。在书写这部分内容时,重要的是要写出实验者的认识过程,而不只是结论性的语句。

报告无疑应该按自己的思路来写,特别受赞赏的是自身体会的经验之谈。

实验基础理论

第一章 测量与误差

实验是在理论思想指导下通过自身的观测去探索一个真实的世界。由于实际条件错综复杂、变化多端，即使在实验室中已作了充分控制，也难免不受种种因素的影响，所以观测永远不会是在理想化条件下进行的，测量也不可能是完全精确的。因此，实验除了要测得应有的数据外，还有一个共同的基本问题，即需要对测量结果的可靠性做出评价，也就是对测量结果的误差范围做出合理的估计。若是将实验结果与理论预言或公认值比较，以便从中得出它们一致与否的结论时，该问题就尤为重要。为此，本章将介绍测量与误差的基本知识，它将使实验者能用误差分析的方法去估计实验误差的大小，并在必要时帮助实验者设法减小它们的影响。

§1-1 测量及其分类

一、量、测量和单位

任何现象和实体都具有一定的形式，所有形式都要通过量来表征。也就是说，任何实体之所以能被觉察其存在，就是因为它们具有一定的量。因而可以说量是现象和实体得以定性区别并定量确定的一种属性。物理实验就是将自然界的各种基本运动形式(力、热、电磁等)按人的意志在实验室中再现，然后研究现象和实体的各物理量之间的关系，确定它们的量值大小，找出它们之间的数量关系，从中获取规律性的认识，或验证理论、或发现规律、或作为实际应用的依据。而要得到这种量化的认识，测量就是必不可少的。可以这么说，没有测量也就没有了科学。

所谓测量，就是人类对自然界中的现象和实体取得数量概念的一种认识过程。在这一过程中，人们借助于专门的设备，通过一定的实验方法来得到未知量 x 的数值大小，其单位为设备上所采用的测量单位。简而言之，测量就是对一个量制定一个单位，然后用这个单位与被测对象进行比较，以确定被测对象的量值大小。

若测量用的单位为 G，经比较被测对象是该单位的 k 倍，则测量值 x 应表示为：$x=kG$。但若采用另一单位 G' 对同一对象进行测量，被测对象是该单位的 k' 倍，则测量值又可表示为：$x=k'G'$。由于被测对象是与单位选择无关的客观实在，所以应该有：$x=kG=k'G'$；显然，测量数值 k(或 k')的大小与所选用的单位 G(或 G')有关，单位越大，数值越小。因此，对于测量而言，单纯一个数值是没有意义的，在表示一个测量值时，必须包含有数值 k 和单位

G 两个部分。

单位的制定虽然具有任意性，但要行之有效，并得到国际承认。1971 年第十四届国际计量大会确定以米（长度）、千克（质量）、秒（时间）、安培（电流）、开尔文（热力学温度）、摩尔（物质的量）和坎德拉（发光强度）为基本单位，称为国际单位制（SI）的基本单位；其它量（如力、能量、电压、磁感应强度等）的单位均可由这些基本单位导出，称为国际单位制的导出单位。

我国为适应国际交往的需要，制定了以 SI 制为基础的《中华人民共和国法定计量单位》（见附录一），并已于 1991 年 1 月 1 日开始不允许使用非法定的计量单位。

二、测量的分类

测量可以按各种方式进行分类。

单纯按测量形式分类，可将测量分为**直接测量**和**间接测量**两大类。直接测量就是在测量时将待测量与作为标准的量直接进行比较，即运用预先定度好的仪器进行测量，从而直接获得待测量的数值大小，如用米尺测量长度，用秒表或计时器测量时间等。间接测量则是在测量中不直接测量待测量（或是没有可以直接测量该待测量的仪器）；它是基于待测量和其它几个可以直接测量的物理量之间建立的测量关系式，先分别对这些物理量进行直接测量，然后将它们的测量结果代入测量关系式中计算出待测量的数值。例如，欲测量作直线运动的物体的平均速度 $\bar{v}$，一般可采用直接测量它运动的位移 s 和经过该位移所用的时间 t，然后由平均速度的定义式 $\bar{v}=s/t$ 计算出间接测量量 $\bar{v}$ 。这种间接测量的实例在实验中是很多的。

若按实验的内容和方法分类，则可以将测量分为**单一物理量测量**和**函数关系测量**。单一物理量测量，就是在相同条件下对某个确定的物理量进行重复测量，以获得该物理量的实验结果。函数关系测量则是通过对几个物理量之间的相互变化关系的测量来研究和获得所需要的实验结果。以单摆实验为例，在摆角很小的条件下，摆长 l 和摆的周期 T 之间有 $T=2\pi\sqrt{l/g}$ 的关系式，其中 g 为重力加速度；如果实验是在固定的摆长情况下通过对周期的测量来测定重力加速度，则直接测量的量 T 是一个有确定大小的物理量，因此可以对它作多次重复测量，并获得 T 的测量结果，这种测量称为单一物理量的测量，重力加速度 g 则可通过将 l 和 T 的测量结果代入上述关系式计算得到。若实验将 T 视为是 l 的函数，每改变一次摆长 l_i 测量其相应的摆的周期 T_i，因而获得了许多对（l_i， T_i）测量值，这便成了 l 和 T 的函数关系测量，然后通过一定的数据处理方法也能求得重力加速度 g。由此可见，实验可以采取不同类型的测量，但与之相应的数据处理方法就会有所不同，这正是“分类”重要性的关键所在。

不论将测量如何进行分类，直接测量乃是一切测量的基础，唯有牢牢掌握直接测量的基本知识，才可能进一步理解和掌握间接测量与函数关系测量等方面的知识。

三、测量的目的

不管是哪一类测量，也不管如何进行测量，其最终目的总是希望获得待测对象的真值。然而遗憾的是测量必须使用一定的仪器装置，采用一定的实验方法，在一定的环境条件下通过一定的实验人员去完成。由于仪器装置的不够准确，实验方法的不够完善，环境条件的不够理想以及实验人员水平不够高(包括调整、操作和读数能力)等因素,使每次测量得到的值与客观真值之间总会有差异,这种差异称之为误差。若以 x 表示测量值,x_0 表示测量对象的真值,则误差 δ 定义为:

$$\delta=x-x_0 \quad (误差=测量值-真值)$$

由此可见,测量与误差两者紧密相连,在考虑测量问题时,必须同时考虑误差问题,这正是本章要研究的主题。

§1-2 测量值的有效数字及其运算规则

一、测量值的有效数字

当使用测量工具(量具、仪表、仪器)对待测量进行直接测量时,由于测量工具在制造时受到准确程度的限制,所以测量工具的分度值(最小分格值)必定是一个有限的值,测量读数时能够准确地读出最小分格值,并在一般情况下还能在最小分格值下进行估读。一般人眼可以分辨到最小分格的1/10、1/5、1/4或1/2,至于在具体测量中能分辨到最小分格的几分之一,则要视具体情况而定。由于它是人眼能够分辨的极限值,所以任何一个测量读数应该达到这个分辨极限,但又不能超过这个分辨极限,该分辨极限就称为**读数误差**。由此可以得出结论:测量值是有一定位数的,它的末位应是读数误差的所在位。下面举几个形象化的例子加以说明应该怎样进行测量读数。

【例1-1】 如图1-1所示,用米尺测量铅笔的长度,米尺的分度值为1 mm,由于刻度线较密,笔尖与尺身又不能紧贴,所以认定最多只能估读到最小分格值的1/2,即读数误差定为0.5 mm,笔长的测量值为37.0 mm。

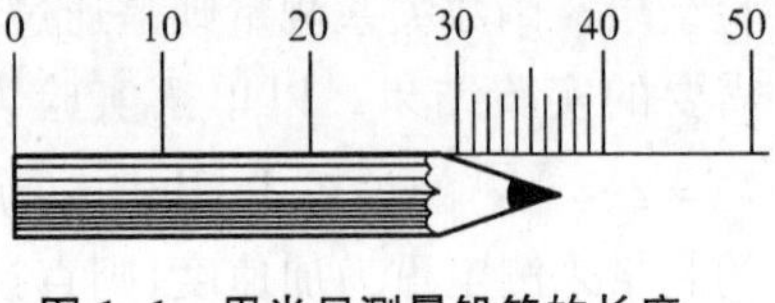

图1-1 用米尺测量铅笔的长度

【例1-2】 如图1-2所示,用量程为10 V的电压表测量电压,其分度值为1 V,由于刻度线间距离较大,指针指示清晰,故可估读到最小分格的1/10,即读数误差为0.1 V,读得测量值为7.3 V。

【例1-3】 如图1-3所示,用量程为100 mA的电流表测量电流,其分度值为5 mA,由于刻度线之间的距离不够大,而指针却有一定宽度,故认定只能估读到最小分格的1/5,即读数误差定为1 mA。图中的测量读数为87 mA。

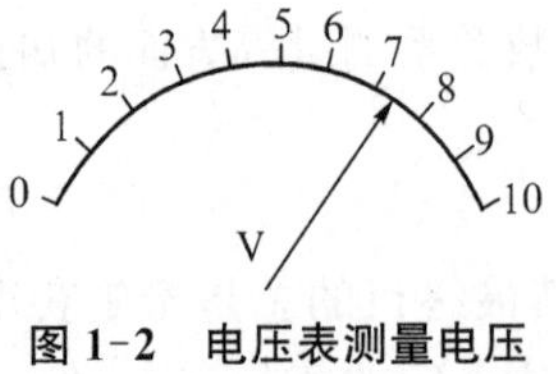

图1-2 电压表测量电压

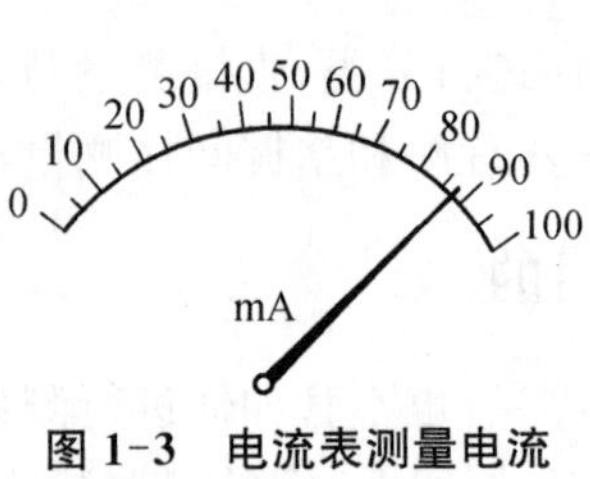

图1-3 电流表测量电流

由上面各例可总结出测量读数的规则如下:

① 每项测量前应先记录所用仪器的最小分格值——分度值；

② 根据具体情况确定能分辨的估读限——读数误差；

③ 每个测量值的末位应是读数误差所在位——测量值的末位与读数误差位对齐。

正确地按照该规则进行测量读数，才能保证测量值的位数正确无误(对于数字式仪表，由于它是一种客观读数，其分辨极限应是仪表示值的末位，一般与分度值相同)。

一个测量值的有效数字就是包括末位在内的该测量值的全部数字，这些数字的总位数称该测量值的有效位数。前述例中，例 1-1 的测量值有三位有效数字。而例 1-2 和例 1-3 的测量值都只有两位有效数字。由于测量的末位就是读数误差的所在位，它标志着测量值在该位上至少已有读数误差存在，所以测量值的有效数字是测量精度优劣的一种粗略表示，是实验者在每一次测量和记录时都要遇到的基本问题，务必牢牢掌握。

在此特别强调指出实验者经常容易混淆的两点：

① 测量值的有效数字和纯数学的数字是有区别的。在纯数学中，7.3＝7.30＝7.300；但对测量值来说，7.3 V≠7.30 V≠7.300 V，因为它们反映的测量精度是不同的。所以，对测量值不能漏读最后一位的 0(如果正好在刻度线处，估读位数是 0 的话)，也不能随便在末位后添加 0，而必须遵照测量读数规则记录测量值。

② 测量值的有效数字位数与小数点的位置无关。如例 1-1 中，测得铅笔长度为 37.0 mm；若用 cm 作单位，则为 3.70 cm；若用 m 作单位，则为 0.037 0 m。小数点的位置虽然随所用单位移动，但因测量值的末位取决于所用测量工具的读数误差所在位，所以有效数字位数仍然都是三位。由此可见，小数点位置决定于所选用的单位，而有效数字位数反映测量的精度，两者毫无关系，绝不能将有效数字理解为小数点后取几位。在对不同大小的量用不同的单位表示时，最好采用科学表示法，如上例中的 37.0 mm，用科学表示法可表示为 3.70×10 mm，或 3.70 cm，或 3.70×10^{-2} m，这样既能明确表示有效数字位数，又能明确表示所选用的单位，是科学技术工作者通常使用的数据表示方法。

二、有效数字的运算规则

当测量值需要进行运算时，为使运算过程中不引入新的误差，在运算结果中不损失或不增加有效数字而影响运算结果的精度，规定一些有效数字的近似运算规则将有利于简便而合理地进行运算，并能保证运算结果的取位正确。这些规则如下：

1. 加减法的运算规则(数字下加一划的是误差所在位)

【例 1-4】 $13.6\underline{5}+1.622\underline{0}$

$$\begin{array}{r} 13.6\underline{5} \\ +\ 1.622\underline{0} \\ \hline 15.2\underline{720} \end{array}$$

在这个结果中，15.2 以后的 720 三位数均属误差影响位，只需像测量值一样保留一位，多余位数可按**四舍六入五凑偶法则**处理(或写成 4 舍 6 入 5 凑偶，5 前面为奇数则入，5 前面为偶则舍)，上例运算结果为 15.27。

【例 1-5】 $16.\underline{6}-8.3\underline{5}$

$$\begin{array}{r} 16.\underline{6} \\ -\ 8.3\underline{5} \\ \hline 8.\underline{25} \end{array}$$

同样道理，运算结果中只保留一位误差影响位，则运算结果为 8.2（5 前面是偶数则舍）。

从上得出加减法的有效数字近似运算法则是：运算结果的有效数字末位的位置和参与运算数中最前面的末位位置相同。

2. 乘除法的运算规则

【例 1-6】 $24\,32\underline{0}\times 0.34\underline{1}$

$$\begin{array}{r} 2432\underline{0} \\ \times\quad 0.34\underline{1} \\ \hline \underline{24320} \\ 9728\underline{0} \\ 7296\underline{0} \\ \hline 82\underline{93.120} \end{array}$$

运算结果中只保留一位误差影响位，结果应为 8.29×10^{3}；它有三位有效数字。

【例 1-7】 $85\,42\underline{5}\div 12\underline{5}$

$$\begin{array}{r} 68\underline{3.4} \\ 12\underline{5}\,\overline{)\,8542\underline{5}} \\ 75\underline{0} \\ \hline 10\underline{4}2 \\ 100\underline{0} \\ \hline 425 \\ 37\underline{5} \\ \hline \underline{500} \\ 50\underline{0} \\ \hline 0 \end{array}$$

同理，误差影响位只取一位时，运算结果为 6.83×10^{2}，它有三位有效数字。

由此得出乘除法的有效数字近似运算规则是：在一般情况下运算结果的有效数字位数和参与运算数中有效位数最少的那个数的位数相同。因为这些规则是近似的，所以只适用于一般情况，在某些特殊情况下可能有违例的现象。如：

【例 1-8】 $243\underline{2}\times 0.84\underline{1}$

$$\begin{array}{r} 243\underline{2} \\ \times\quad 0.84\underline{1} \\ \hline \underline{2432} \\ 972\underline{8} \\ 1945\underline{6} \\ \hline 204\underline{5.312} \end{array}$$

按规则，参与运算的有效数字位数最少的 0.843 只有三位有效数字，运算结果应取三位，但从误差影响位考虑则可以取四位。由此可见，上列的规则只是一种粗略的近似规则，是不严格的。因而，实际运算时，中间过程的运算结果可多保留一位有效数字，最后结果的取位应根据运算结果的误差影响来确定。

3. 函数运算时的有效数字运算规则

【例 1-9】 ln543

为确定其有效数字位数，可认为测量值末位读数误差为 1，然后计算（用计算器进行计算）：

$$\ln 543 = 6.297\,109\,32$$

$$\ln 544 = 6.298\,949\,247$$

比较此两计算结果，差异出现在第四位上，则可确定 ln543 应取四位有效数字，即

$$\ln 543 = 6.297$$

【例 1-10】 $\sin 60°16'$

同样认为测量值末位的读数误差为 1′，则计算：

$$\sin 60°16' = 0.868\,343\,121$$

$$\sin 60°17' = 0.868\,487\,354$$

两者差异出现在第四位上，故 $\sin 60°16' = 0.868\,3$，为四位有效数字。

由此可见，函数运算结果的有效数字可用测量值末位变化 1 时其结果在哪一位产生差异来确定应取的有效位数，这是一种最为原始而直观的方法。

如果用数学中的微分方法，则可立即定出有效数字末位的位置。现仍以上面两例为例：

【例 1-11】 $d(\ln x) = dx/x$，$x = 543$，$dx = 1$，则 $dx/x = 0.001\,8$，ln 543 可取到小数后第三位，$\ln 543 = 6.297$，为四位有效数字。

【例 1-12】 $d(\sin x) = \cos x \cdot dx$，$x = 60°16'$，$dx = 1'$，应化为弧度，$dx = 1' = \pi/(180\times60)$，则 $(\cos 60°16')\times\pi/(180\times60) = 0.000\,14$，可取到小数后第四位，所以 $\sin(60°16') = 0.868\,3$，为四位有效数字。

直观法和微分法结果一致。

4. 运算中常数的取位规则

在测量运算中，经常还会遇到一些常数参与在其中，例如测量了一个球的直径 D，要计算该球的体积 $V = \pi D^3/6$；其中 6 是准确值，它的有效数字便是无穷多的；而 $\pi = 3.141\,592\,654\cdots$ 它的取位多少应根据测量值 D 的位数来定，其原则是参与运算的常数的取位至少应和测量值的位数相同。

测量值的有效数字及其运算是每一个实验都要遇到的问题，实验者必须养成按有效数字及其运算规则进行读数、记录、处理和表示运算结果的习惯，并按此理解他人所表示的数据和结果。特别应该指出的是，在普遍使用计算器（机）的时代里，计算器（机）可以给出较多位的数字，但实验者应该清晰地知道运算结果该取到哪一位，切莫写出与实际情况不相符的荒谬可笑的结果来。

§1-3　误差公理及误差分类

一、误差公理

凡定量实验都需进行测量，凡测量均会有误差，所以一切实验结果都会有误差，误差自始至终存在于一切科学实验的过程中，这已是一条为实践所证实，也为一切从事科学实验的人们所确认的公理。

认识误差公理具有非常重要的意义。由于误差的存在，使真值不能测得，但测量的目的又希望获得真值，这就产生了矛盾，其矛盾的焦点是误差的存在，所以实验不能仅仅是简单地测量几个数，而是必须用误差分析的思想来指导实验的全过程。误差分析的指导作用在下列几个方面是显而易见的：

① 为了从有误差的测量中正确认识客观规律，就必须分析测量过程中产生误差的原因和性质，正确地处理测量的数据，尽力消除、抵偿和减少误差的影响，以便能在一定条件下得到更接近于真值的最佳结果，并能对结果作出精度的评定。

② 围绕对结果的精度要求进行实验设计时，误差分析可以指导实验者合理选择测量方法、仪器和条件，以便能在成本最低、时间最短的情况下获得恰到好处的预期结果。

③ 当报道实验（或测量）结果时，仅有结果的数值和单位是不够的，完整的报道应该包括数值（最佳值）、单位（法定的）和误差估计（确切地说应是不确定度）三个部分，这是国内外科学实验信息交流的共同语言，三者缺一不可。特别在误差估计方面应给出详细的说明，只有用确切的误差分析资料和数据来说明实验结果误差范围的来源和实验结果的精度，才能令人信服地显示出实验结果的可信赖程度。

误差公理要求实验者用误差分析的方法估计实验误差范围的大小并能将它们减少到可以得出正确结论的程度。

二、误差分类

误差产生的原因是多方面的（如仪器装置、实验方法、环境条件及实验人员等），但按其性质可将误差分为系统误差和随机误差两大类。

1. 系统误差

系统误差是由某个确定因素所产生的，例如由于计时器走慢而使测量的时间都小了，钢卷尺因温升而变长使得测得的长度都短了等。

在实验条件确定之后，这种系统误差就取得了一个客观上的恒定值，重复多次测量也无法减弱它的影响，所以它的表现特点是在相同条件下（指仪器、方法、环境和人员）对同一量进行多次测量时，误差的符号和数值（绝对值）总保持不变，或在条件改变时按一定的规律变化，这样的系统误差称为**可定系统误差**。

此外，还有一种符号和绝对值未知的系统误差，例如仪器出厂时的准确度指标，用符号 Δ 表示，它只给出一个仪器误差的极限范围，但实验者使用该仪器时并不知道其误差的确切大小和正负，只知道它的准确程度不会超过 Δ 的极限指标，所以这种系统误差通常只能定出它的极限范围，这样的系统误差称为**未定系统误差**。

2. 随机误差。

随机误差是由许许多多无法确知的因素所产生的，例如环境条件(温度、湿度、风力、振动等)的起伏变化，实验人员的估读能力、情绪、注意力和疲劳度等的随机变化，致使对同一量作多次重复测量时测量值不相同，所以它的表现特点是在相同条件下对同一量进行多次重复测量时，每次测量的误差时大时小，时正时负，既不可预测，又无法控制，在测量次数很多时，各次测量误差的算术平均值趋近于 0。

由于这两类误差的性质不同，所以分析和处理的方法也完全不同。

§1-4　关于系统误差的处理原则

可定系统误差是由确定因素引起的，原则上可以通过对整个实验的方法原理、所用的仪器装置、周围的环境状态等的分析来找出其原因，进而寻求其规律，然后设法消除它对实验结果的影响，或将其影响降低到可以忽略的程度。一个经验丰富的实验工作者必须有能力预见到实验中可能存在的系统误差，并将其减小到可以忽略的程度。遗憾的是没有一个简单的理论可以告诉实验者如何去发现和消除系统误差，唯一的原则就是识别它们，并将它们降低到比实验所需精度还要小的可忽略程度。所以，对初学者来说，只能够逐步积累这方面的知识和经验，从方法、仪器、操作乃至读数等各方面去思考分析会不会引入系统误差，如何才能减小它们的影响等。

一、可定系统误差及其消除的方法

系统误差主要来自仪器、方法、环境和人员等几个方面，实验者应该在具体的实验中认真地思考和分析这种方法、这台仪器、这样操作、这般读数会不会对测量结果引入系统误差，然后采用适当的方法去消除或减弱它们。消除和减弱可定系统误差的基本方法归纳起来有以下几种：

1. 设法消除产生系统误差的根源

当通过分析已识别了系统误差产生的根源，并能采取某种恰当的方法消除这种根源时，就可用这种方法消除系统误差。

【例 1-13】 实验采用图 1-4 所示线路测量电阻 R(称伏安法)，若用电压表测得的电压 V 和电流表测得的电流 I 计算电阻 $R=V/I$，则就引入了系统误差，因为流经电流表的电流 I 是流入电阻 R 的电流 I_R 和流经电压表的电流 I_V 之和，即 $I=I_R+I_V$，根据定义：$R=V/I_R$，所以在用这种方法测量时电流有误差 $\delta=I-I_R=I_V$，它是由实验方法引起的系统误差。分析该误差产生的根源在于电压表接入线路两端时它吸取了测量电路中的能量，因而改变了原线路中的状态(流经电流表的电流增大)。为此可采用图 1-5 的补偿线路，它用了一个辅助电源 E、滑线电阻 R_H 和检流计 G，只要 E 大于 R 上的电压降，极性按图中所示连接，则滑线电阻 R_H 上必能找到一点 d 和电阻 b 端的电位相等，此时检流计 G 中无电流通过(指零)，

$V_{ab}=V_R=V_{cd}$，而电压表测量的正是 V_{cd}；因 G 中无电流通过，所以电压表没有吸取测量线路中的能量，相当于构成了一个内阻无限大的电压表，因而消除了图 1-4 伏安法测电阻时的系统误差根源（但线路和操作都较原来的复杂了）。

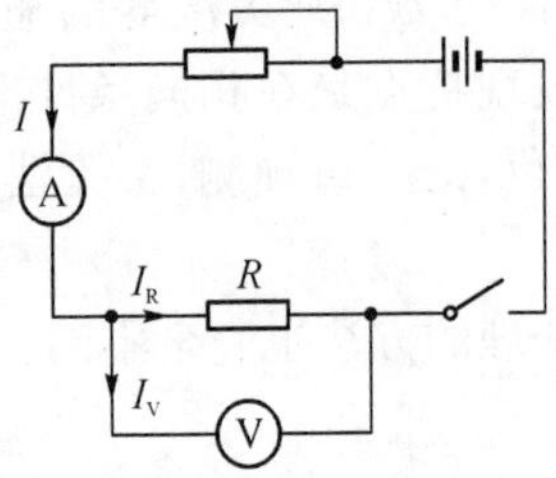

图 1-4　伏安法测电阻电路

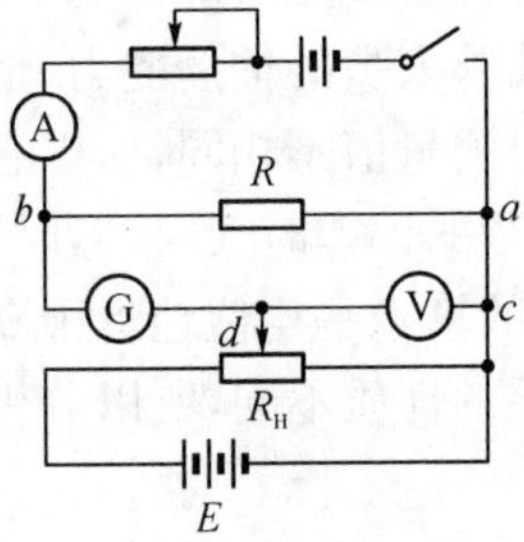

图 1-5　补偿线路

2. 用修正值消除可定系统误差

当系统误差的规律可掌握时，就可用修正值消除测量值中的系统误差。

【例 1-14】　实验室使用的一种 BC9 型饱和式标准电池，在 20℃时的电动势为 $E_{20}=1.018\,59$ V。由于电动势与环境温度有关，在该电池的说明书中已给出电动势与温度的关系式为：

$$E_t=E_{20}-4.0\times10^{-5}(t-20)-1.0\times10^{-6}(t-20)^2\ \text{V}$$

若实验中不测环境温度，或温度不加控制，直接用 20℃时的 E_{20} 作为任意温度下的电动势使用，则将引入系统误差：

$$\delta=E_t-E_{20}=4.0\times10^{-5}(t-20)+1.0\times10^{-6}(t-20)^2\ \text{V}$$

它是由环境条件引入的系统误差，且说明书中已经给出规律，所以只要测定环境温度 t，该系统误差 δ 的值就可确定，然后引入修正值 $-\delta$，则

$$E_t=E_{20}+\text{修正值}=E_{20}-\delta$$

这就是用修正值消除系统误差的方法。

【例 1-15】　在用伏安法测电阻的图 1-4 所示的线路中，若能确知电压表的内阻 R_V，则流经电压表的电流 $I_V=V/R_V$，因此可对 I 进行修正而得到流经电阻 R 的电流 $I_R=I-V/R_V$，从而消除了该实验方法引入的系统误差。

3. 选择适当的测量方法，使系统误差得以消去而不带入测量值中

通过分析，实验中某系统误差的根源已经找到，但又无法消除它（如仪器制造上的缺陷所引起的系统误差），则可以在测量方法上设法消去该系统误差的影响。

【例 1-16】　实验中测量质量经常使用等臂天平，但制造天平时两臂有微小的不等臂存在，如图 1-6(a)所示，m 为待测质量，m'为砝码质量，若天平平衡，则 $ml=m'(l+\delta l)$；显然，用 m'表示待测物的质量 m 就引入了不等臂造成的系统误差，这是由仪器制造缺陷所引起的系统误差，但 δl 又无法知道，所以也无法修正，因而只能采用适当的测量方法消除其影响，方法有两种：

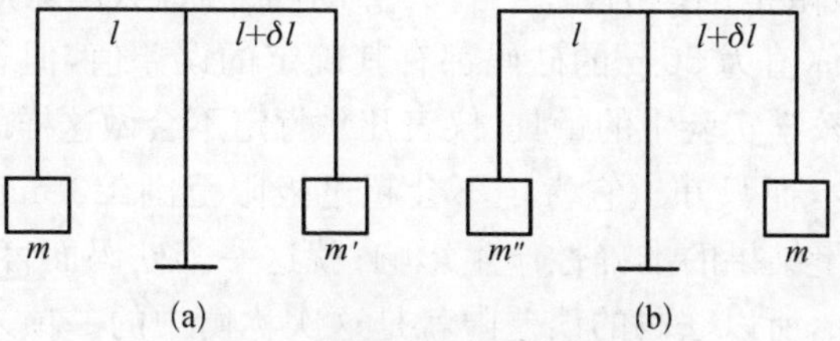

图 1-6 等臂天平称衡示意图

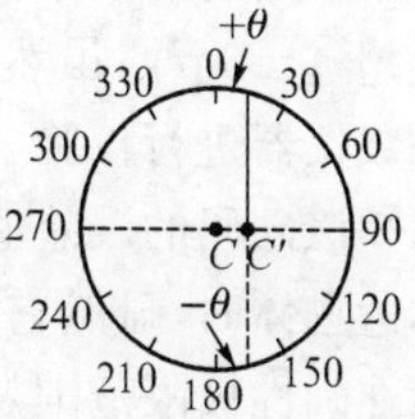

图 1-7 测角仪读数示意图

第一种方法：将待测物质量 m 放入右盘再称一次，如图 1-6(b)所示，平衡时有等式 $m''l=m(l+\delta l)$。由左右称盘各称一次的两个平衡式中消去 l 和 $l+\delta l$，得 $m=\sqrt{m'\times m''}\approx(m'+m'')/2$，这称为交换抵消法。第二种方法：在图 1-6(a)中取下待测质量 m，换上砝码 m_0，当再一次达到平衡时，$m_0 l=m'(l+\delta l)=ml$，所以有 $m=m_0$，这称为替代法。

【例 1-17】 在测量角度的仪器上，由于转动的读数标线的转轴 C' 没有准确地与角度盘的中心 C 重合(如图 1-7 所示)，当读数标线向上时，它不指在 0°而偏右，读数值大于 0°，系统误差为 $+\theta$；读数标线转至右水平时，读数值准确地为 90°，系统误差为 0；读数标线转向下时，读数值小于 180°，系统误差为 $-\theta$；当读数标线转至左水平时，读数值准确地为 270°，系统误差又为 0，这是由仪器机构所引起的一种周期性系统误差，称"偏心差"。消除这种系统误差的方法是在对径方向装一对读数装置，从这两个读数装置上分别测出标线转过的角度 ϕ_1 和 ϕ_2，然后取其平均值 $\phi=(\phi_1+\phi_2)/2$，即可消除偏心系统误差而得到标线转过的真实角度，这种方法称为对径读数法。

4. 选择恰当的仪器和方法，使系统误差减弱到可以忽略的程度

实际上很多情况下系统误差并不一定要完全消除，也不可能完全消除，此时需要的是应尽力设法减弱它们的影响，直至其影响可以被忽略为止。

【例 1-18】 仍以例 1-13 伏安法测电阻为例，由图 1-4 中 $I=I_R+V/R_V=I_R(1+R/R_V)$可知，只要选择内阻 $R_V\gg R$ 的电压表，使误差项 $\delta=I-I_R=(R/R_V)I_R$ 小于电流表上的读数分辨极限，则 I 和 I_R 的差异已无法分辨，此时可以认为 $I=I_R$，R_V 的影响就被减弱到完全可以忽略的程度。

【例 1-19】 实验中经常使用仪表，但其指针和刻度盘之间是有一定间隙的；当在不同的方向观察时，读数就会发生改变，这种效应称之为视差。如果实验者不注意这一点，而是习惯于将仪表放在其座位的一侧，然后总是斜着去读数，则就人为地引入了系统误差。减弱这种系统误差的方法就是实验者应改正自己不正确的习惯，尽量正对着仪表进行测量读数。高精度的仪表在盘面上装有一块平面反射镜就是为了减弱和消除读数时的视差而设置的。

由以上各例可以看到，系统误差需要结合具体的实验作具体的分析，同一种系统误差的消除或减弱的方法也是多种多样的(例 1-13、例 1-15、例 1-18 都是讨论伏安法测电阻实验中的系统误差消除和减弱问题)，所以实验者只能逐步积累这方面的知识，以提高对系统误差的识别能力。今后，在具体的实验中还会介绍消除和减弱系统误差的具体方法，实验者应认真地思考和分析，因为方法并不是唯一的。

二、未定系统误差的估计——Δ

由于未定系统误差的符号和绝对值未知，所以无法进行修正，而只能通过分析那些会对测量结果产生影响的因素来估计其极限范围。例如，一个 50 g 的四等砝码，国家规定其极限误差不得超过±3 mg，虽然每个标称值为 50 g 的砝码都有其确定的误差值，但若在使用前未经高一级仪器进行校验（在基础教学实验中的量具、仪表几乎肯定不会做这样的校验），则就无法确知该砝码的误差值是多少，而只知道它肯定不会超过极限范围±3 mg，当使用该砝码去称量物体时，显然它将对测量结果的准确性产生影响；就这一个砝码而言，它对结果造成的不准确性极限范围是±3 mg，所以砝码的误差限就是这次称衡中的一项未定系统误差估计限。

实际上，每台量具、仪表、仪器在制造时都有一个反映准确程度的极限误差指标 Δ，有的由国家规定，有的由部颁规定，有的由制造厂规定，产品说明书中均明文记载着该项指标。例如，配合物理天平使用的四等砝码组中各砝码的极限误差指标 Δ 如表 1-1 所示。

表 1-1　四等砝码组中各砝码的极限误差指标

标称值(g)	500	200	100	50	20	10	5	2	1
Δ(mg)	25	10	5	3	2	2	2	2	2

再如，实验室中常用的电气测量仪表，国家规定了仪表的准确度等级，并以相应的数字标明在仪表的表盘上。如若所用的仪表为 S 级，仪表的量程为 X_m，则该仪表的示值误差限为：

$$\Delta = X_m \cdot S\%$$

它表示仪表任何一个刻度 X 处的示值误差所不会超过的界限。表 1-2 列出了 C32-mA型多量程电流表各量程的 Δ 计算值（在表盘的右下角标示着该表的准确度级别为 0.5 级，由量程和级别再根据上式可得 Δ 值）

表 1-2　C32-mA 型多量程电流表各量程的 Δ 计算值

量程 X_m(mA)	100	200	500	1 000
Δ(mA)	0.5	1	2.5	5

对电表而言，Δ 只决定于级别和量程，在同一级别和量程下，不管电表的指针偏转是大还是小（对应测量读数的大小），其示值误差限 Δ 是相同的。

再以实验中常用的十进位电阻箱为例，它的示值误差限 Δ 由各十进盘的准确度等级 a_i 和各盘的指示值 R_i 按下式计算：

$$\Delta = \sum_{i}^{m} a_i\% \cdot R_i$$

式中 m 为电阻箱的盘数。例如 ZX36 型四位电阻箱，其调节范围为 9(1＋10＋100＋1 000)Ω，$m=4$，各盘的准确度等级列于表 1-3 中。

表 1-3　ZX36 型四位电阻箱各盘的准确度等级

盘标	×1	×10	×100	×1 000
准确度等级 a_i	0.5	0.2	0.1	0.1

若该电阻箱的示值为 4 832Ω,则按前式计算的 Δ 为:

$$\Delta = 4\,000 \times 0.1\% + 800 \times 0.1\% + 30 \times 0.2\% + 2 \times 0.5\%$$
$$= 4 + 0.8 + 0.06 + 0.01 = 4.87 \approx 5\,\Omega$$

显然,电阻箱的 Δ 与使用的电阻值大小密切相关。

由于每一种测量工具(量具、仪表、仪器)的 Δ 的估计方法不同,故需根据产品说明书(或鉴定书)确定。本书附录六收集了实验室常用仪器、仪表、量具的 Δ 以供实验者查阅。

显而易见,所用仪器的 Δ 确定了实验(测量)的准确程度的界限;Δ 越小,仪器的准确度就越高,用它获得的测量结果的准确程度也就越高,反之则低。事实上,在设计一项实验时,就是根据对结果精度的要求来选择合适的测量器具的。

因为对每一个直接测量的量都是通过测量工具进行测量的,而每一种测量工具都有它确定的 Δ,可见测量工具的 Δ 与直测量有着直接的关联,它反映了测量工具对该直接测量量的准确度界限的信息。

当然,未定系统误差的含义更广,它还应该包括对那些预料会影响测量或使结果偏离的物理效应,但这在很大程度上取决于实验者的经验和判断能力(甚至是凭直觉),所以目前暂且约定只考虑所用仪器的 Δ,而不涉及其他因素。

综上所述,测量中对已认识到的可定系统误差必须设法消除,即测量结果中不应带有可定系统误差;对属于未定系统误差的 Δ 必须记录清楚,以标示测量结果的不确定度。

§1-5 测量不确定度和测量结果的表示

假设在实验中已将系统误差减弱到可以忽略的程度,然后在同一条件下对某一物理量进行多次重复测量,若每次测量值出现差异,则这种差异就是由于实验条件不可控的微弱变化、实验者的测量技能等各种起伏因素引起的随机误差所致。

一、随机误差的估算方法

1. 真值的最佳估计值——最佳值

随机误差有一个及其重要的特性是抵偿性,即在相同条件下对同一量进行多次重复测量,由于每次测量的随机误差时大时小,时正时负,所以误差的算术平均值随着测量次数的无限增加而趋于零。

根据这一特性,可以求得真值的最佳估计值。先用 x_0 表示待测量的真值,x_1、x_2、…、x_n 代表具有随机误差的各次测量值,则各次测量值的随机误差 δ 为:

$$\delta_1 = x_1 - x_0$$
$$\delta_2 = x_2 - x_0$$
$$\cdots$$
$$\delta_n = x_n - x_0$$

将以上各式相加，则：

$$\sum \delta_i = \sum x_i - n x_0$$

$$\frac{\sum \delta_i}{n} = \frac{\sum x_i}{n} - x_0 = \bar{x} - x_0$$

$\bar{x}$ 是测量列 x_1、x_2、…、x_n的算术平均值。根据随机误差有抵偿的特性（$\lim\limits_{n \to \infty} \sum\limits_{i=1}^{n} \delta_i = 0$），当 n 很大时 $\frac{\sum \delta_i}{n} \to 0$，因而有：

$$\bar{x} \to x_0$$

可见，测量次数越多，各次测量值的算术平均值就越接近于真值，所以有理由认为测量列的算术平均值 $\bar{x}$ 是被测量真值 x_0的一个最佳估计值。需要指出的是这一结论仅适用于等精度测量，对于不等精度的测量其最佳值应是加权平均值（此处略）。

2. 随机误差的正态分布规律

（1） 概率含义

随机误差服从正态分布，亦称高斯(Gauss)分布，如图 1-8(a)所示。图中横坐标为随机误差 δ，纵坐标为 $f(\delta)$，$f(\delta)$称为随机误差 δ 的概率密度函数：

$$f(\delta) = \frac{1}{\sigma\sqrt{2\pi}} e^{-\frac{\delta^2}{2\sigma^2}} \tag{1-5-1}$$

测量值的随机误差落在(δ, $\delta + \mathrm{d}\delta$)小区间内的概率为 $f(\delta)\mathrm{d}\delta$，所以测量值的随机误差落在($a$, b)区间内的概率为：

$$P(a \leqslant \delta \leqslant b) = \int_a^b f(\delta)\mathrm{d}\delta$$

概率密度函数中的特征值 σ 为：

$$\sigma = \sqrt{\frac{\sum \delta_i^2}{n}} \quad (n \to \infty) \tag{1-5-2}$$

它是正态分布曲线上的正、负两个拐点。

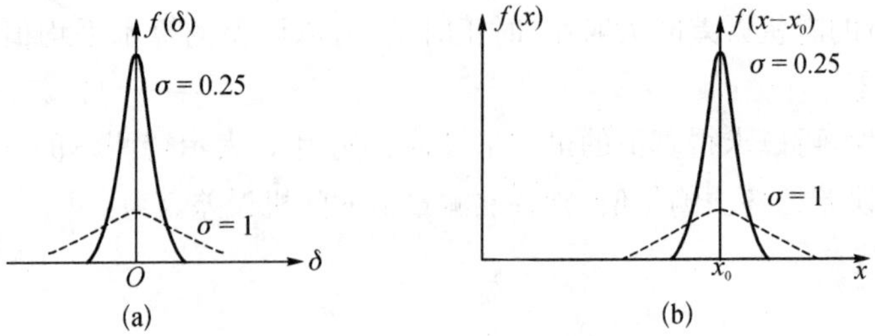

图 1-8　正态分布曲线

图 1-8(b)为不同σ的正态分布曲线，由于任一正态分布曲线下的面积都表示 100%的概率(归一化条件)，从图中可见，σ 值小，曲线峰值高且陡，说明测量值的分散性小，重复性好，测量的精度高；反之，σ 值大，曲线较平坦，测量值的分散性大，测量的精度就低。所以σ表示了测量值的离散性，表示了测量的精度。σ 称为单次测量的标准偏差，σ 的概率含义是测量值的误差落在$(-\sigma,\ +\sigma)$范围内的概率是：

$$P(-\sigma \leqslant \delta \leqslant +\sigma) = \int_{-\sigma}^{+\sigma} f(\delta)\mathrm{d}\delta = 0.683$$

它表明，任作一测量时，测量值落在$(x_0-\sigma,\ x_0+\sigma)$区间的可能性为 68.3%。同理，测量值误差落在$(-\infty,\ +\infty)$区间内的概率为：

$$P(-\infty < \delta < +\infty) = \int_{-\infty}^{+\infty} f(\delta)\mathrm{d}\delta = 1$$

这说明曲线下的面积为 1，称为归一化条件。

(2) 标准偏差σ的计算

由于实验室中测量次数总是有限的，而在有限的 n 次测量后，只能获得一个最佳值 $\bar{x}$，因此在计算时只能用 $v_i = x_i - \bar{x}$ 来替代 δ_i，v_i称为残差。用 v_i来计算σ 时，其计算式是：

$$\sigma_x = \sqrt{\frac{\sum v_i^2}{n-1}} \tag{1-5-3}$$

实验中就是用该式来计算测量列的标准偏差，它表示测量值的分散性。上式称为贝塞尔公式。

(3) 平均值的标准偏差

可以证明，平均值的标准偏差为：

$$\sigma_{\bar{x}} = \frac{\sigma_x}{\sqrt{n}} = \sqrt{\frac{\sum (x_i - \bar{x})^2}{n(n-1)}}$$

它表示在 $\bar{x}-\sigma_x$ 到 $\bar{x}+\sigma_x$ 范围内包含有真值的可能性是 68.3%，$\sigma_{\bar{x}}$ 越小，则结果的可靠性就越大。

二、测量不确定度

不确定度是说明测量结果的一个参数，表征合理赋予被测量值的分散性，它表示由于测量误差的存在而被测量值的不能确定的程度，是表征被测量的真值所处的量值范围的评定。不确定度反映了可能存在的误差分布范围，即随机误差分量和未定系统误差分量的联合分布范围。不确定度的数值越小，则表征测量结果的可靠性越高。不确定度一般包含有多个分量，按其数值的评定方法可归并成两类，一是 A 类分量，二是 B 类分量。

A 类分量：指对多次重复测量结果用统计方法计算出的分量，记作 Δ_A；

B 类分量：指用非统计分析方法估计出的分量，记作 Δ_B。

对 A 类分量和 B 类分量的合成按方差合成原理进行。当各分量彼此独立时，则合成不确定度是各分量的方和根，即

$$U=\sqrt{\Delta_A^2+\Delta_B^2} \tag{1-5-4}$$

上面讨论的是最简单的情况，实际上 A 类分量和 B 类分量又分别有多个分量构成，若 A 类分量为 Δ_{A1}，Δ_{A2}，…，Δ_{AM}；B 类分量为 Δ_{B1}，Δ_{B2}，…，Δ_{BN}，且权重均相等，彼此独立，则合成不确定度为：

$$U=\sqrt{\sum_{i=1}^{M}\Delta_{Ai}^2+\sum_{j=1}^{N}\Delta_{Bj}^2}$$

在大学物理实验中，根据国家计量规范取约定概率 $P=0.95$，且测量次数 n 通常满足 $6\leqslant n\leqslant 10$ 时，则可对 A 类分量和 B 类分量进行简化：

$$\Delta_A=\sigma_x\text{（单次测量的标准偏差）}$$

$$\Delta_B=\Delta\text{（仪器的未定系统误差）}$$

所以合成不确定度为：

$$U=\sqrt{\sigma_x^2+\Delta^2}\,(P=0.95) \tag{1-5-5}$$

要指出的是，单次测量的标准偏差 σ_x 和不确定度 A 类分量 Δ_A 是两个不同的概念，取 σ_x 的值当作 Δ_A 是一种最方便的处理方法；同样 $\Delta_B=\Delta$；也是一种简化的处理方法。当测量次数不满足 $6\leqslant n\leqslant 10$ 条件如何处理请参看附录三。

三、直接测量量的结果表示

对测量中各种误差的影响作了上述的精心分析之后，测量结果的表述原则应是：

① 必须先消除可定系统误差的影响，测量结果中不应含有已经认识到的可定系统误差。

② 由于所用到测量器具的 Δ 是测量的准确程度的界限，是未定系统误差，所以必须记录清楚。

③ 在进行多次重复测量后，应算出测量列的算术平均值 $\bar{x}$ 和标准偏差 σ_x。

④ 对不确定度 A 类分量和 B 类分量进行简化，取：

$$\Delta_A=\sigma_x,\ \Delta_B=\Delta\,(6\leqslant n\leqslant 10)$$

计算出合成不确定度：

$$U=\sqrt{\sigma_x^2+\Delta^2}$$

⑤ 将结果表示为：

$$x=\bar{x}\pm U\text{（单位）}$$

$$E_x=\frac{U}{\bar{x}}\times 100\%$$

U 一般取一位有效数字，最多取两位有效数字。$\bar{x}$ 的末位与 U 的末位对齐。E_x 称为相对不确定度，它是一个无单位的物理量，用来比较不同测量列之间质量的优劣，表示测量列的精度，称为精密度。例如，测量 10 mm 有 0.1 mm 的不确定度，测量 100 mm 也有 0.1 mm

的不确定度，但其测量精度是大不相同的，精度要相差一个数量级。

实验中还可能遇到某个量不能重复测量或无需重复测量，因此只测量一次，则最佳值就是该次测量的测量值，不确定度 U 用 Δ 代替。

四、间接测量量的不确定度的传递

1. 不确定度的传递公式

实验中常遇到待测的物理量往往需要通过数个直接测量的量，根据一定的理论公式经过计算才能得到其测量结果的情况。如用单摆测量重力加速度 g，其理论公式为：

$$g = 4\pi^2 \frac{l}{T^2}$$

式中 l 是摆长，T 是周期，上式称为 g 的测量关系式。实验者可用米尺直接测量摆长 l，用秒表直接测量摆的周期 T，然后按上式就可算出重力加速度 g。由于各个直接测量量都是有误差的，可以计算出其不确定度，因此通过计算求得的待测量也是有误差的，其不确定度是多少呢？如何计算这种间接测量量的不确定度？这就要解决不确定度的传递问题。

对于一般情况，设待测量量 ϕ 和直接测量量 x、y、…、u 有下列函数关系式：

$$\phi = f(x,\ y,\ \cdots,\ u)$$

其中各直测量 x、y、…、u 彼此相互独立，其测量值的不确定度 U_x、U_y、…U_u，间接测量量 ϕ 的不确定度为 U_ϕ，则：

① 待测量 ϕ 的最佳值可通过各个直测量最佳值代入函数式中计算得出，即：

$$\bar{\phi} = f(\bar{x},\ \bar{y},\ \cdots,\ \bar{u})$$

② ϕ 的不确定度由各直接测量量的不确定度，通过方和根的合成方法得到：

$$U_\phi = \sqrt{\left(\frac{\partial f}{\partial x}\right)^2 (U_x)^2 + \left(\frac{\partial f}{\partial y}\right)^2 (U_y)^2 + \cdots + \left(\frac{\partial f}{\partial u}\right)^2 (U_u)^2} \tag{1-5-6}$$

其中，$\frac{\partial f}{\partial x}$，$\frac{\partial f}{\partial y}$，…，$\frac{\partial f}{\partial u}$ 称为不确定度的传递系数，$\frac{\partial f}{\partial x}U_x$，$\frac{\partial f}{\partial y}U_y$，…，$\frac{\partial f}{\partial u}U_u$ 分别称为 x、y、…、u 的不确定度分量。

③ ϕ 的相对不确定度计算式为

$$E_\phi = \frac{U_\phi}{\bar{\phi}} \times 100\% \tag{1-5-7}$$

不确定度分量是传递系数和相应直测量的不确定度的乘积，所以不确定度分量不仅决定于直测量的不确定度大小，而且还取决于不确定度传递系数。若直测量本身的不确定度很小，但不确定度的传递系数却很大，则不确定度分量不一定就小。反之，若直测量本身的不确定度很大，但只要不确定度的传递系数非常小，则不确定度分量不一定就大。因此，实验者可以通过对各不确定度分量的比较来分析各直测量对待测量总不确定度的影响大小，从而为改进实验指出了方向。另一方面，实验者可根据对不确定度分量的事先分析来确定实验中哪些量必须测得很准、很精密，哪些量不必苛求也不致影响最后的结果。在设计实验时，实验者还可据此进行误差分配，为合理的选择各直测量仪器提供依据。所以，不确定度传递式在误差分析中是十分重要的公式。

表 1-4 以 $\phi=f(x, y)$ 为例列出了各项不确定度分量和不确定度 U 的传递式，使实验者能对传递关系和计算方法有一个清醒的认识。

表 1-4　$\phi=f(x, y)$ 各项不确定度分量和不确定度 U 的传递式

$\phi=f(x, y)$	x 分量	y 分量	U 传递合成式
U 传递	$\frac{\partial f}{\partial x}U_x$	$\frac{\partial f}{\partial x}U_x$	$U_\phi=\sqrt{\left(\frac{\partial f}{\partial x}\right)^2(U_x)^2+\left(\frac{\partial f}{\partial y}\right)^2(U_y)^2}$

2. 几个简单函数关系的传递公式

(1) 和差关系

若测量关系式为 $\phi=x+y$ 或 $\phi=x-y$，其中直测量 x 和 y 的不确定度分别为 U_x 和 U_y，则有：

$$U_\phi=\sqrt{\left(\frac{\partial f}{\partial x}\right)^2(U_x)^2+\left(\frac{\partial f}{\partial y}\right)^2(U_y)^2}=\sqrt{(U_x)^2+(U_y)^2}$$

不管关系是求和还是求差，ϕ 的不确定度都是 x 和 y 的不确定度的方和根。

(2) 倍数关系

若测量关系式为 $\phi=kx$，其中 k 是一个精确数，x 的不确定度为 U_x，则：

$$U_\phi=|k|U_x$$

该传递关系式告诉我们，在需要测量某个小量时，可以利用测量它的许多倍(如果可能这样做)来减小其误差。例如，测得单摆 50 个周期的总时间 $t=83.4\pm0.3$ s，则单摆的周期 T 和 U_T 为：

$$T=(1/50)\times t=1.668\ \text{s};\quad U_T=(1/50)\times U_t=0.006\ \text{s}$$

由此可见，误差分析的方法可以启示实验者，在某些条件下并不需要相当高级的设备就能达到显著小的测量误差。

(3) 乘除关系

若测量关系式为 $\phi=x\times y$，其中直测量 x 和 y 的不确定度分别为 U_x 和 U_y，根据不确定度传递公式，先计算传递式中的各分量：

$$\frac{\partial\phi}{\partial x}U_x=y\times U_x;\quad \frac{\partial\phi}{\partial y}U_y=x\times U_y$$

则 U_ϕ 为：

$$U_\phi=\sqrt{y^2U_x^2+x^2U_y^2}$$

显然，该传递式有点繁，但若用 ϕ 的相对不确定度表示则有：

$$E_\phi=\frac{U_\phi}{\bar{\phi}}=\frac{\sqrt{y^2U_x^2+x^2U_y^2}}{\bar{x}\bar{y}}=\sqrt{\left(\frac{U_x}{\bar{x}}\right)^2+\left(\frac{U_y}{\bar{y}}\right)^2}=\sqrt{E_x^2+E_y^2}$$

ϕ 的相对不确定度等于 x 的相对不确定度和 y 的相对不确定度的方和根，显然它比直接计

算 U_ϕ 要简单得多；在得到了 E_ϕ 之后，由 $U_\phi=\phi\times E_\phi$ 很容易算出 U_ϕ。

若测量关系式为 $\phi=x/y$，按照上面相同的计算：

$$\frac{\partial\phi}{\partial x}U_x=\frac{1}{y}\times U_x;\quad \frac{\partial\phi}{\partial y}U_y=\frac{x}{y^2}\times U_y$$

$$U_\phi=\sqrt{\frac{1}{y^2}U_x^2+\frac{x^2}{y^4}U_y^2}$$

该式更为复杂，但若先计算相对不确定度，则：

$$E_\phi=\frac{U_\phi}{\phi}=\frac{\sqrt{\frac{1}{y^2}U_x^2+\frac{x^2}{y^4}U_y^2}}{\bar{x}/\bar{y}}=\sqrt{\left(\frac{U_x}{\bar{x}}\right)^2+\left(\frac{U_y}{\bar{y}}\right)^2}=\sqrt{E_x^2+E_y^2}$$

它与乘法关系的相对不确定度传递式完全相同。

由此可见，若测量关系式仅是乘除关系时，结果的相对不确定度等于各直测量相对不确定度的方和根，所以通常均是先用相对不确定度传递式计算出结果的相对不确定度 E_ϕ，然后再由 $U_\phi=\phi\cdot E_\phi$ 来计算 ϕ 的不确定度。

表 1-5 列出了一些常用函数的不确定度传递式。

表 1-5 一些常用函数的不确定度传递式

测量关系式	不确定度传递公式	测量关系式	不确定度传递公式
$\phi=x\pm y$	$U_\phi=\sqrt{(U_x)^2+(U_y)^2}$	$\phi=x^p$	$E_\phi=\|p\|E_x$
$\phi=k\cdot x$	$E_\phi=E_x$	$\phi=\frac{x^p y^q}{z^r}$	$E_\phi=\sqrt{(pE_x)^2+(qE_y)^2+(rE_z)^2}$
$\phi=x\cdot y$	$E_\phi=\sqrt{E_x^2+E_y^2}$	$\phi=\sin x$	$U_\phi=\|\cos x\|U_x$
$\phi=x/y$	$E_\phi=\sqrt{E_x^2+E_y^2}$	$\phi=\ln x$	$U_\phi=E_x$

下面以单摆测量重力加速度 g 为例，分析不确定度传递过程，并计算出 g 的测量结果。

【例 1-20】 已知在用单摆测量重力加速度的实验中，测量关系式为：

$g=4\pi^2 l/T^2$，实验中已计算出：

① 对于 l：$\bar{l}=69.0$ cm，$\sigma_l=0.2$ cm，$\Delta_l=0.1$ cm，则：

$$U_l=\sqrt{\sigma_l^2+\Delta_l^2}=0.2\ \text{cm}$$

结果表示为：$l=69.0\pm0.2$ cm；$E_l=0.3\%$。

② 对于 T：$\bar{T}=1.668$ s，$\sigma_T=0.006$ s，$\Delta_T=0.004$ s，则：

$$U_T=\sqrt{\sigma_T^2+\Delta_T^2}=0.007\ \text{s}$$

结果表示为：$T=1.668\pm0.007$ s；$E_T=0.42\%$。

求重力加速度 g 的测量结果。

g 的最佳值：

$$g=4\pi^2 l/T^2=979.1\ \text{cm/s}^2$$

方法一：通过计算各不确定度分量来求 g 的不确定度结果：

$$\frac{\partial g}{\partial T}=\frac{-8\pi^2 l}{T^3}=-1.2\times10^3\ \text{cm/s}^3;\quad \frac{\partial g}{\partial l}=\frac{4\pi^2}{T^2}=14\ \text{s}^{-2}$$

$$U_{gT}=\left|\frac{\partial g}{\partial T}\right|U_T=8.2\ \text{cm/s}^2;\ U_{gl}=\left|\frac{\partial g}{\partial l}\right|U_l=2.8\ \text{cm/s}^2$$

$$U_g=\sqrt{U_{gT}^2+U_{gl}^2}=8.7\ \text{cm/s}^2$$

所以 g 的测量结果为：

$$g=979.1\pm8.7\ \text{cm/s}^2$$
$$=9.791\pm0.087\ \text{m/s}^2;$$
$$E_g=0.89\%$$

方法二：因测量关系式为乘除关系，故可用相对不确定度传递公式来求结果：

$$E_g=\sqrt{(2E_T)^2+E_l{}^2}=0.89\%$$
$$g=4\pi^2 l/T^2=979.1\ \text{cm/s}^2;$$
$$U_g=g\cdot E_g=8.7\ \text{cm/s}^2$$

g 的测量结果为：

$$g=979.1\pm8.7\ \text{cm/s}^2$$
$$=9.791\pm0.087\ \text{m/s}^2;$$
$$E_g=0.89\%$$

两种方法的结果相同，但用相对不确定度传递省去了求偏导数和许多数学运算，计算要简单得多，所以在测量关系式纯属乘除关系时，建议采用相对不确定度传递。

五、间接测量结果的表示和间接测量的计算流程图

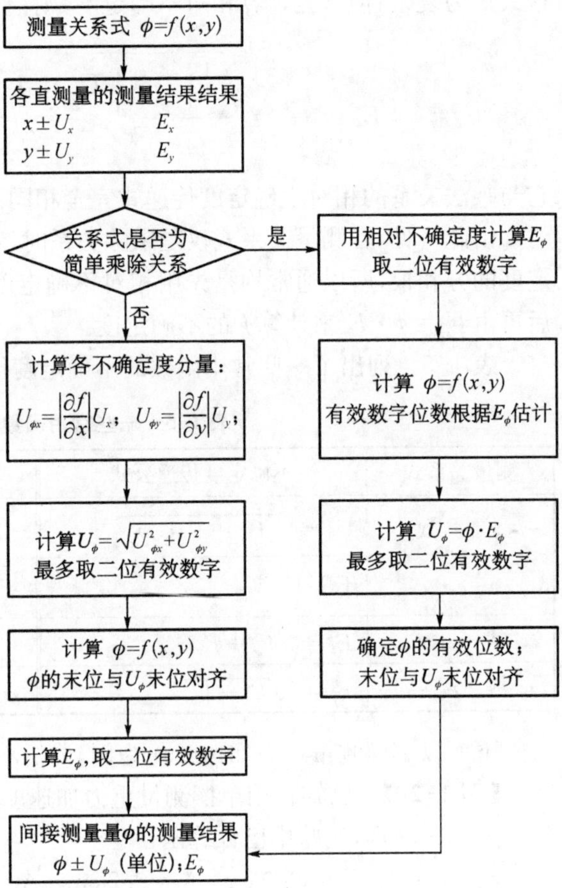

图 1-9 间接测量的计算流程图

间接测量量的结果表示方式与原则和直接测量量的结果表示完全相同。对于一个间接测量量，在对其测量关系式中各直测量完成测量之后，可按图 1-9 的流程图进行计算，最后表示出测量结果。

§1-6 数据处理的基本方法

实验研究不总是单纯的对某一物理量进行测量，大量的实际问题还是要研究几个物理量之间的相互关系、变化规律，以便从中找出它们的内在联系和确定关系。因此，在函数关

系测量中，至少应包括两个物理量，一个是“自变量”，另一个是“因变量”，它是“自变量”对应的函数值。数据处理的方法有：列表法、图解法和解析法三种。其中尤以列表法和图解法最为简单明了，本节将介绍这两种方法的一般原则，对解析法，只局限于讨论线性函数的情况。

一、列表法

数据列表记录和处理时，应遵循下列原则：

① 各栏目(纵或横)均应标注名称和单位；若名称用自定的符号，则需加以说明。

② 列入表中的数据主要的应是原始数据，处理过程的一些重要中间结果也应列入表中。

③ 栏目的顺序应充分注意数据间的联系和计算的程序，力求条理、齐备和简明。

④ 若是函数关系测量的数据表，则应按自变量由小到大或由大到小的顺序排列。

下面以千分尺测量钢丝直径 d 为例，将数据列于表 1-6 中。（千分尺 $\Delta=0.004$ mm）

表 1-6　千分尺测量钢丝直径 d

	零位读数 (mm)	测量读数 (mm)	d_i (mm)	$\bar{d}$ (mm)	$v_i=d_i-\bar{d}$ (mm)	v_i^2 ($\times10^{-7}$ mm)
1	−0.003	0.498	0.501	0.504 2	−0.003 2	102
2		0.502	0.505		0.000 8	6
3		0.504	0.507		0.002 8	78
4		0.500	0.503		−0.001 2	14
5		0.502	0.505		0.000 8	6
6		0.501	0.504		−0.000 2	0
$\sum$					−0.000 2	206
$\sigma=\sqrt{\sum v_i^2/(n-1)}=0.0020$ mm；$\Delta=0.004$ mm；$U=\sqrt{\sigma^2+\Delta^2}=0.004$ mm						
$d=0.504\pm0.004$ mm；$E_d=0.8\%$						

特别应该指出的是：在记录和处理数据时，将数据列成表格的形式，既可有条不紊，又能简明醒目；既有助于表示出物理量之间的对应关系，又有助于方便检查和发现实验中的问题，已成为科学实验工作者的一种工作习惯，它不仅适用于函数关系测量，也适用于单一物理量的重复测量，所以具有普遍性，今后每个实验的数据均应列表处理。

二、图解法

在自然科学和工程技术问题中，将具有函数关系的测量结果绘制成图线，是一种普遍使用的方法。它的优点是直观简明，应用方便，能以最醒目的方式显示出测量量之间的变化规律。特别是对于那些尚未找到适当解析表达式的实验结果，用图线来表示实验结果的函数关系就更为重要。

制作一幅完整而精确的图线应该遵循众多的原则，包括图纸的选择、坐标的分度和标记、标点与连线、注解和说明等。

1. 图纸的选择

图纸通常有线性直角坐标纸(毫米方格纸)、对数坐标纸、半对数坐标纸、极坐标纸等,应根据具体实验情况选取合适的坐标纸。

因为图线中直线最易绘制,也便于使用,所以在绘制图线时最好通过变量变换将某种函数关系曲线改画成直线,例如:

① $y=a+bx$,无需作变量变换,y 与 x 是线性关系。

② $y=a+b/x$,则令 $u=1/x$,得 $y=a+bu$, y 与 u 为线性关系。

③ $y=ax^b$,两边取对数,得 $\log y=\log a+b\log x$, $\log y$ 与 $\log x$ 为线性关系。

④ $y=ae^{bx}$,两边取自然对数,得 $\ln y=\ln a+bx$, $\ln y$ 与 x 为线性关系(亦可取对数得 $\log y=\log a+b'x$,$\log y$ 与 x 为线性关系,但系数 b' 有异于 b)。

对于(1),选用线性直角坐标纸就可得直线;对于(2)用 u 作坐标,则在直角坐标纸上也是一条直线;对于(3),在选用了对数坐标纸后,无需对 x、y 作对数计算就能将 $y=ax^b$ 的关系曲线变换成直线;对于(4),则应选择半对数坐标纸作图。如果手头只有线性直角坐标纸而要作(3)、(4)图线时,则应先将相应的测量值进行对数运算并列成表格后再作图。

2. 坐标的分度和标记

绘制图线时,总是以自变量作横坐标,以因变量作纵坐标,并应标明各坐标轴所代表的物理量,即轴名(可用符号表示)及其单位。

坐标的分度要根据实验数据的有效数字和结果的要求来定。原则上,数据误差位正好对应图中一小格内的估读位,即数据中可靠位在图中也应是可靠的。但这并非一条严格的定则,特别是当两个量的有效数字位数相差悬殊的时候,往往以它们中位数较少的为准,适当扩大它的坐标比例(例如扩大 2 倍等),以使图线有近似于 1 的斜率为宜。

在坐标轴上每隔一定距离应均匀地标出坐标值;坐标的分度应以不用计算便能确定点的坐标为原则,通常只采用 1、2、5 进行分度,禁忌用 3、7 等进行分度。

坐标分度不一定从零开始,可以用低于测量值中最小值的某一整数作为坐标分度的起点,用高于测量值中最大值的某一整数作为终点,以使图线能充满所用的坐标纸。

3. 标点和连线

根据测量数据,用“+”记号标出各测点在坐标纸上的位置,记号的交点应是测量点的坐标位置,横、竖线段可以表示测量点的误差范围。

连线必需使用工具(直尺、曲线尺、曲线板等),所作图线必须光滑。

在作一条平滑曲线(包括直线)时,应尽可能地通过较多的测点,但这应该是自然地而不是牵强地通过;还应使不在线上的点较均匀地分布在所画图线的两侧,而不一定必须通过两端测点的任一点(仪器仪表的校正曲线除外,它必须将相邻两点连成直线,整个校正曲线呈折线形式)。

4. 注释和说明

在图线的明显位置处应写清图的名称,在图名下方可写上必不可少的实验条件和图注。当需要从图线上读取点值时,应在图线上用特殊的记号标明该点的位置,并在其旁标明它的坐标值(x, y)。

下面以测量弹簧受力与伸长关系为例进行列表和图解。

【例 1-21】 用图 1-10 实验装置测量弹簧受力与伸长的关系,以获得弹簧的劲度系数

k。作用于弹簧的拉力是砝码 m 的重力，在弹簧的弹性范围内，其伸长与所受的拉力成正比；所以弹簧指示标线处的读数 y 与砝码盘中的质量 m 有下列关系：

$$y = y_0 + F/k = y_0 + (g/k) \cdot m$$

式中 k 是弹簧的劲度系数。y_0 是未加砝码时的弹簧指示标线在米尺上的位置（称初始位置），g 为重力加速度（上海地区 $g=9.794\ \mathrm{m/s^2}$）。实验测得的数据列于表 1-7 中。

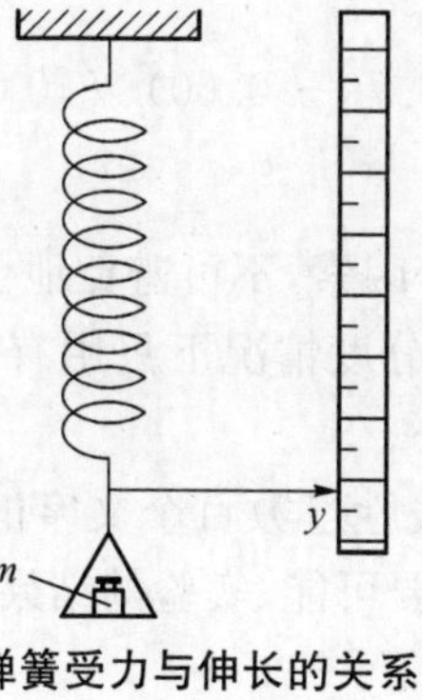

图 1-10　弹簧受力与伸长的关系实验装置

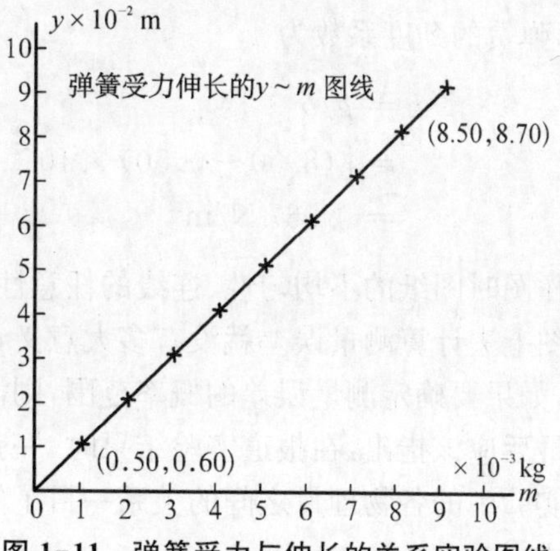

图 1-11　弹簧受力与伸长的关系实验图线

表 1-7　弹簧受力与伸长的关系实验数据

i	m_i(g)	y_i(cm)	$y_{i+1}-y_i$(cm)
1	0	0.14	1.00
2	1	1.14	1.03
3	2	2.17	1.01
4	3	3.18	1.01
5	4	4.19	0.99
6	5	5.18	1.02
7	6	6.20	1.00
8	7	7.20	1.02
9	8	8.22	1.00
10	9	9.22	—
Δ	—	0.01	0.02

表中第四列是相邻两个 y 值之差；由于本实验中砝码质量 m 是以 1 g 为间隔等间隔地增加的，因而 $y_{i+1}-y_i$ 便是每变化 1 g 砝码重力下的弹簧伸长量，根据受力与伸长为线性关系的理论结论，可以预估到它也是一个恒定量；然而，由于存在着测量误差，各 $y_{i+1}-y_i$ 可能会有差异，但也不会差别太大，如果出现较大差异，则说明实验中可能存在着错误（做错、测错、读错等），此时就应该停下实验来复核和检查，所以它是帮助实验者检查实验运行是否正常与测量是否有误的强有力手段。今后，凡是遇到线性函数关系测量的实验，且自变量与本

例一样是等间隔变化的,实验者务必在实验过程中及时地计算表中的第四列,以便实时检查自己的实验工作。从表1-7中可见,本实验 $y_{i+1}-y_i$ 中最大的是1.03,最小的是0.99,相对差异为0.02/1.01=2%,因而得知测量数据线性较好,与理论预言相符合。

图1-11是根据表1-7数据所作的 $y\sim m$ 图线。由线上两点:(0.50, 0.60)和(8.50, 8.70),可得该直线的斜率 b:

$$b = g/k = [(8.70-0.60)\times 10^{-2}][(8.50-0.50)\times 10^{-3}]$$

所以,弹簧的劲度系数为

$$\begin{aligned} k &= g/b \\ &= [(8.50-0.50)\times 10^{-3}\times 9.794][(8.70-0.60)\times 10^{-2}] \\ &= 0.967\ \mathrm{N/m} \end{aligned}$$

由于作图时图纸的不均匀性、连线的任意性、线的粗细等因素,不可避免地会带入"误差",所以从图上去计算测量误差就没有多大意义,一般在正确分度情况下只用有效数字表示计算结果,如果要确定测量误差的概率范围,则需用解析方法。

最后应该指出:在报道实验结果时,一张精美的图线胜过数百个文字的描述,它能够使人对实验中的各物理量之间的关系一目了然。所以,只要可能,实验的结果就应该表示成图线形式。

三、解析法——用最小二乘法进行线性拟合

对于一元线性函数形式的测量关系式 $y=a+bx$,在作了 $n(n>2)$ 对 $(x_i,\ y_i)(i=1,\ 2,\ \cdots,\ n)$ 的测量数据之后,要确定系数 a 和 b(截距和斜率)的最佳估计值是实验中经常遇到的问题;而由一组实验数据寻求一条最佳拟合直线的最常用的解析方法便是最小二乘法。

如果不存在测量误差,则只要从 n 对 $(x_i,\ y_i)$ 的测量数据中任选两对就可以算出待定系数 a 和 b 了,但测量总是有误差的,因而须利用解析法求出 a 和 b 的最佳值。

在很多函数关系测量实验中,一般有一个是可以控制的变量(给定的变量),它的测量精度高,它的测量误差对实验的影响可忽略,选择该物理量为自变量 x,另一个变量是随机变化量,即为因变量 y。本节在讨论用最小二乘法进行线性拟合时都假设自变量 x 的测量误差是可以不予考虑的。现在假设 a 和 b 存在最佳估计值,则将 x_i 代入函数式,便可求出 y_i' 值:

$$y_i' = a + bx_i \quad (i = 1,\ 2,\ \cdots,\ n)$$

y_i' 称为拟合值或者称为回归值,而对应 x_i 的 y_i 是测量值,所以 y_i 的残差 v_i 为:

$$v_i = y_i - y_i' \quad (i = 1,\ 2,\ \cdots,\ n)$$

v_i 表示当 x 取 x_i 值时 y 的测量值 y_i 和由最佳函数关系式所确定的拟合值 y_i' 之间的差异,各个 v_i 有正有负,有大有小,它反映的正是测量 y 时的误差。

最小二乘法原理认为:a 和 b 的最佳估计值应使各测点 y_i 的残差平方和最小,即所得到的回归直线与所有的测量点最接近。a 和 b 的最佳估计值应满足:

$$S = \sum v_i^2 = \sum (y_i - a - bx_i)^2 = \min$$

根据此原理，使 S 为最小的条件是：

$$\frac{\partial S}{\partial a}=0;\quad \frac{\partial S}{\partial b}=0$$

即：

$$\frac{\partial S}{\partial a}=\sum 2(y_i-a-bx_i)(-1)=-2\left(\sum y_i-na-b\sum x_i\right)=0$$
$$\frac{\partial S}{\partial b}=\sum 2(y_i-a-bx_i)(-x_i)=-2\left(\sum x_iy_i-a\sum x_i-b\sum x_i^2\right)=0$$

由此得到方程组(称正规方程组)：

$$\sum y_i-na-b\sum x_i=0$$
$$\sum x_iy_i-a\sum x_i-b\sum x_i^2=0$$

从中可解得 a 和 b 的最佳估计值：

$$a=\frac{\sum x_i^2\sum y_i-\sum x_i\sum x_iy_i}{n\sum x_i^2-\left(\sum x_i\right)^2}$$
$$b=\frac{n\sum x_iy_i-\sum x_i\sum y_i}{n\sum x_i^2-\left(\sum x_i\right)^2} \tag{1-6-1}$$

若令 $\bar{x}=\sum x_i/n$，$\bar{y}=\sum y_i/n$，并由下列式：

$$\sum x_i^2-\frac{\left(\sum x_i\right)^2}{n}=\sum(x_i-\bar{x})^2=L_{xx}$$

$$\sum x_iy_i-\frac{\sum x_i\sum y_i}{n}=\sum(x_i-\bar{x})(y_i-\bar{y})=L_{xy}$$

则方程的解还可以写成另一种形式：

$$a=\bar{y}-b\bar{x}$$
$$b=\frac{\sum(x_i-\bar{x})(y_i-\bar{y})}{\sum(x_i-\bar{x})^2}=\frac{L_{xy}}{L_{xx}} \tag{1-6-2}$$

由该最小二乘法求得的系数 a 和 b 所建立的方程 $y=a+bx$ 便是 n 对$(x_i,\ y_i)$测量数据的最佳拟合直线。残差平方和 S 刻画了测量点同回归直线的紧密程度(即拟合状态)。采用最小二乘法可以在所有可能的直线中找到使残差平方和 S 达到最小的回归直线。

由方程解中的 $a=\bar{y}-b\bar{x}$ 可以看出，最佳直线通过$(\bar{x},\ \bar{y})$点，所以在作 $y\sim x$ 图线时务必通过该点。拟合直线方程中的截距 a 和斜率 b 常常揭示出具体实验中的某个物理常数或某种固有性质，所以在函数关系测量实验中用最小二乘法进行拟合仅仅是一种数据处理的方法和手段，重要的应该是充分理解所得系数的物理含义和它所包括的物理内容，这通常正是实验的目的所在，实验者应该牢记这一点。

可以证明系数 a 和 b 的标准偏差为：

$$\sigma_a = \sqrt{\frac{1}{n} + \frac{(\bar{x})^2}{\sum (x_i - \bar{x})^2}} \cdot \sigma_y$$

$$\sigma_b = \frac{1}{\sqrt{\sum (x_i - \bar{x})^2}} \cdot \sigma_y$$

式中，σ_y 为测量值 y_i 单次测量的标准偏差，即

$$\sigma_y = \sqrt{\frac{\sum v_i^2}{n-2}} = \sqrt{\frac{\sum (y_i - a - bx_i)^2}{n-2}}$$

式中，令 $v=n-2$，v 表示自由度，其意义是：如果只有两个实验点，$n=2$，有两个正规方程就可以解出结果了，而且 y_i 的 σ_y 应当为零，所以自由度 v 是 $n-2$。

线性函数 $y=a+bx$ 中，系数 b（斜率）和系数 a（截距）的不确定度计算可根据具体实验进行处理。

对 a、b、U_a、U_b 的计算均可用计算机处理。

在这种函数关系测量中，可将 a、b 的结果表示如下：

$a \pm U_a$	$E_a = (U_a/a) \times 100\%$
$b \pm U_b$	$E_b = (U_b/b) \times 100\%$

采用函数关系测量，并用最小二乘法处理数据，充分利用了误差的抵偿作用，从而有效地减小了误差的影响；同时，这种处理数据的方法在理论上较严密，当函数形式确定后，结果是唯一的。所以，是一种常用的数据处理方法。

§1-7　测量结果的评定与一致性讨论

一、测量结果的评定

测量结果优劣的衡量指标之一是测量结果的正确度，它是指测量结果的最佳值与真值的偏离程度。用下式表示测量结果的正确度：

$$A_0 = \frac{|\bar{\phi} - \phi_0|}{\phi_0} \times 100\% \tag{1-7-1}$$

式中 $\bar{\phi}$ 为最佳值，ϕ_0 为待测量的真值（公认值、高一级仪器的测量值）。若实验中已告知待测量的 ϕ_0，则应该计算结果的正确度 A_0。

衡量测量结果优劣的另一个指标是测量结果的精密度（相对不确定度），它表示测量值分布的相对离散程度，即测量值的重复性能。用下式表示：

$$E=\frac{U}{\phi}\times 100\% \tag{1-7-2}$$

二、测量结果的一致性讨论

正确度和精密度是对于一个测量结果优劣的直接评定，但若对同一物理量 ϕ 用两种不同的方法进行测量，将会得到两个测量结果：

$$\phi_a \pm U_a;\ \phi_b \pm U_b$$

它们各自有自身的正确度和精密度。然而，由于存在着测量误差，两种方法所得到的最佳值 ϕ_a 和 ϕ_b 通常不会是相同值，此时就必须通过讨论来评定两个测量结果是否一致。为进行一致性讨论，可先计算出下列两项：

$$\begin{aligned}\delta &= |\phi_a-\phi_b| \\ \Delta &= \sqrt{U_a^2+U_b^2}\end{aligned} \tag{1-7-3}$$

δ 是两种方法最佳值的差值，当 $\delta\leqslant\Delta$ 时，就可得出两种方法的测量结果是一致的结论；若 $\delta>\Delta$，则可以肯定两种方法中至少有一种方法的结果是错误的，这就提示实验者应对实验进行复核和检查分析。这种一致性讨论是对实验所得结果的一种科学评定方法，经常为科技工作者所采用，即科技工作者经常采用不同的实验方法来研究同一物理内容以检验自己的实验结果是否可靠。

该讨论方法也适用于测量结果 ϕ 与真值 ϕ_0 之间的比较，由于真值通常是高层次实验的测量值，所以相对于本次实验其不确定度 U 可以忽略，前述两式可简化为：

$$\delta=|\phi-\phi_0|;\quad \Delta=U_\phi \tag{1-7-4}$$

其一致性讨论的判据与结论和前面的完全相同。

习　题

1. 试读出图 1-12 中箭头所指处的读数，先标明分度值及读数误差，然后再进行读数，最后说明这些读数的有效数字位数。

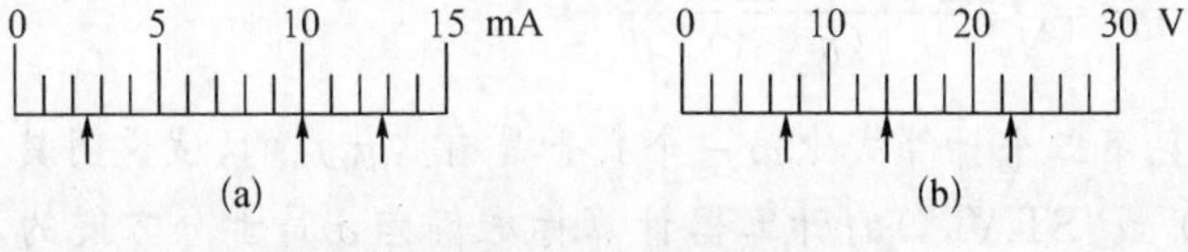

图 1-12　习题 1

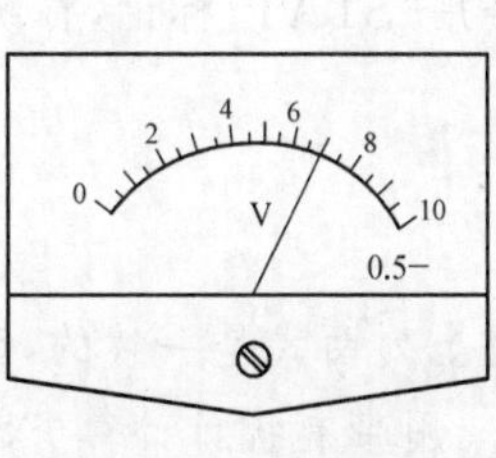

图 1-13　习题 2

2. 试读出图 1-13 中电表的测量值，读数前应先记明分度值和读数误差，然后再进行读数。电表表盘右下角的数字表示电表的准确度等级，试根据它确定测量值的未定系统误差Δ。

3. 说明下列测量值的有效数字位数，若取三位有效数字，并用科学表示法书写，该如何表示？

（1）34.506 cm；　　　　（2）2.545 s；

（3）8.735 g；　　　　　（4）0.005 065 kg；

（5）$5\,893\times10^{-10}$ m；　　（6）3.141 592 654

4. 用有效数字运算规则计算下列各式：

（1）1 568＋364.65－56.501

（2）（15.80－15.145）×1.301

（3）2.27＋1.627×0.0145÷2.035－0.0149

（4）ln504

（5）sin60°4′

（6）$\pi\times6.748\,0^3\div6$（6为准确数）

5. 我国生产的镉汞标准电池其电动势随温度变化的经验公式为（已简化）：

$$E_t = E_{20} - 4.0\times10^{-5}(t-20) - 1.0\times10^{-6}(t-20)^2\ \text{V}$$

其中 $E_{20}=1.018\,59$ V，是 $t=20$℃时的电动势。若在 $t=30$℃情况下使用，电动势值为多少？若不进行温度影响的修正，将引入多大的系统误差？

6. 图1-14是测角仪器存在偏心差的示意图，O 是角度盘的中心，O' 是读数标线的转动中心，由于制造时它们不可能完全重合，所以当读数标线从 A 到 A' 转过角度 ϕ 时，角度盘上实际读得的是 ϕ_1，为消除这种偏心差，就像图中那样采用对径方向同时读数的方法（称对径测量法），当读数标线转过 ϕ 时，从角度盘上同时读得 ϕ_1 和 ϕ_2（A 到 A' 和 B 到 B'），此时 $\phi_1\neq\phi$；$\phi_2\neq\phi$；$\phi_1\neq\phi_2$；试证明 $\phi=(\phi_1+\phi_2)/2$（ϕ 为无偏心差角度值）。

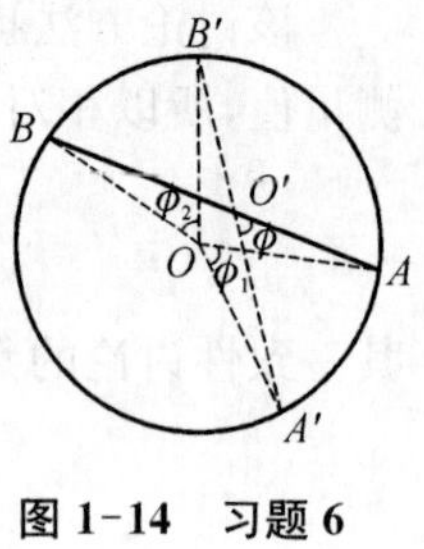

图1-14　习题6

7. 标准偏差的计算式为：

$$\sigma_x = \sqrt{\frac{\sum v_i^2}{(n-1)}}$$

式中 $v_i = x_i - \bar{x}$。目前函数计算器一般都带有标准偏差的计算功能（有的是用“SD”标记，有的是用“STAT”标记，称统计计算），但它们是用下式计算：

$$\sigma = \sqrt{\frac{\sum x_i^2 - \left(\sum x_i\right)^2/n}{(n-1)}}$$

试证明上列两式是一致的，而且第二个计算式比第一个式子是有些优点的，试说明其优点。

8. 用带有统计计算（“SD”或“STAT”）的计算器计算标准偏差 σ 是十分方便的。请用计算器计算下列测量列的最佳值 $\bar{x}$、标准偏差 σ。（单位mm）

54.40，54.50，54.38，54.48，54.42，54.46，54.45，54.43

(不同型号的计算器操作步骤各有不同,请按照计算器的说明书进行操作)

9. 指出下列结果表述中的错误之处,并加以改正。

(1) 1.5463±0.03 mm

(2) 6.73±0.008 g

(3) 84.50±0.143 6 s

(4) 564 000±3 000 Ω

(5) 59°53.4′± 3′27″

(6) $1.453\,2\times10^{-2}\pm3.8\times10^{-4}$ V

10. 用 Δ=0.004 mm 的千分尺测量某个长度 6 次,测量值为:7.998, 7.996, 7.996, 7.997, 7.996, 7.997,其完整的测量结果应如何表示?

11. 一杆米尺的 Δ=0.5 mm,一架读数显微镜的 Δ=0.01 mm,假如要测量 2 cm 的长度,要求精密度达到 1%以上,应选择米尺还是读数显微镜?为什么?

12. 试计算下列各测量关系式的 U_ϕ 和 E_ϕ。

(1) $\phi=f(x, y)=x+y$

(2) $\phi=f(x, y)=x-y$

(3) $\phi=f(x, y)=x\cdot y$

(4) $\phi=f(x, y)=x / y$

(5) $\phi=f(x)=kx$(k 为常数)

(6) $\phi=f(x)=x^p$(p 为常数)

(7) $\phi=f(x, y, z)=k\dfrac{x^p y^q}{z^r}$($k$、$p$、$q$、$r$ 均为常数)

13. 试写出下列测量关系式的 U_ϕ 的传递式。

(1) $\phi=\dfrac{x^2-y^2}{4x}$

(2) $\phi=4\pi^2\dfrac{x}{y^2}$

(3) $\phi=\dfrac{\sin\dfrac{x+y}{2}}{\sin\dfrac{x}{2}}$

(4) $\phi=\sqrt{1+\left(\dfrac{\sin x+\cos y}{\sin y}\right)^2}$

14. 用 Δ=0.5 mm 的米尺测得直角三角形两直角边的边长为:a=30.0±0.5 mm, b=40.0±0.5 mm,试计算该直角三角形面积的测量结果。

15. 用受力伸长法测量弹簧的劲度系数 k,实验装置与图 1-10 所示相同,测量关系式为:

$$y=y_0+\frac{g}{k}\cdot m$$

式中:m 砝码的质量;g 为重力加速度(上海地区 $g=9.794\ \mathrm{m/s^2}$); y_0 是未加砝码时弹簧指示标线在米尺上的读数;y 是加砝码质量 m 后指示标线在米尺上的位置读数。现测得下列数据($\Delta_y=0.01$ cm)：

i	1	2	3	4	5	6
m_i(g)	0	1	2	3	4	5
y_i(cm)	1.62	2.62	3.61	4.58	5.60	6.56

对此函数关系测量，要求：

(1) 作实验图线；

(2) 用最小二乘法进行线性拟合，并最终表示出 k 的测量结果。

16. 根据理论，热敏电阻的阻值与温度的函数关系为：

$$R_T = Ae^{B/T}$$

式中 A 和 B 是与材料物理性质有关的常数，T 为热力学温度，现通过实验测得如下数据：(注意测量时温度为摄氏度)

i	1	2	3	4	5	6
t_i(℃)	20.5	29.5	38.0	48.0	57.5	68.0
R_i(Ω)	4 421	3 124	2 261	1 634	1 193	834

对此函数关系测量，要求：

(1) 作实验图线(应对函数关系式取自然对数，$\ln R_T = \ln A + B \cdot \dfrac{1}{T}$，表中应列出 T、$1/T$、$\ln R_T$ 各项，然后作 $\ln R_T$—$1/T$ 图线)；

(2) 令 $y=\ln R_T$，$x=1/T$，$\ln A=A'$，得 $y=A'+Bx$，然后用最小二乘法进行线性拟合，最终定出系数 A 和 B 以确定 R_T 和 T 之间的具体函数关系。

17. 在某一实验中，测量关系式为：

$$h = h_0 + \frac{8DLg}{\pi d^2 BY} \cdot m$$

式中 Y 是实验最终要测定的量，它包含在 h-m 线性关系的斜率因子中，斜率中的其他各量 D、L、g、d、B 均是可以测量或确定的物理量；现实验对 h-m 作了函数关系测量，测得数据如下：

i	1	2	3	4	5	6	7	8
m_i(kg)	0	1	2	3	4	5	6	7
h_i(mm)	62.0	65.5	69.0	72.3	75.8	79.1	82.6	86.0

其他各量测量结果如下：

L(m)	D(m)	B(m)	D(m)
0.610	0.783	0.0700	$(5.05\pm0.06)\times10^{-4}$
$\Delta=0.001$	$\Delta=0.001$	$\Delta=0.005$	$E_d=1.2\%$

$g=9.974\ \mathrm{m/s^2}$是上海地区的重力加速度，作标准量处理。试用最小二乘法对 h-m 进行线性拟合，由拟合所得的斜率因子求实验所要求的 Y 测量结果。

18. 如用成像法测得透镜焦距为：$f_1=261.2\ \mathrm{mm}\pm0.8\ \mathrm{mm}$，而用平行光管法测同一块透镜焦距为：$f_2=260.7\ \mathrm{mm}\pm0.4\ \mathrm{mm}$。试问这两种方法的测量结果一致吗？

19. 用受力伸长法测得弹簧的劲度系数 $k_1=0.485\,3\pm0.001\,0\ \mathrm{N/m}$，用振子振动法测得同一弹簧的劲度系数为 $k_2=0.505\,6\pm0.007\,6\ \mathrm{N/m}$，因两种方法均是函数关系测量，经线性拟合后由斜率计算得出的 k，现试问两种方法测得的结果一致吗？

第二章 实验的类型

物理实验大致有三种类型:一种类型是应用性的,它是根据物理原理导出的测量关系式,以物理测量为基础,对事物的某种特性或参量进行测定的实验;第二种类型是验证性的,它是对某一物理理论或假设进行检验的实验;第三类是探索性的实验,它的目的显然是要采用一定的实验手段去了解尚未认识的事物的内在特性或规律。

这三种类型的实验,既有实验的共性,又有各自的特点,本章将在前一章的基础上分别阐述它们的一些共性和个性。特别要注意的是,由于这三类实验的目的不同,所以在实验完成后的结论也就有明显的不同。对应用性实验来说,最后的结论应该是通过实验测得了某量是多少,精度达多高。对验证性实验,则结论应是在多大的精度上验证了某理论或在多大精度下实验结果与理论不一致。对探索性实验,则结论应是通过实验找到了某量与某某量符合怎样的关系,实际上,这也是要认识实验类别的目的之一。

这里还需要指出一点,实验者在基础实验室中不可能去做验证新理论或寻求新规律的实验,因而与之配合的实验多少带有人为的性质,需要验证的理论或寻找的规律也早已被精度高得多的实验多次检验过和确定过,但若实验者能理解误差分析的决定作用,并用现有的设备做出尽可能满意的结果,那么这些实验就成了极有意义的训练。

§2-1 应用性实验

按照实验的目的,凡是以物理原理为依据,以物理测量为基础,对待测对象的特性或参量进行测定的实验,属应用类实验。例如测量电器元件的伏安特性、电源电动势的测定、透镜焦距的测量、声速的测定等,它们都以测得某(几)个特性量为最终目的。从严格意义上说,它们更接近于测量,特别是当这些特性量的测量已有了专门的测量仪器,并在实际过程中直接使用它们来获得结果,这就成了真正意义上的测量了。就像工业部门里的测试室,它们就是用专门的仪器对各种机械、电器等的性能和精度进行种种的测量,它所重视的是测量(或测试)的结果。本教程将上面列举的带有浓重测量成分的工作归结为应用性实验。这是因为教程着重的是物理原理、实验方法,且一般都采用由多种基本测量器具的组合来实现原理和方法的条件,进而实现对待测量进行测量的目的,它所重视的是方法原理与实现的过程,而不仅仅是一个测量结果。实际上它是实验基本知识和技能的一个学习过程,所以在教学上仍称它们为实验。由此可见,在做这些应用性实验时,不要将它们只看作是一项测量工作,而要将它们看作是一项实验的基础工作,实验者应该在方法原理和实现过程的思维与实践上下功夫，而将结果看作是它们的必然产物。对于过程和结果而言，如何通过对装置的调整来实现原理条件和如何对结果进行检验将是重要的。

一、实验中仪器与设备的调整

任何一个应用性实验，其原理与方法总是确定的，所以实验的关键是如何运用实验的仪器和设备来实现原理和方法要求的条件，使原理所阐述的物理过程在实验室条件下得以重现，并能达到测量的要求，这就需要实验者不但认清实验的原理条件、仪器的性能和操作方法，而且还要实验者既动手又动脑地对所用仪器作合乎要求的调整。

调整的要求通常来自两个方面：一是实验原理要求的条件，二是测量要求达到的条件。例如，如图 2-1 所示，当光线通过棱镜时，因折射而改变了方向，实验要测量在一定入射角 i 条件下的光线偏转角 δ（入射光线与出射光线的夹角，称偏向角）。图中虽然以极其简单的方式画了一根以入射角为 i 射在 AB 面上的光线，但这意味着实验中需要有一束平行光照射在 AB 面上，唯有如此才能有确定的入射角 i 和与之相对应的偏向角 δ，这就是原理要求的条件。当该束平行光经棱镜折射后于 AC 面出射时，它与原入射光之间有了 δ 的角度差，为了能确定平行光的方向，原理与测量还要求有一台能接收平行光的望远镜。由于入射角 i 和偏向角 δ 均是指棱镜主截面（垂直于棱 A 的截面）内的角度，所以从测量角度考虑必须使主截面与仪器设备上的刻度盘平行，这就是测量所要求的条件。为了正确测得 i 和 δ 角的大小，实验者就要通过对仪器设备的调节，来满足原理的和测量的这些条件。

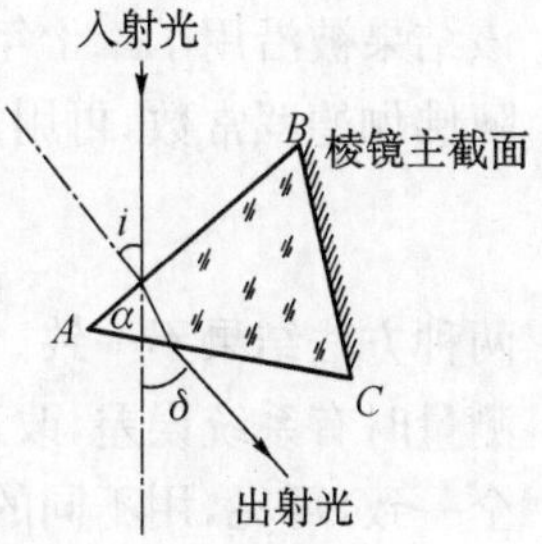

图 2-1　棱镜折射示意图

每个实验所要满足的条件是由实验原理和测量方法决定的，它们可能千差万别，所以，如何进行调整以实现这些条件，只能在具体的实验中去体会、去实施。但是，它们也存在着一些共同的原则，这些原则就是：

① 每一项调整最重要的是调整的目的，即为什么要调整（有原理和测量两方面提出），然后才是调整的方法。

② 方法是由目的而产生的，唯有弄清目的，才能想出方法。切勿陷入"调整是一切，目的是没有的"盲目调整状态。

③ 调整要有判据（标准），即看到什么现象就可以确定该项调整的目的已经达到了。所以实验者在进行某项调整时，必须清楚地知道其判据，没有判据的调整必然是盲目的调整。

④ 调整某项内容达到目的后，至少有一件可调整的机构被制约了，不能再动了。所以实验者必须清楚地认识到调整目的和机构间的这种制约关系，否则已实现的目的在不知不觉中将会遭到破坏。

目的、方法、判据和制约这些调整的共性原则同样适合于其他类型的实验，因为它们同样要保证实验条件的满足。

二、实验结果的检验

在一个实验过程中可以通过对实验现象和测量数据的观察与分析来随时检验实验工作是否正常进行，但它并不能保证实验结果必定准确，这是因为如若实验中存在着某种恒定的系统误差，多次重复测量也不能发现它，但它却可能使实验结果产生了偏差。为此，就应如第一章§1-7中简要叙述过的那样，设法用其他方法对该量再进行测量，然后用误差分析的方法(一致性讨论)来判断实验结果是否可靠。这种检验方法，对采用一种新方法或对一个新出现的量进行测量时尤为重要。

在科学发展史上曾有过这样生动而富有启发性的事例(虽然它不是应用性实验类型)：美国物理学家密立根从1909年开始用油滴实验测量电子电荷，他观测了几千颗微滴，测得电子电荷为：

$$e=(1.591\pm0.002)\times10^{-19}\mathrm{C}$$

该结果被沿用了二十年，没有发现问题。后来，另外的科学家用X射线测量晶格常数求出阿佛伽德罗常数，再用它除法拉第常数得出的电子电荷为：

$$e=(1.6010\pm0.0002)\times10^{-19}\mathrm{C}$$

两种方法结果不一致。促使去寻找实验中的问题，结果发现油滴实验中所用的黏滞系数在测量时有系统误差，改进后油滴实验所得的e值为1.601×10^{-19} C，与X射线测得的结果完全一致，可见，用不同的方法检验实验的结果是很有普遍意义的。

§2-2 验证性实验

物理学的发展过程是人类认识客观世界过程中的一个重要组成部分，它严格遵循"实践—理论—实践"这条认识过程的规律，物理学中的定律和理论，要么由生产实践中总结出来，要么来自实验，且更多来自后者。然而，由个别物理学家所做的有限次数的探索实验中提升概括得到的在一定范围内具有普遍意义的定律或理论，还必须经受新的实验事实的检验，如果新的实验结果(精确可靠的)与之抵触，就该对理论进行修正，甚至否定；只有当新的实验结果证实其正确性时，定律或理论才得以成立。当然，物理学理论也有一定的相对独立性，理论物理学运用逻辑推理的方法也发现了不少定律和规律，并预言了许多新现象；但是，即使是最有权威的理论，也必须通过实验的检验才能最终成立。由此可见，无论从哪种意义上讲，物理学永远是一门实验科学。

验证性实验就是在物理定律、理论或假设一旦被提出后(不论是根据实验还是由逻辑推理)，为检验其真伪或适用范围而精心设计的实验。它必定具有明确的理论依据、可靠的实验手段以及实事求是的结果评价。验证的结果必然是理论得到全面验证，因而可以获得公认，或者理论被推翻或需进行修正，这就是验证性实验的特点和作用。

在物理学史上，许多关键问题的解决，最后都是取决于实验的裁决。例如：1801年托马斯·杨的光干涉实验证实了光的波动性，结束了长达一个多世纪的牛顿微粒说和惠更斯波动说的争论，1888年赫兹的电磁波实验证实了麦克斯韦电磁场理论的预言；1916年密立根的光电效应实验证实了爱因斯坦的光量子假说。1955年吴健雄按李政道、杨振宁建议做的钴60β衰变实验证实了在基本粒子间的弱相互作用中宇称不守恒的李-杨假说……在决定理论的取舍时，实验都起着判决性的作用。今天，奋战在物理学各前沿学科的科学家们正继续运用它来推动着物理学的进一步发展。近年来连续发现高温超导材料使超导转变温度不断提高的实验事实正对超导理论提出严峻的课题就是一个很好的实例。

基础教学实验室中的许多实验项目在某种意义上也是验证性实验,其主要的目的是让实验者亲自通过实验来检验前人的结论是否正确、是否真有道理。当然,在这一过程中首先要明确前人结论的由来和它的实质内容,并在此过程中可以亲身体验到实验验证的科学思维方法和所需的实事求是的科学态度。

一、实验的理论依据

验证性实验必须有明确的实验依据,它既是实验要验证的对象,又是设计实验方法、确定实验设备和调整要求的依据,对整个实验起着理论性的指导作用。

在此,可用历史上有名的验证爱因斯坦光量子假说的密立根光电效应实验为例加以说明。

光电效应是赫兹早在 1887 年首先发现的,它指的是在光的作用下从物体表面释放电子的现象。其后十几年,许多物理学家作了一系列的实验研究,确认了光电效应现象的种种实验事实和规律,其中之一是电子离开金属表面的最大速度 v_{max} 与光强无关。

如图 2-2 所示,当光照射在金属表面(阴极 C)上时,就有电子发射出来;若电子到达阳极 A 上,则外电路上就有电流流过;阳极相对于阴极的电位 U 可通过反向开关 K 来控制其正负;在图 2-2 中,K 合在 2 位置,则 U 为负值,光电子将受到阳极的斥力,唯有初动能 $(1/2)mv^2 \geqslant e|U|$ 的电子才有可能到达阳极;当 U 达到某一电位时,刚好没有电子能到达阳极,称该电位的绝对值为遏止电位 U_0,它与电子从 C 板出来的最大动能应有如下关系:

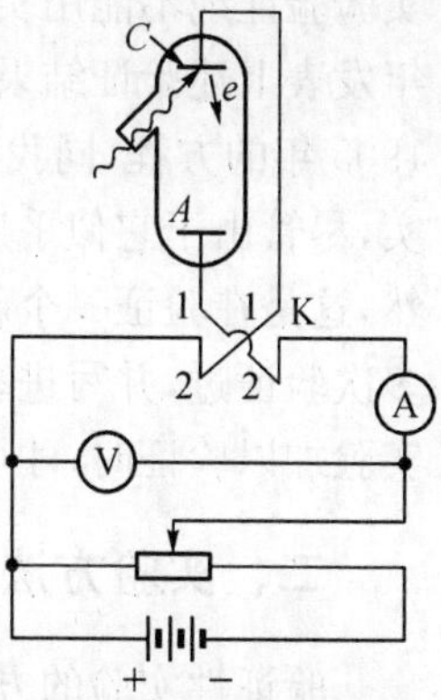

图 2-2 光电效应

$$\frac{1}{2}mv_{max}^2 = eU_0$$

实验结果发现:U_0 与光强无关,即光电子的最大速度 v_{max} 与光强无关,这是光的波动理论所无法解释的。

1905 年,爱因斯坦发展了普朗克的量子理论,提出了光量子假说,成功地解释了光电效应的规律。它根据自己的假说,把能量守恒定律应用于光电发射现象,导出了一个简单的公式——爱因斯坦光电效应方程,用现在通用的符号表示为:

$$eU_0 = \frac{1}{2}mv_{max}^2 = h\upsilon - \omega$$

式中 U_0 是遏止电位,h 为普朗克常数,υ 是光的频率,ω 为电子脱离金属表面所需做的功。按照这个方程,电子的最大动能或最大速度 v_{max} 只取决于照射在金属上的光的频率而与光强度无关。若 $\upsilon < \upsilon_0 = \omega/h$,再强的光也打不出电子,从而圆满地解释了光电效应现象。然而,新的理论如果没有获得全面的实验验证,就不会得到普遍的承认。

验证爱因斯坦的光量子假说及其光电效应的理论,就应以他的光电效应方程作为实验的理论依据。由方程可得:$U_0 = (h/e)\upsilon - \omega/e$;如果实验者能在实验中精确地测量出遏止电位$U_0$值与光的频率$\upsilon$值为线性关系，即$U_0$的值与$\upsilon$值的关系呈直线，并算出该直线的斜率，然后代入已知的电子电荷值e，若求出的h值与已知的普朗克常数一致，则就全面地、令人信服地验证了爱因斯坦光量子假说及其光电效应理论。如果实验得出的U_0-υ关系不是线性的，则就验证了实验的理论依据是错误的，这就意味着实验将否定光电效应方程，但历史上未出现这种情况。

著名的实验物理学家密立根以爱因斯坦光电效应方程作为设计实验方法的理论依据，研制了精巧的实验设备，经过十年之久的不断改进，终于在1916年精确地测定出U_0和υ为线性关系，从中求得的h值为$h=6.57\times10^{-34}$ J·s，其正确度约为0.5%；它与普朗克1900年在黑体辐射公式论文中导出的$h=6.55\times10^{-34}$ J·s一致，从而全面验证了爱因斯坦光电效应方程。

由上可知，在对理论进行实验验证时，首要任务是要把握住理论的核心内容和所要验证的主要问题，然后确定以何种方式来全面地对理论进行检验。由于理论尚在检验之中，所以实验验证绝不能用实验去迎合理论，而必须用实验事实来鉴别理论的真伪。密立根在1916年发表上述验证结果时有一段很有启发性的话："我用了我生命中的十年来验证爱因斯坦1905年的方程，同我的全部期望相反，我不得不在1915年宣称它已得到毫不含糊的实验证实，尽管由于它似乎违反了我们所知道的关于光的干涉的每一件事而显得是不合理的。"当然，这是在验证一个新理论时的情况；而基础实验中要验证的理论往往都是早已在历史上被多次验证过，并写进教科书中的，所以唯有实验者以负责任的态度看待这些理论，且想通过实验加以验证时，才可能对该理论认识得更加深刻。

二、实验方法与设备

验证性实验的方法、设备和调整要求是依据所要验证的理论设计制定出来的，它们是实现实验目的的途径和手段，体现了实验的技术性。由于实验总存在误差，所以为使测量不被淹没在误差之中，必须设法突出所要研究的或测量的对象，以使结果能达到一定的精度。例如密立根在验证爱因斯坦光电效应方程时，为了精确测量光电流和精确测定遏止电位，需要将电极置于洁净的高真空环境中，要设法去除电极表面的氧化膜并能测出电极表面的接触电位差，最后还要获得各种频率的单色光等。教学实验当然不可能去设计和建立大科学家们花了十几年乃至几十年时间创建的方法和设备，一般情况下其方法和设备都是给定的；在此情况下，实验者应该体会所定实验方法和所选仪器的作用，并考虑如何能调整到可以准确进行测量的状态，以使在现有条件下能获得最佳的结果，这也是为今后实验者自行设计实验时做好必要的基础准备。

这里用弹簧振子的简谐振动为例说明。按照理论分析，一个竖直的弹簧振子(图2-3)在弹性恢复力下作的是简谐振动，其振动周期的表达式为：

$$T=2\pi\sqrt{\frac{M_0'+m}{k}}$$

式中M_0'是弹簧振动时的有效质量(理论分析它小于弹簧的质量M_0)，m是振子的质量，k是弹簧的劲度系数。由此式可得T^2与m为线性关系：

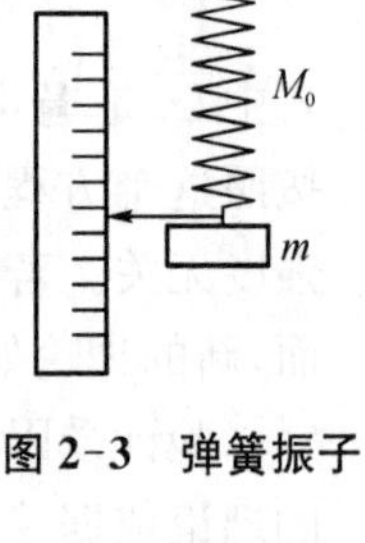

图2-3　弹簧振子

$$T^2 = (4\pi^2/k)M_0' + (4\pi^2/k)m$$

实验采用在不同的振子质量下测量振子的振动周期来检验 T^2 与 m 是否如理论分析所述呈线性关系，即 T^2 与 m 的关系曲线是否呈直线，其斜率 $4\pi^2/k$ 中的弹簧劲度系数 k 与静态测量得到(或实验室给出)的 k 是否一致，其截距中的 M_0' 是否确实小于 M_0，通过这几点就可以全面验证弹簧振子在弹性恢复力下是否作简谐振动，这就是实验所确定的验证方法。

方法确定之后，根据所要测量的量确定仪器，如周期 T 可用秒表或计时器，质量 m 可用砝码；为了测量静态的 k 需要测量弹簧受力伸长的 F-x 关系，因为是竖直弹簧振子，所以所加砝码质量的重力 mg 就是作用于弹簧的拉力 F，长度 x 则需要用一把直尺来测量。在这些仪器设备都已具备的情况下，还应考虑实验条件、仪器调整、测量方法等一系列问题，如：

① 要保证振子振动时受到的力是弹性回复力，就要确认在 m 变化范围内 $mg=F$ 和伸长 x 是线性关系；

② 为从 F-x 关系中得到静态劲度常数 k，测量长度 x 的标尺应和弹簧受力伸长的方向平行；由于竖直悬挂的弹簧永远是铅直的，所以标尺必须调整到铅直；

③ 因为 T 是一个时间周期量，又是动态测量，所以不易测准；但从误差分析的角度考虑，测量 n 个周期的总时间 t 可以提高测量 T 的精度；因为 $T=(t\pm U)/n$，U 是实验者启动和停止秒表时的不确定度(只测一个周期和测几个连续周期都各启动和停止一次，所以在两种情况下 U 大致相同)。所以有 $E_T=U/(nT)$；如 T^2 的精度要求为 1%，则 T 的精度应达 $E_T=0.5\%$，通过对 T 的预测就可以定出 n 数，这样就保证了测量的精度要求。

④ 考虑到用手拉离(或托离)平衡位置时的不稳定性，应该在振动稳定后再测量周期，等等。

每一个实验在方法和仪器设备确定之后都有许多问题要考虑，对实验如何进行，应该先做什么、后做什么，实验过程中要注意什么……估计越充分，实验就越顺利，收益也就会越大，这是一条规律。

对原理和测量所要满足的条件，都应按§2-1节中所述的原则对仪器设备认真地进行调整，使实验在现有的设备条件下有步骤、有目标地逐步去实现最终目的。

三、实验结果的评价与结论

应用性实验最终得到的只是一个特性参数的测量结果，如若没有用其他方法对该特性参数再进行测量，则对它也就无法进行比较，其实验结果就是：实验在多大精度上测得该量为多少。

但验证性实验则不同，它总是存在某(几)个理论预言值，或由高一级实验所确定的值，只有当实验结果与这些值相一致时，才能得出："实验证实该理论是正确的"结论。如前所述的验证爱因斯坦光电效应方程的实验中就有一个由普朗克在黑体辐射公式中就已确定的 h_0 值(普朗克常数)，这就要看光电效应实验中得到的 h 值和普朗克的 h_0 值是否一致来判别爱因斯坦的光量子假说是否正确了。即使简单的检验弹簧振子是否作简谐振动的实验，也可先用受力伸长法测出弹簧的劲度系数 k_0，然后看振动法中测得的 k 值与 k_0 是否一致，用它作为检验弹簧振子在弹性回复力下确实是作简谐振动的证明之一。因此，在做验证性实验时，必然要与理论预言值作比较，即进行一致性讨论。

设理论值(或高一级实验测得值)为:$\phi \pm U_0$,若是理论值则不存在 U_0,如真空磁导率 $\mu_0 = 4\pi \times 10^{-7}$ H/m 是一个正确值,则可视为 U_0 缺项。通过验证性实验测得该量为:$\phi \pm U_\phi$,则运用第一章§1-7节的一致性讨论式:

$$\delta = |\phi - \phi_0|$$

$$\Delta = \sqrt{U_0^2 + U_\phi^2}$$

若 $\delta \leqslant \Delta$,则 ϕ 与理论值 ϕ_0 一致,反之,则不一致。

但这里存在着一个问题:如果实验所用的仪器精度较低,如果实验状态与技能不佳,因而 U_ϕ 大,这样反倒更容易一致了。所以,单纯从 δ 与 Δ 的比较中得到一致性的信息还是不全面的,全面的信息还应该包括实验结果精度 $E = U_\phi / \phi$ 的信息,即应该说明在多大精度上一致或不一致。一个实验结果在1%的精度上与理论值一致和在10%的精度上与理论值一致,其价值是很不同的(差了一个数量级)。当然,精度越高的实验,越可能出现不一致。这是因为实验精度提高之后,细微的系统误差影响就会显示出来的缘故。

有了这些对实验结果的评价之后,就可以从验证性实验结果中得出明确的结论了,即实验在多大的精度上验证了所要验证的理论,或在多大精度下理论与实验结果不相一致。如果出现后一种情况,则实验者首先应检查实验中是否尚有未消除的可定系统误差或分析是否低估了可能会使结果产生偏离的未定系统误差的影响。总之,在对实验结果下结论时,应持慎重态度。

§2-3 探索性实验

人类对自然界许多规律的认识最初大多来自于实验的观察、探索和研究,科学家们正是通过对这些实验所得的经验材料进行分析和提炼才进一步上升为定律或理论的。所以,探索性实验是认识客观事物规律的方法之一,是自然科学研究和工程技术应用中不可缺少的手段。

探索性实验包含的内容相当广泛,它可能是为探索某种物理运动规律而进行的实验,如历史上有名的伽利略的斜面实验、胡克的弹性实验、玻意耳的空气压缩实验、库仑的电扭秤实验……在这些实验的基础上,建立起了相应的落体定律、胡克定律、玻意耳定律、库仑定律等;它也可能是为发现或确认某个新事实所进行的实验,如伦琴的 X 射线实验、迈克尔逊的以太漂移实验、密立根的油滴实验、查德维克发现中子的实验、丁肇中发现 J/Ψ 粒子的实验等,这些都是写进了教科书中的人类文化知识宝库中的精品,是永垂史册的成名实验。除此,更大量的、一般性的探索性实验可能还是那些为了要寻求两个或多个物理量之间对应变化关系的实验,即通过实验找出所要研究的两个物理量之间对应变化的关系,通常称为寻找它们之间的经验公式,在此基础上,实验者可以进一步去寻求理论解释,或直接应用于工程技术问题中。

探索性实验的方法、设备与调整问题和前两类实验一样,在此不再复述。本节旨在介绍探索性试验中寻找经验公式的点滴方法,而且将所讨论的内容限制在可以转化为一元线性函数关系的实验问题。

一、经验公式类型的选取

在寻找经验公式的实验中，当测得了 $n(n>2)$ 对 $(x_i,\ y_i)$ 的实验数据后，首先应根据这些测量数据选取合适的函数关系式，然后通过一定的数据处理方法确定该函数关系式中的各系数，这样就能求得相应于这些实验数据的经验公式了。由于本教程只限于讨论一元线性函数关系的简单问题，而对于一元线性函数式 $y=a+bx$ 中的系数求解又已在第一章§1-6节的“解析法——用最小二乘法进行线性拟合”中作过详细的叙述，所以寻求经验公式的问题便成了如何根据测量数据选取函数形式并将其变换成线性函数形式的问题。

选取适合于描述测量点变化规律的函数式的最直观方法就是先将测量数据作图，然后与标准形式的函数作比较，以确定其可能的函数形式。表 2-1 列出几种典型函数曲线的图形(仅列入了线性函数、幂函数、指数函数的部分最简单曲线，另外有双曲函数、对数函数等未列入表中)；并同时给出了非线性函数变换成线性函数形式的方法和结果；实际的函数图形要比表 2-1 中列出的丰富得多，实验者可依据解析几何中的函数曲线知识，效仿表 2-1 中变换的方法，选取合适的函数形式，并将其变换成线性形式。

表 2-1　几种典型函数曲线的图形

<table>
<tr><td rowspan="2">函数类型</td><td>线性函数</td><td>幂函数</td><td colspan="2">指数函数</td></tr>
<tr><td>$y=a+bx$</td><td>$y=ax^b$</td><td>$y=ae^{bx}$</td><td>$y=ae^{b/x}$</td></tr>
<tr><td rowspan="2">函数曲线形式</td><td>$a>0$
$b>0$
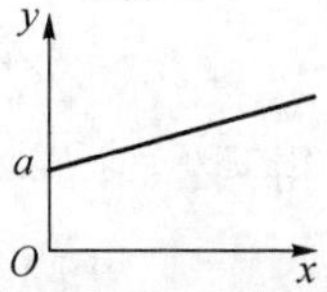</td><td>$a>0$
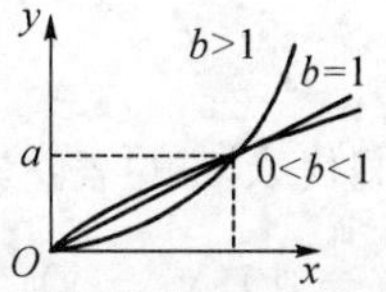
</td><td>$a>0$
$b>0$
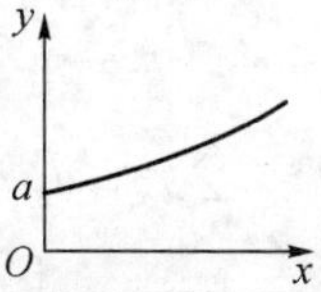</td><td>$a>0$
$b>0$
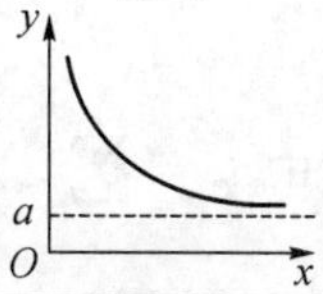</td></tr>
<tr><td>$a>0$
$b<0$
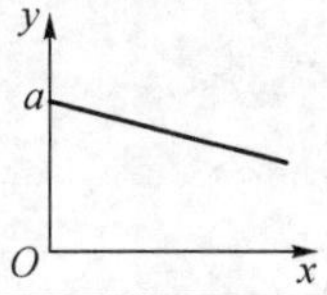</td><td>$a>0$
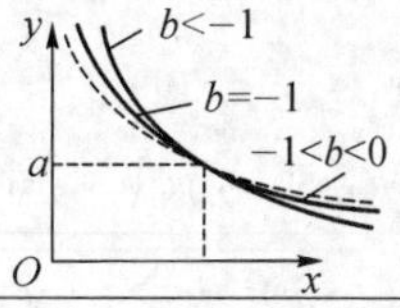
</td><td>$a>0$
$b<0$
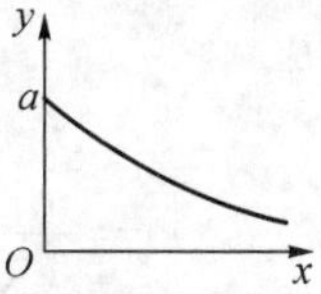</td><td>$a>0$
$b<0$
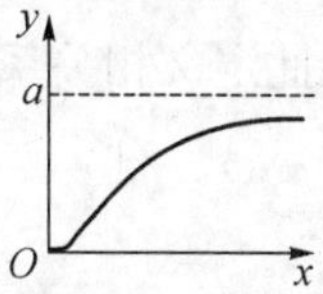</td></tr>
<tr><td>变换方式</td><td></td><td>$\log y=\log a+b\log x$
$y'=\log y$
$x'=\log x$
$a'=\log a$</td><td>$\ln y=\ln a+bx$
$y'=\ln y$
$a'=\ln a$</td><td>$\ln y=\ln a+b/x$
$y'=\ln y$
$x'=1/x$
$a'=\ln a$</td></tr>
<tr><td>线性化结果</td><td>$y=a+bx$</td><td>$y'=a'+bx'$</td><td>$y'=a'+bx$</td><td>$y'=a'+bx'$</td></tr>
</table>

在选定函数 $y=f(x,\ a,\ b)$ 并将其变换成线性函数形式 $y'=a'+bx'$ 之后，就可用最小二乘法对 $y'-x'$ 进行线性拟合，以确定系数 a' 和 b；最后还应将拟合得到的 a'(包括 U'_a)变换到原函数式中的 a(包括 U_a)，以得到最终的经验公式。

这里应该指出一点：在用最小二乘法进行线性拟合时，除了假设 x 的测量精度比 y 的测量精度高得多以外，还假设了每个测点的 σ_y 都是相同的（$\sigma_y=\sqrt{\sum(y_i-a-bx_i)^2/(n-2)}$，这种 σ 相同的测量称为等精度测量）。但当非线性函数变换成线性函数形式时，后面这个条件可能得不到满足；如表 2-1 中的指数函数 $y=ae^{bx}$，通过 $y'=\ln y$ 的变换，可以得到线性函数 $y'=a'+bx$；若 y 是等精度测量，各测点的 σ_y 都相同，那么 $\sigma'_y=\sigma_y/y$，显然 σ'_y 的大小是随测点而变的，因而严格地讲应该用更复杂的方法来进行处理；但作为基础实验，本教程仍以这种简单的方法来处理，所得的系数 a' 和 b 可能不是最佳值，然而它仍是目前条件下的一个合理的估计值。

二、相关系数

在将 n 对 $(x_i,\ y_i)$ 的数据进行线性拟合时（包括已经通过变量变换转化为线性拟合的问题），这 n 对数据是否可以用一元线性回归方程来描述？它们与线性变化规律符合的程度如何？应该有一个判据，这个判别的依据就是相关系数 r。

如图 2-4 所示，各测点 $(x_i,\ y_i)$ 并不落在最佳直线上，所以各点的 y_i 的残差平方和必有下式成立：

$$S=\sum v_i^2=\sum(y_i-y'_i)^2\geqslant 0$$

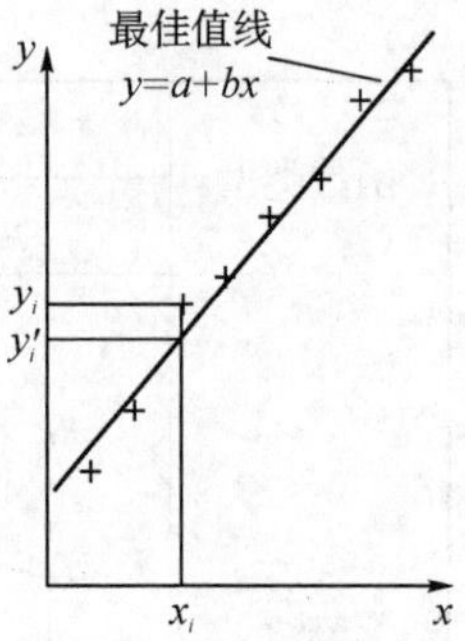

图 2-4　线性拟合的最佳直线

而 $v_i=y_i-y_i{}'=y_i-a-bx_i$，第一章 §1-6 已求得 a 和 b 的最佳值为：

$$a=\bar{y}-b\bar{x}$$

$$b=\frac{\sum(x_i-\bar{x})(y_i-\bar{y})}{\sum(x_i-\bar{x})^2}$$

其中 $\bar{x}=\sum x_i/n,\ \bar{y}=\sum y_i/n$。将它们代入 S 的表达式中，得到：

$$S=\sum(y_i-\bar{y})^2\cdot\left\{1-\frac{\left[\sum(x_i-\bar{x})(y_i-\bar{y})\right]^2}{\sum(x_i-\bar{x})^2\cdot\sum(y_i-\bar{y})^2}\right\}$$

在此定义相关系数 r 为：

$$r=\frac{\sum(x_i-\bar{x})(y_i-\bar{y})}{\sqrt{\sum(x_i-\bar{x})^2\cdot\sum(y_i-\bar{y})^2}}\tag{2-3-1}$$

则 S 简化为：

$$S=\sum(y_i-\bar{y})^2\cdot(1-r^2)\geqslant 0$$

由该式可见，相关系数 r 的数值范围为：

$$-1\leqslant r\leqslant 1$$

当 $r=\pm1$ 时，$S=\sum(y_i-y'_i)^2=0$，每一个测量值 y_i 和最佳直线的相应计算值 $y_i{}'=a+bx_i$ 都相等，说明各测量数据点 $(x_i,\ y_i)$ 准确地排成一条直线，称 y 与 x 完全线性相关；当 $0<|r|<1$ 时，数据点不成一条直线，称 y 与 x 存在一定的线性相关。$|r|$ 越小，$S=$

$\sum(y_i-y_i')^2$ 就越大，数据点之间线性关系就越差；所以，相关系数 r 是描述 x 与 y 两个变量之间线性相关程度的一个重要指标。

至于 n 对 (x_i, y_i) 测量数据是否线性相关，是否适合于进行 $y=a+bx$ 的线性拟合，则应该有一个起码的 r_0 来加以判别；根据相关系数 r 的概率性质的研究，得出了相关系数检验表 2-2，该表给出了这个起码的 r_0 值，它与测量点的数目 n 有关，只有当 $|r|\geqslant r_0$ 时，这 n 对 (x_i, y_i) 测量数据才能用直线方程来描述。

表 2-2　相关系数检验 r_0 值

n	3	4	5	6	7	8	9	10
r_0^*	1.000	0.990	0.959	0.917	0.874	0.834	0.798	0.765

*该表中的 r_0 其确定概率为 99%，或称显著性水平为 0.01。

下面举几个例子来说明相关系数的实际判别意义。

【例 2-1】 实验测得下列数据：

n	1	2	3	4	5	6
x	2	3	4	5	6	7
y	10.0	13.1	16.4	19.7	22.9	26.0

其中 x 为精确量，x 与 y 的单位均略。计算出相关系数 $r=0.999\,94$，大于表 2-2 中 $r_0=0.917$，说明上列数据点具有很好的线性相关性，图 2-5 也证实了这一点；对这些数据进行线性拟合得：$a=3.53\pm0.24$，$b=3.22\pm0.05$。数据点可用下列线性方程描述：

$$y=3.53+3.22x。$$

【例 2-2】 实验测得下列数据：

n	1	2	3	4	5	6
x	0.1	0.2	0.3	0.4	0.5	0.6
y	1.005	0.504	0.337	0.263	0.200	0.170

其中 x 为精确量，x 与 y 的单位均略。计算出相关系数 $r=-0.879$，$|r|<r_0=0.917$，表明上列数据点不能用线性方程来描述，图 2-6 也明显反映了这一点；此时虽然也可计算 a 和 b，但已无实际意义了。

【例 2-3】 仍以例 2-2 中的测量数据为例，将图 2-6 中的测点分布与表 2-1 中各函数曲线比较，似与幂函数 $y=ax^b$ 图线及指数函数 $y=ae^{b/x}$ 图线相似。为此，可先对 $y=ax^b$ 函数试验，令 $y'=\log y$，$x'=\log x$，计算 x' 与 y' 的相关系数，得 $r=-0.999\,6$，$|r|>r_0=0.917$，说明 $\log y$ 与 $\log x$ 有很好的线性关系（如图 2-7 所示）。然后再对 $y=ae^{b/x}$ 函数试验，令 $y''=\ln y$，$x''=1/x$，计算 x'' 与 y'' 的相关系数，得 $r=0.968$，$|r|$ 也大于起码的 $r_0=0.917$，即 $\ln y$ 与 $1/x$ 之间也可用线性关系来描述。但就两者比较而言，$\log y$ 与 $\log x$ 之间有更好的线性关系，例 2-2 的测量数据更符合 $y=ax^b$ 的变化规律，计算两系数得：$a=0.102\,7\pm0.007\,9$，$b=-0.991\pm0.036$。例 2-2 的测量数据可用下列函数式描述：

$$y = 0.1027x^{-0.991}$$

（各例中的 r、a、b 和图线由计算机计算得出和画出。）

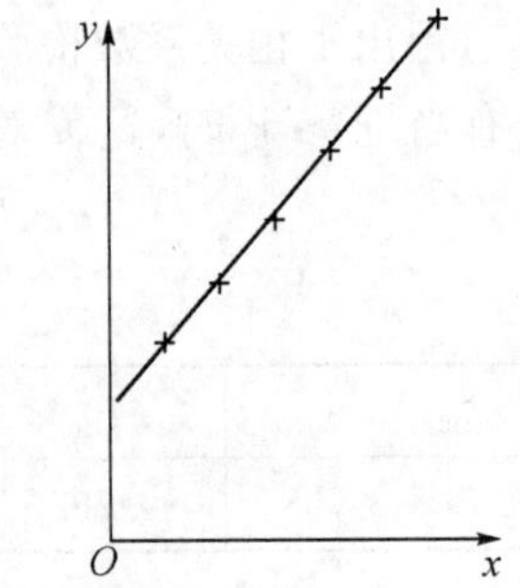

图 2-5　例 2-1 $x-y$ 关系图线

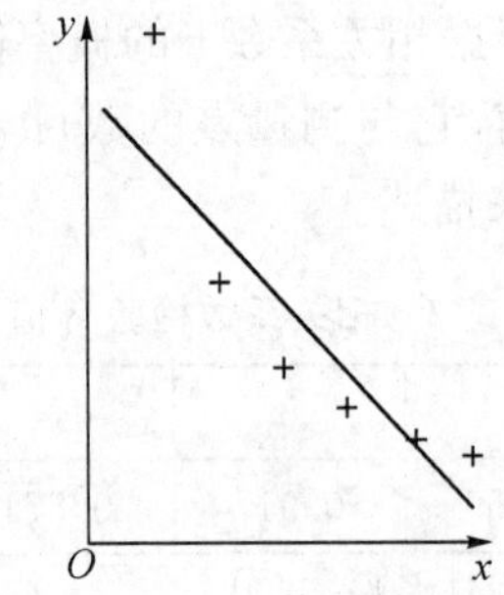

图 2-6　例 2-2 $x-y$ 关系图线

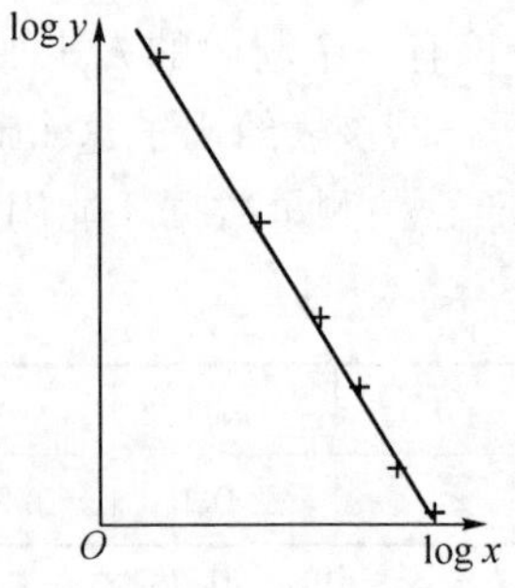

图 2-7　例 2-3 $\log x-\log y$ 图线

以上三例说明，在函数关系测量时，相关系数 r 是一个重要的判别量。若理论已指明 x 与 y（或经变换的 x 与 y'）是线性关系，则实验者可通过相关系数 r 的计算来检查测量数据是否符合线性关系；如果 $|r|<r_0$，则应怀疑实验中可能有错误。若所进行的是探索性实验，尚无理论说明 x 与 y 的关系，则可先根据实验图线选取函数关系，通过变量变换将其转化成线性方程，然后用相关系数来加以判断和选择，一般应选取相关系数绝对值大的那种函数形式。

三、从寻找经验公式到探求物理规律

一个经验公式的确定要经历测量、函数类型选择、相关系数判别、确定系数等步骤，它完全是建立在实验数据基础上的一个公式。如果要从经验公式中探索物理规律，则常常还需在此公式的基础上根据物理道理进行必要的改进。

在此仍以上节例 2-2 的测量数据为例，实验中 x 和 y 都是长度量，测量数据的单位均为毫米。例 2-2 中用相关系数判别了 x 与 y 不是线性关系，例 2-3 找到了这些数据的一个经验公式：$y=0.1027x^{-0.991}$；但从物理意义上讲 x 的 -0.991 次方在量纲上方是难以解释的；由于实验均有误差，按有限次数的测量数据求得的经验公式的系数同样存在误差，例 2-3中给出了 $b=-0.991\pm0.036$，从该结果看，-1 包含在 -0.991 ± 0.036 之中，实际上可考虑 -1 包含在 $b\pm U_b$之中，从物理意义上讲 x^{-1} 比 $x^{-0.991}$ 更为合理，所以应该将原经验公式改进为：

$$y = a + b\frac{1}{x}$$

令 $x'=1/x$ 后，对 y 和 x'进行相关系数的计算，得 $r=0.99990$，它更优于 $y=ax^b$ 函数形式时的相关系数（若不优于原函数形式的相关系数，只要它的绝对值大于 r_0 即可，因它更符合物理意义）；然后计算系数得到：

$$a = 0.005 \pm 0.014\ \text{mm};\quad b = 0.1000 \pm 0.0019\ \text{mm}^2。$$

由该结果看到，a 很小且 0 已包含在 $a\pm U_a$之中，故按前述关于实验存在误差的理由可以认为实际规律应是 y 与 x 成反比关系：

$$y = b\frac{1}{x}$$

用最小二乘法可求得 b 的最佳值，令 $x_i{}' = 1/x$，则 $b = \sum x'_i y_i / \sum x'^2_i$；代入本例的测量数据，$b = 0.100\,8 \pm 0.001\,1\ \text{mm}^2$（对 $y = bx$ 函数形式应慎用，因它必定通过原点，使用前应先经 $y = a + bx$ 的检验，确认 a 很小且 0 包含在 $a \pm U_a$ 之内时才可使用）。

这是从实验数据分析中获得的规律性认识，以该认识为基础重新考察实验的原理，若从理论分析亦能得到 y 与 x 有上述反比关系，则 b 就可与理论系数进行比较，以进一步评价理论分析与实验分析结果是否一致。若两者一致，则通过实验找到了规律，并且获得了理论的解释；若两者不一致，则应重新检查理论和实验的分析，因为它反映出两者至少有一方存在着某种尚未发现或考虑到的问题。

物理规律的探求是件复杂而艰难的事情，它要经过许多次的反复实验和检验，不可能一蹴而就，上面介绍的只是一个思考的例子，供有兴趣的实验者去思索。

第三章　科学实验的过程

前两章对物理实验的基本知识作了较为系统的叙述，并进行了有针对性的实验训练，实验者可能已经感受到了一种科学思维方式的锻炼，这就是：实验要做什么→需要什么条件→如何实现这些条件→如何判定条件已经满足→如何能及时发现问题→如何将实验完成并做好。有了这种思维和在这种思维的指导下的动手本领，就具备了一定的实验基础能力。在此基础上，本章将进一步简要叙述科学实验的重要过程，然后采用设计性实验的方式，让实验者自己去选题，自己去思考，自己去动手，自己去分析，自己去争取发表实验成果的机会，使实验者能有机会自觉运用上述思维去独立地进行实验工作，并能从中初步领会和了解科学实验的一些主要过程。

所谓设计性实验，就是课程提供内容广泛、种类繁多的实验课题供实验者挑选。由于这些课题内容涉及物理学的众多领域，它不可能与大学物理课程同步进行，且往往会超前于大学物理课程，实验者不要认为物理学课程尚未教过的内容就不能做实验，人的认识起源于实践，先做实验，先亲身接触一下实际，然后再取得较完整的理性认识，这才是正常的认识过程，因而，“动手做就是学习的开始”应是实验者的座右铭，它更接近于未来的工作实际。在选课题时，实验者可遵循下列原则：一是根据自己的兴趣爱好选择自己想做的课题；二是应有勇于向未知领域挑战的精神，以丰富自己的知识和增强自己的能力。

实验课题确定之后，都要经历准备、实施和总结三个阶段，实验者只有把握住这三个阶段才能圆满地完成课题的任务。

§3-1　实验课题的准备

课题确定之后，首先要做的是课题实验前的准备工作。这包括：资料的收集与分析，方法、仪器、条件的确定，测法与数据处理的设想等。前面简要总结的实验思维方式中的前四点均涉及准备工作，可见准备工作的重要意义。

一、资料的收集

准备工作的第一项就是尽量齐全地收集与课题有关的文献资料。这些资料有助于了解该课题的历史和现状，它们可以帮助实验者从不同的角度深入理解实验课题，从中可以获得不同作者对原理、方法、乃至具体做法的见解和启示。收集资料的目的在于集百家之长，进而建立起实验者自己对问题的主见以指导自己的实际工作，切忌不顾具体条件地照抄照搬资料上的一切细节。

资料收集方法多种多样，有人喜欢分门别类地摘抄；有人习惯于制作卡片；有人则在资料查阅过程中将其精华糅入自己的实验设计之中；也有人将所需要的资料全部复印加以收集等，各种方法均有利弊，可以因人、因条件而采用，但重要的是实验者要养成收集资料的习惯，从不断收集中形成自己特有的收集资料的方法。

特别应该指出的是，本书是实验者手头最主要的也是最为熟悉的一本资料，有关科学实验共性知识的章节内容、有关实验仪器的附录、有关某些物理量的测量方法等，在设计性实验中需要随时翻阅。本书在每一个设计性实验课题中还列出了一些参考书目，它是实验者可充分利用的资料线索。

二、类型、方法、仪器和条件的认定

在准备实验时，应对实验课题的内容作下列几个方面的认定：

① 课题类型的认定。它对认识实验目标带有指导性的意义，若是应用性实验，则关键是要有测量关系式，且关系式中各量是可测的；若是验证性实验，则必有待验证的理论分析式和特征量；若是探索性实验，则必有待探测的几个物理量。所以认定类型对认识实验方向是至关重要的。

② 实验方法的认定。一个目标的实现总要有具体的实现方法，目标是唯一的，方法往往是多样的。例如，要测量本地区的重力加速度 g，这是目标，方法则有①单摆法，测量关系式为：$g=4\pi^2 l/T^2$，其中 l 为摆长，T 为周期；②斜面下滑法（图 3-1），测量关系式为 $g=(v_2^2-v_1^2)/(2s\sin\alpha)$，其中 v_1、v_2 是物体 M 下滑经过 1、2 两点时的速度，s 是 1、2 两点间的距离，α 为斜面对水平面的倾角；③自由落体法，测量关系式为：$h=h_0+v_0t+gt^2/2$，其中 h_0 是开始计时时刻的落体位置，v_0 是开始计时时刻的初速度，t 为落体下落的时间，h 为 t 时刻的落体位置；还有诸如复摆、开特摆等方法（选择实验方案时，应该比较分析各方法的优劣，以选定符合课题精度要求的方法）。只有认定本课题所用的方法，才能确定实验中需要测量哪些物理量，如上列中单摆法要测量 l 和 T，斜面下滑法要测量 v_1、v_2、s 和 α，而自由落体法要测量 h 和 t 的对应关系和 h_0。由此可见，认定课题所用实验方法是对实验途径认识的一个起点。

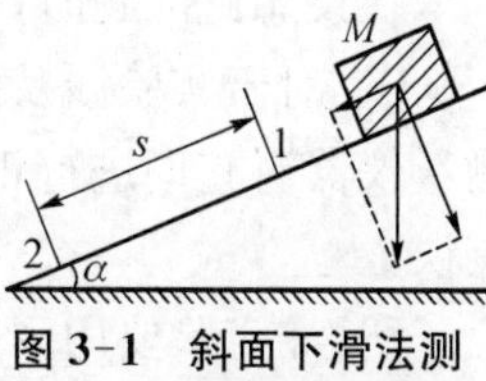

图 3-1　斜面下滑法测重力加速度

③ 实验仪器的认定。明确了要测量的物理量，紧接着的问题就是用些什么工具（仪器）对它（们）进行测量。唯有认定了实验测量所用的仪器，并对其结构、性能和用法有所了解，才能得心应手地运用它们去完成实验的定量测量工作。所以，实验者在准备阶段应明确实验所用的仪器，至少应做好查找和收集有关仪器资料的工作，在条件许可的情况下应进行预操作，熟悉其使用方法（包括读数），这是实验能否正确获得结果的保证。

④ 实验条件的认定。实验方法和仪器的使用都是有条件的。例如用天平测物体的质量，就应保证立柱铅直，又如使用成品电位差计测量电压量，它内部是一串电阻，但标度用的是电压，即电阻用电压来标度，这就意味着在使用前必须将电位差计内的工作电流调整到仪器所规定的确定值，该项调整称为电流标准化。认定了这些条件，在实验过程中才会自觉地通过调整去满足这些条件，它决定了实验测量前所应做的工作，实际上是对实验步骤的思考

和认识。

实验方法和仪器一般写在了书上，然而条件往往隐含在叙述方法和仪器原理的文字之中，有时不那么明显，需要实验者从原理和测量两个方面加以认真考虑。例如实验要研究氢原子光谱，首先应该测量氢原子光谱的波长；若认定用光栅分光的方法，通过测量衍射角来测量波长，并使用 $d\sin\phi_k=k\lambda$ 的原理关系式，式中 d 为光栅常数，k 为光谱级数，ϕ_k 为第 k 级光谱的衍射角，则该关系式中就隐含了光应垂直入射到光栅面上的条件，如果实验是在分光仪上进行的，则衍射角 ϕ_k 的平面与仪器刻度盘平面平行便是测量角度所应满足的条件。有了对这些条件的认识，再经过认真地思考，就能够制定实验实施的步骤了。实验者应该认识到：对实验条件的认识反映了实验者对方法原理和仪器使用方法理解的深度，而任何一个实验的实施其主要工作就是要实现原理和测量条件。所以，认定实验条件对实验如何进行具有决定性的意义。

三、测量方法和数据处理的设想

准备阶段除了考虑实验如何做之外，还应考虑对需要测量的物理量如何测量以及对测量的数据如何处理的问题。第一章中曾叙述过，直接测量是一切测量的基础，另外还有间接测量和函数关系测量，它们在数据处理方法上各有特点，所以实验之前就必须考虑用什么测量方法和如何进行处理的问题，即用这种测量方法该进行怎样的数据处理，或者要进行这样的数据处理，应采用何种测量方法。

在设想此问题时，实验者可以考虑下列几点：

① 对于实验涉及的所有直接测量的物理量，首先明确待测量物理量有哪几个，如何用测量仪器对它们进行正确测量；在有条件的情况下，应先预测一下，以确保正式测量时不会有误。

② 如实验要用间接测量方法获得待测量的物理量 ϕ，则必须有待测物理量的测量关系式：$\phi=f(x,\ y,\ \cdots)$，且式中各量均是可以测量的。

在对关系式中每一个测量值作多次重复测量时，其重复测量次数应根据实际情况而定；如果对某个待测量值重复测量时起伏很小，则该量就可以少测几次，若三次测量的值都相同，则表明测量中随机误差不显现，因而就可以不再作多次的测量了；但若对某个待测量值进行重复测量时起伏大，则就需要多测几次，因为多次测量的平均值才接近于真值。

每一个直接测量量均应有测量结果，然后通过测量关系式计算间接量：$\bar{\phi}=f(\bar{x},\ \bar{y},\ \cdots)$，并通过不确定度传递式计算 U_ϕ。

③ 如实验准备采用函数关系测量方法，而后通过计算函数（限于线性函数）中的系数来获得待测的物理量，则必须先建立量与量之间的函数关系式，并对函数式中各量（包括系数）所表示的内容要有所了解；对已转化为标准线性函数形式 $y=a+bx$ 进行最小二乘法拟合时，首先应该用相关系数 r 说明 y 和 x 之间是否线性相关；若线性相关，则系数 $a\pm U_a$、$b\pm U_b$ 才有意义。

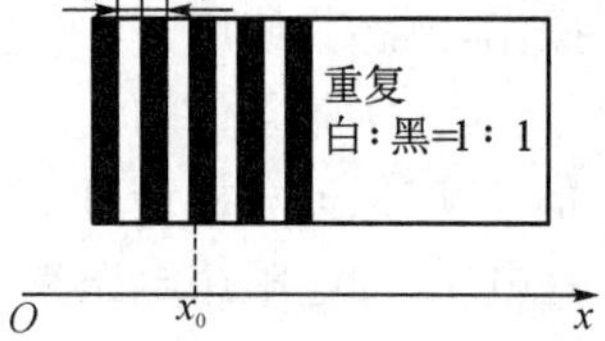

图 3-2　光栅

但是一个物理量的测量方法并不是唯一的，所以实验者在实验前应该有所准备，有所设想。例如，光栅（如图 3-2 所示），它由许多条宽度为 a 的透光缝和宽度为 b 的不透光缝间隔地排列组成，空间周期为：$d=a+b$，称为光栅常数。现要用读数显微镜测得其光栅常数，具体测法可以有下列几种：

① 直接测量一个空间周期 $d=a+b$ 的宽度，多次重复测量，最后处理为：$\mathrm{d}=\bar{\mathrm{d}}\pm \mathrm{U_d}$。

② 由于它在空间上是周期性的，从测量精度考虑，可以测量 N 个空间周期的总宽度 D，由 $d=D/N$，$U_d=U_D/N$，计算得到光栅常数 d 的测量结果。

③ 如果用函数关系进行测量，则先要建立一个函数关系式。如图 3-2 中画了一条坐标轴线，如从 x_0 开始测量，则可写出函数关系式：$x_n=x_0+d\cdot n$，式中 n 为空间周期的计数，x_0 为开始计数处$(n=0)$的坐标，x_n 是周期计数 n 处的位置读数。它是一元线性函数 $y=a+bx$ 的形式，只是 $x=n$、$y=x_n$、$a=x_0$、$b=d$。在此，b 即是待测的量，在作了相关系数判别后，结果为 $d=b\pm U_b$，而 $a\pm U_a$ 是一个可与 $n=0$ 时的测量值 x_0 比较的量。

这一简单的实例充分说明实验前对测法和数据处理方式作一番设想是十分必要的。

§3-2 实验课题的实施

众所周知，实验的实施就是实验者按照准备的方案和步骤运用实验设备去实现实验的各项条件，并进行定量测量，这是整个实验课题的核心部分。在这之前的一切准备工作就是为了此时在实验室中得以实现，而课题的总结正有待于实施的结果。所以实验者要聚精会神地进行实验的操作，要手脑并用地进行观察、记录、思考、分析、判断和测量工作。可以这么说：实验的成败就在于此。

一、实验的总体观

每个实验均有它特有的现象，而待测的物理量总是与这些特定的现象紧密地联系着，所以，在实验开始时，实验者就不应该先着眼于测量，而应将实验彩排一下，先设法观察到这些现象，以取得对实验的整体认识，这包括：如何实现原理中的现象、现象特征的认识、待测量在何处、测量仪器如何对它们实现测量，以及上节提到过的对所用仪器设备进行预操作，对各直测量进行预测量，甚至还可以做些粗略计算等。其目的就是要在正式测量之前对实验的总体建立一个完整的认识，确定实验装置已可进入测前的精细调试状态。这样，实验者就能站在对实验总体认识的高度上去主动地进行实验工作，而不至于沦入做一步算一步的被动状态。

在此过程中，不应放过任何发现的问题。有疑点时，应随时与指导老师讨论，以取得指点和帮助。实验前千万别道听途说，绝对不要忽视自身思维和实践的重要性，在对实验总体认识还不清楚的情况下贸然进行测量工作，很可能会事倍功半，甚至会前功尽弃。

二、观察及记录

在具体的实验过程中，始终不要忘记细致、全面、认真地进行科学观察。观察中能否发现问题，进而寻求问题的起因与症结是检验实验者是否具有实验能力的标志之一，它往往是引向研究内容的起点。只有多动手、多观察、多思考，并经常主动地与指导教师讨论才能迈出这一步。当实验者能对问题构成一种专题性的探索时，零星的观察将被逐步条理化，从而有可能上升到理性的认识,这才是观察想要达到的目的。

这里特别要强调的是记录,实验记录是实践的资料收集工作,不要以为只有测量数据才需要记录,实验记录还应包括各种实验条件,如日期,环境温度,湿度和气压,仪器型号、编号和精度,样品号……这些记录应力求准确可靠,详细具体。对实验观察到的现象做记录时,除用文字描述外,还可用图、表的形式做记录(如有现代化记录设备更好),它往往既形象具体又简便省时。记录时应记下客观的事实,不要把自己对它的解释混同一起予以记录。实验记录是科学实验的第一手材料,任何方面的信息都可能对实验的最终结果具有重要的意义;只有详细可靠地拥有原始资料,才可能进行去粗取精、去伪存真的深加工工作。实验者切忌为图省事而只做过于简单的记录,因为记忆有它的模糊性,仅用少量文字作的记录在日后查阅时可能会陷入百思不得其解的困境,从而可能丧失这部分原始材料。

做好实验记录的另一个直接意义是当实验者发现实验有问题时,详细的实验记录就可以帮助实验者恢复原先的实验状态,重新审查实验中的各个细节,以寻找问题的原因,所以实验者应该养成进行实验记录的习惯。

三、思考与分析

思考与分析是一种推理判断的思维过程,它贯穿于实验的全过程;在实验的准备阶段,对实验目的、方法、条件和如何实现目的需要进行思考和分析,以设计实验该如何进行;在实验取得了现象和数据记录后,同样需要通过思考和分析去抓住事物的本质及其内在的联系,使实验所得的感性认识得以升华;在实验实施过程中,实验者面对实际出现的现象和测量的数据更需要通过思考分析立即作出肯定或否定的判断,以决定实验下一步将如何进行。由于它是面对实验进行中的思考分析,所以比起准备阶段和实验完成后的思考分析更有紧迫感;因此思考方法的正确与否,对实验的进程和结论有决定性的意义。

例如,在示波器观察电压信号波形时,显示屏上呈现图 3-3(a)的现象,根据获得 n 个稳定周期电压信号波形时,其扫描频率 f_x 与被观察信号频率 f_y 必须满足 $f_x=f_y/n$ 关系的知识,实验者可以作出判断:这是由于频率 f_x 太低,即扫描周期 $T_x=1/f_x$ 相对于 $T_y=1/f_y$ 太长,因此荧光屏上呈现的波形周期数太多,成了数不清的竖线;如果呈现图 3-3(b)的现象,则根据同样的道理判断是由于 f_x 太高,被观察波形的一个周期信号被一段段地扫描成许多横线了。在根据现象通过推理作出了这种判断之后,实验者就能通过调整 f_x 大小很快得到如图 3-3(c)的图形,实现了对周期电压信号波形的观察目的。由此可见,实验者如能在实验中自觉地运用思考和分析,则实验便能在思维的指导下有序地展开,并最终实现其目标。

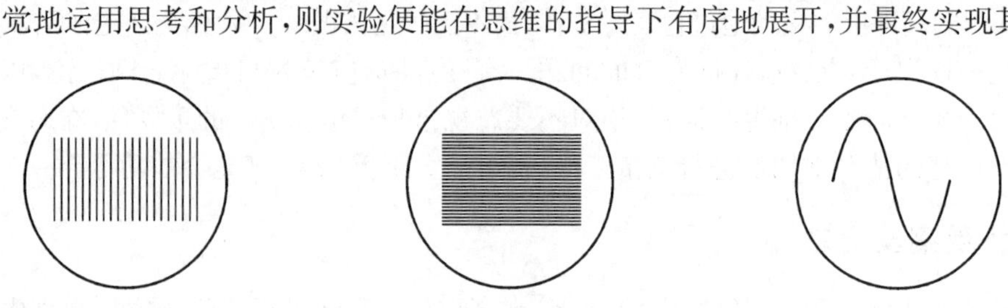

(a) (b) (c)

图 3-3 示波器观察电压信号波形

在进行思考分析和推理判断时，经常使用的是下列三种思考方法（适用于实验的全过程）：

① 演绎法——它是从现有关系、定律或定理出发来推断个别事件的性质、原因的一种思考方法。前例用示波器观察波形时，实验者就是根据获得稳定波形的条件推断出图3-3(a)是扫描频率太低的缘故，图3-3(b)是由于扫描频率太高，只有当满足 $f_x = f_y$ 时，荧光屏上才会出现一个周期的电压信号波形，实验者通过对现象的这种演绎推理，很快就清晰地看到了所要观察的波形现象。可见，演绎法实质上是以对普遍规律的认识为根据去推断特殊事件的产生的一种逻辑思维方法，它可以扩展实验者的认识范围，并且预见到某种事件发生的可能，所以是一种重要的思考方法。

由于它是以逻辑思维为主导的一种思考，所以如果前提（即根据）不正确就会导致推断结论的错误。例如，按光是一种电磁波的前提，可以推理得出任何频率 υ 的光照射在金属表面上时均会使该金属表面发射出电子的结论；但光电效应的实验证明：当光的频率低于某个阈值 υ_0 时，即使入射光强再大，金属表面也不会发射电子。推断结论与实验事实不符的原因在于前提的错误，因为光不但具有波动性（当时已认识到），而且具有粒子性（这是当时尚未认识到的）。光的能量不是均匀分布的，而是由能量为 $h\upsilon$ 的不连续的光量子所组成的。实际上，演绎推理的前提总是代表着目前阶段人对自然规律的有限认识，根据这种认识所作的推断若与实际不符，正预示着对自然规律的认识将出现一次深化，所以在人对自然规律的认识过程中运用演绎推理是很重要的。同样，实验者如果对某项课题的方法、原理未理解透彻（这是常有的事），因而片面地按照自己的理解为前提去推断能够出现的某种效果，但事与愿违，想象中的效果并不出现，这时正预示着实验者对自己认为正确的前提可能存在着认识上的缺陷，如果实验者能及时省悟，则对课题的方法、原理的认识就可以得到深化，实验也才能按照正确的做法进行。所以，自觉运用演绎推理，并在实践中检验推断的正确性，可以帮助实验者对课题内容理解得更深刻，使实验进行得更顺利。

② 归纳法——它是从特定的实验观察和数据资料出发去获得一般性认识的一种思考方法。例如，开普勒根据他的老师第谷（丹麦天文学家）记载的关于行星观测资料，对火星轨道进行研究，在经历了近二十次的假设、核对后，终于得出了行星运动的“开普勒定律”；原子结构模型是由卢瑟福根据 α 粒子散射实验的数据经过几个星期的分析思考建立起来的等。这是一种以观测资料为依据，提出有根据的假设，然后再通过观测核实来推断事物规律和原因的思考方法，如果实践证明假设是正确的，则将导致认识上的飞跃，所以是科学研究中常用的方法。

由于这种方法是以实践为基础的，所以实践基础必须能提供足以了解事物规律性的资料。但是，人的认识是无止境的，故归纳法所得之结论只是反映对事物规律的一定阶段的认识。例如，19世纪由光的干涉、衍射实验确定了光的波动特性，但到了20世纪爱因斯坦用光量子假说解释了光电效应实验，并为其后的众多实验所证实，确立了光的波粒二象性。另外，由于在研究事物的新知识时，总是在现有的知识基础上向前迈进的，所以归纳法和演绎法有着紧密的联系，常常结合起来使用。

③ 类比法——它是一种从特性到特殊的推理思考方式。1924年法国物理学家德布罗意由波动的光具有粒子性的事实用类比推理认为实物粒子也应该具有波动性就是一个典型的实例，他的推理如下：

“一方面，光的量子学说未能尽如人意，因为它解释光微粒的能量所用的 $\varepsilon=h\upsilon$ 方程中含有频率 υ。纯粹的微粒说中找不到任何依据能使我们说明频率，单是为了这一项理由，在光的问题上我们就被迫同时引入微粒思想和周期思想。另一方面，电子在原子中的稳定运动的确定引入了整数。直到今天，物理学上唯一包含整数的现象就是干涉和正常的振动模式。这件事实告诉我：不能把电子认为是单纯的微粒，必须也赋予它周期的特性”。

他从光和电子各自行为的类比中得出了电子也应该有波动性的结论。但类比推理所得之结论仅仅是一种推测，这是此种推理方式有别于其他方式的特点，推测结论的正确与否还需由实验来证明。德布罗意的推测在三年后由电子衍射实验证实，在近代物理学史上堪称革命性的一步。类比法拓宽了思考推理的视野，常常会导致重大的发现，所以也是科学研究中常用的思考方法。综上所述，对实验观测的现象和数据只有运用各种方式的思维分析才能作出判断，或指导实验的进行，或使认识得以深化。而在这个过程中最为重要的是在思考时必须进行有理有据的推理，任何一个判断或结论的产生只能在严谨的分析推理之后。

四、假设的检验

通过分析作出的判断或得出的结论实际上都只是一种假设，在学习阶段，即使是演绎的推理结论也可认为是一种推理假设；假设的提出不一定都要以文字、语言形式表达出来，它常常表现为实验者内心的一种想法，有了某种想法之后，紧接着便应对它进行实验检验，以证实假设（想法）是否正确。

例如，用示波器观察波形时，开始见到图 3-3(a)的现象，在作出是 f_x 太小的分析判断后，就应该逐步增大扫描频率 f_x 以检验分析的结论（假设）是否正确。当增大 f_x 后，见到了竖线慢慢减少，最后出现了图 3-3(c)的图形，它既实现了观察目的，同时也证实了实验者的分析是正确的，对原理的理解也是正确的。

实验过程中实验者要根据自己对原理的理解去想，想到了就要去做，从做的现象和数据中去证实想法是否正确，即用实验来检验自己的想法，这是实验的一大特点。当自己的一个想法得到证实，并能将实验工作推进一步时，实验者就会获得一份自信、喜悦和轻松。

上面只是简单地说明实验实施过程中假设（想法）检验的思维方法，至于科学发展历程中的假设检验其内涵更深，第一它必须能与已有的实验资料相符合，第二由它得出的推论还必须能通过实验得以实现，当这两点都得到满足时，假设将能上升为理论，这可能是一个不断修正和反复认识的漫长过程。

§3-3　实验课题的总结

一项实验课题的完成必定包含有最后的文字总结材料。这份总结是实验成果的具体体现，是实验者智慧和劳动的结晶，所以实验者自己首先应该珍惜它。那种潦草、马虎、涂鸦式的实验总结报告丧失的是自珍和自重，是绝对不可取的。

总结的基本原则是认真负责，实事求是。即使实验失败，也要勇于承认失败，绝不可试图掩饰失败和错误而做出篡改或伪造数据的更为错误的行为。

总结报告的内容主体应该是实验者本人所做的工作，而不是一份抄书笔记加数据处理的混合物。

一、总结报告的基本项目

本书绪论中已较详细地叙述了报告的具体内容，这里再用简明的方式复述一个实验课题的总结报告所应包含的基本项目：

① 目的——应该是明确的；

② 原理——应该是简明的；

③ 条件及条件的实现——应该是详细的；

④ 数据处理的结论——应该是清晰的；

⑤ 讨论——应该是说理的。

二、总结报告内容的重点

总结报告的内容重点应该充分反映出实验者自己所做的工作。在前述5个项目中，“目的”是课题的性质和实验类型决定的，“原理”往往是书本上现有的(若自行设计实验则另当别论)，这两项原则上不属于实验者的实际工作，所以不应该是总结的重点，只要简明扼要就可以了，但表达时也不能失去思维的条理性。总结报告的重点应该在下列3方面：

① 实验条件及其实现过程。它包括①使用什么仪器去测量原理中的什么量；②实现方法原理与准确测量所要满足的条件；③为满足这些条件实验者所做的调整工作；④实现这些条件的判断依据等。这些是实验者根据方法原理和所用的仪器去实现目的的过程中亲身所做的工作，应该详细地加以总结。

特别需注意的是在叙述中切忌使用含义不清的词，如“将待测棱镜合适地放在载物台上”“熟悉电位差计电流标准化的过程”……何谓“合适”，要谁“熟悉”，看总结报告的人从这些语句中是看不出实验者究竟是如何做的，所以实验者应该写出自己是怎样放的或怎样做的，若能写出为什么要这样做那就更好了。

② 数据处理和结论。不言而喻这应是总结的重点内容之一，因为实验的成果就包含在这中间，所以实验者必须认真对待。在表达数据及其处理时，重要的是要清晰，不但字迹清楚，而且要思路清晰，表格、图线、必要的中间结果、计算式以及式中各量的数据来源、实验的结果等均应有条有理。实验的结论则必须针对实验目的，实验从准备到实施就是为了得到一个对应于目的的结论，足见其分量之重了。

③ 实验的讨论。实验的特点是接触实际的事物，因此讨论也应该围绕实际出现的问题展开，而不应该只是简单地解答思考问题，下面两个方面的内容应该是实验者展开讨论的源头。

a. 实验过程中遇到过的疑难或故障。它是怎么发现的，又是怎么解决的，在这过程中如果曾得到过指导教师的帮助，只要实验者通过自己的思考并加以总结，则就应视为实验者本人的；因它是在实验中确实遇到过的问题，所以应是必须总结的重点内容，以便告诫后来者在遇到类似情况时该如何处理。

b. 从实验所得的现象或数据资料中看到的物理内容。例如，实验者通过对钨丝灯伏安特性的测量，得到了如图3-4的 I-V 实验曲线。由图线可见，I 和 V 是非线性的关系，钨丝灯的电阻随电压而改变。且从图中曲线向 V 轴弯曲又看到了钨丝灯的电阻随电压的增大而增加，进而还可画出电阻随电压变化的曲线以作进一步的讨论等。

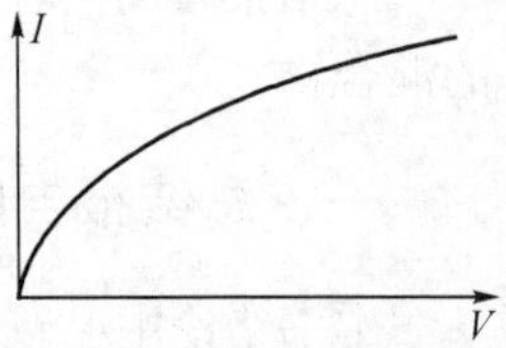

图 3-4 钨丝灯的伏安特性实验曲线

又如，在光栅实验中观察到水银光谱中 546.07 nm 的绿光在第 4 级时有变色现象，通过分析，发现它是因为与水银光谱中波长 435.83 nm 的蓝光的第 5 级相重叠的缘故等。

实际上，凡实验者在实验中真实观察到的现象，并通过思考觉得其中有物理道理的都可作为讨论的内容。从这些问题的讨论中能充分反映实验者发现问题和分析问题的能力，所以只要有可能，实验者就不要放过表现自己能力的这种机会。

§3-4 科学实验的一般过程

实验者通过自身的实践，应该说对科学实验的一些主要过程已经有了粗浅的认识。在此基础上，本节再简单总结一下科学实验的一般过程，以使实验者对科学实验工作的过程有一个较为完整的认识，能在日后的学习和工作中自觉地实践。

科学实验的一般过程如图 3-5 的框图所示。实线箭头表示进行的顺序，虚线箭头则为反馈与修正，每一方框中均有各自的内容。

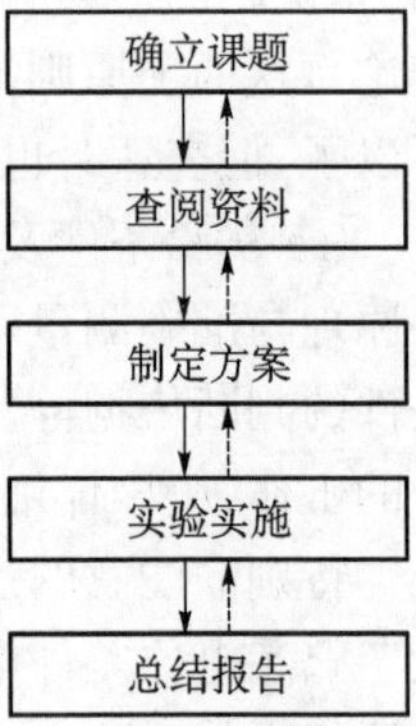

图 3-5 科学实验的一般过程反馈图

一、确立课题

课题往往来自于两个方面，一是上级下达的课题，二是根据国内外信息自定的课题。不管课题来自何方，重要的是要明确其任务和要求。

二、查阅资料

根据课题要求查找、收集、整理并分析各种国内外资料，分析的结果将指导实验方案的制订。

三、制订方案

它包括建立模型，确立理论依据，选择实验方法，选配实验仪器，以及确定工作程序等。总的方针是制订出一个既省时省力，又能达到课题要求的可行性方案。

四、实验实施

它包含建立设备，调整装置，实现原理与测量条件，进行仔细的观察、测量和记录等许许多多实际工作。

五、总结报告

通过整理与处理数据，取得实验结果；进行分析讨论，作出应有结论。它包括实验结论和展望；完成论文撰写与报告，提供参考文献；最后将全部有关课题资料整理归档。

这些就是进行一项科学实验工作所要经历的大致过程。由于教学实验受到时间和空间的限制，难以一切都从头做起去经受科学实验全过程的实践，如实验者对如何制订方案等方面感兴趣，则可进一步参阅有关资料和参考书进行方案制订。

基础与综合实验

实验一　基本物理量的测量仪器

长度测量所涉及的测长量具和方法是日常生活、工作中最常用和最基本的，同时也是现代高精度测量仪器的基本组元之一，是一切测量的基础。常用的测长工具有米尺、游标卡尺、螺旋测微器，掌握它们的构造特点、规格性能、读数原理、使用方法以及维护知识等，对以后的实验有十分重要的意义。

一、实验目的

认识一些常用的测量仪器，理解它们的原理和用法，通过实验要求达到：

① 了解各基本测量仪器的原理和用法；

② 掌握仪器的量程、分度值、读数误差和仪器的准确度限指标 Δ；

③ 会运用读数规则正确地进行测量读数；

④ 会运用有效数字运算法则进行数据计算。

二、实验仪器

游标卡尺、螺旋测微器。

三、实验原理

在通常的测量范围内，常用的长度测量工具有米尺、游标卡尺和螺旋测微器。准确测量的原则是刻度尺必须和被测物体平行。

1. 米尺

一般的米尺分度值为 1 mm，分度值下可根据具体情况估读，一般估读到其分度值的 1/10。在没有给出仪器未定系统误差 Δ 的情况下，通常用分度值的 1/2 来估计。米尺有一定厚度，为减小视差，测量时应尽可能使待测物体与米尺刻度线贴紧，而且读数时应使待测物断面在两眼连线的垂直平分线上，应养成用两只眼睛读数的习惯。若米尺刻线是从端边开始的，测量时则不用端边作为测量的起点，以避免因磨损带来的误差。但必须选择某整刻度线作为起点(如 10.0 mm)，以减小估读带来的误差。这时以两端所对应读数之差求待测物体的长度。如果考虑到米尺分度可能不均匀，则可采用随机化方法，即由不同起点进行多次测量，以减小系统误差。多次测量中，读数时应尽量“忘掉”其前次测量的读数，以避免观测者心理状态的影响。

2. 游标卡尺

是利用游标原理制成的测量长度的典型量具。在米尺上附加一个刻度均匀且可以滑动的游标(又称副尺)，可巧妙地提高米尺的测量精度。这种由主尺和副尺(游标)组成的测长仪器叫做游标卡尺。游标卡尺是利用游标对主尺的最小分格再进行分度，因而提高了测量的准确度。游标卡尺设计的巧妙之处在于它将主尺上 $n-1$ 个分度所对应的长度 $(n-1)$ mm 均匀地分成 n 等份刻在副尺上。于是，副尺的分度值即为 $(n-1)/n$(mm)。主尺与副尺每个分度值之差即格差为：

$$\varepsilon_x = 1 - \frac{n-1}{n} = \frac{1}{n}(\text{mm})$$

ε_x 实际上就是游标卡尺的最小分划单位即分度值。由于ε_x 可由格差精确地给出，所以使卡尺的测量精度明显优于米尺。

游标卡尺的外形结构如图 1 所示。当拉动尺框 3 时，两个量爪做相对移动而分离，其距离大小的数值从游标 6 和尺身 2 上读出。下量爪 5 用于测量各种外尺寸；刀口型量爪 7 用于测量孔的直径和各种内尺寸；深度尺 1 固定在尺框 3 的背面，能随着尺框在尺身 2 的导槽（在尺身背面）内滑动，用于测量各种深度尺寸，测量时，尺身 2 的端面 A 是测定定位基准。

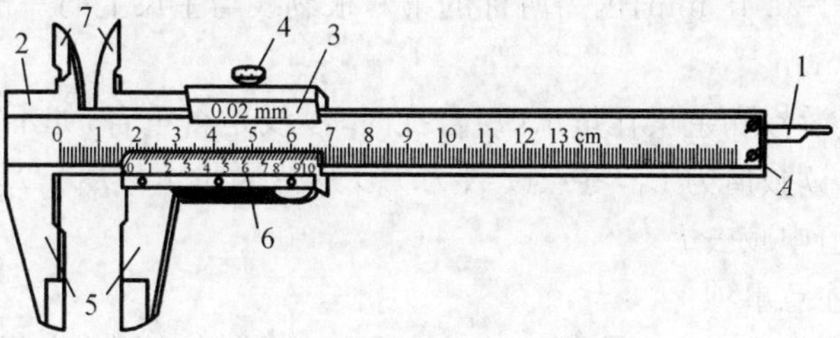

图 1　游标卡尺

1—深度尺；2—尺身；3—尺框；4—紧固螺钉；
5—下量爪；6—游标（副尺）；7—刀口型量爪

主尺一格（两条相邻刻线间的距离）的宽度与游标尺一格的宽度之差，称为游标分度值。游标卡尺的主尺刻度为每格 1 mm，普通游标卡尺有 10、20、50、100 等几种分度，所对应分度值分别为 0.1 mm、0.05 mm、0.02 mm 和 0.01 mm。把游标尺等分为十个分格，叫“十分游标”，图 2 是它的读数原理示意图。

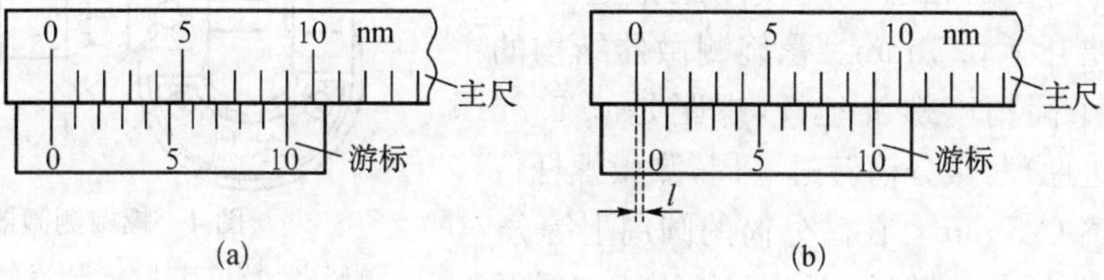

图 2　十分游标的主尺与游标

游标上有 10 个分格，其总长正好等于主尺的 9 个分格。主尺上一个分格是 1 mm，因此游标上 10 个分格的总长等于 9 mm，它一个分格长度是 0.9 mm，与主尺一格的宽度之差（游标分度值）为 0.1 mm。从图 2(a)中两尺（游标和主尺）的“0”线对齐开始向右移动游标，当移动 0.1 mm 时，两尺上的第一根线对齐，两根“0”线间相距为 0.1 mm；当移动 0.2 mm 时，两尺的第二根线对齐，两根“0”线间相距为 0.2 mm，如图 2(b)所示。显而易见，当游标移动 0.9 mm 时，两尺的第九根线对齐，这时两根“0”线相距为 0.9 mm，该值就是游标在该位置时主尺的小数值。可见，利用游标原理可以准确地判断游标的“0”线与主尺上刻线间相互错开的距离。该距离的大小，就是主尺的小数值。

测量物体时，要对主尺（固定不动）和可沿主尺滑动的游标进行读数。游标尺的“0”线是读毫米的基准. 主尺上挨近游标“0”线左边最近的那根刻线的数字就是主尺的毫米值（整数值)；然后，再看游标尺上哪一根线与主尺上的刻线对齐，将该线的序号乘游标分度值之积，就是主尺的小数值(也可从游标上直接读出)。将整数和小数相加，就是所求的数值，见图 3。

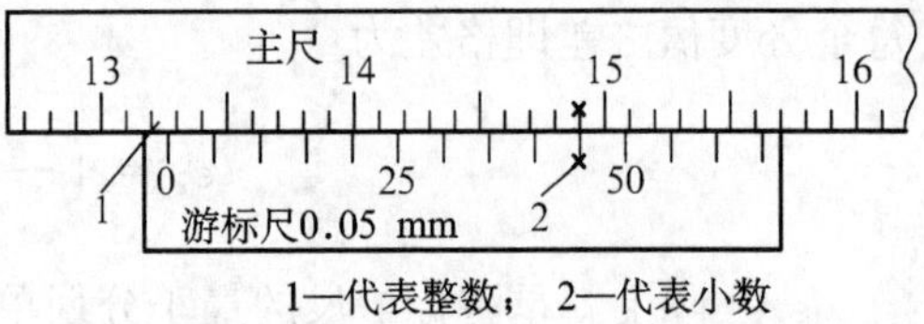

1—代表整数；　2—代表小数

图 3　游标卡尺的读数方法

读数时要注意，主尺上刻的数字是厘米数，例如主尺上刻 13 是表示 13 cm，即 130 mm；游标上刻的数字是游标分度值，例如刻 0.05 mm、0.02 mm 和 0.1 mm 分别表示游标分度值为 0.05 mm、0.02 mm 和 0.1 mm。

从图 3 中看到，整数是 132 mm，因为主尺的第 132 根刻线挨近游标尺的“0”线的左边；小数是 0.05 mm×9=0.45 mm，因为游标的第 9 根刻线与主尺上的一根刻线对齐。故两次读数之和为 132.45 mm。

测量之前，检查游标和主尺在量爪(7)合拢时，零线是否重合，如不重合，应记下零点读数加以修正。例如，读数值为 L_1，零点读数为 L_0，则待测量 $L=L_1-L_0$(L_0 可正可负)。多次测量时在其平均值中减去 L_0。

游标卡尺使用注意事项：

① 注意保护量爪，防止卡口磨损。为此，测量时不应将待测物卡得太紧，卡住待测物体后切忌来回挪动。

② 使用卡尺应采用右手正握，左手持物。测内径时量爪与待测物轴线平行，测外径时量爪与待测物轴线正交，测深度时主尺端面应与待测物端面吻合。

③ 用毕将其紧固螺钉松开。

3. 螺旋测微器

螺旋测微器外形如图 4 所示，固定套筒上有两套刻度，每套刻度的相邻刻度线间距都是 1 mm。两套刻度线错开了 0.5 mm。螺旋测微器结构的主要部件是一个高精度螺旋丝杆，螺距是 0.5 mm。根据螺旋推进原理，微分筒转过一周，测微螺杆位移一个螺距距离 0.5 mm。在微分筒的圆周上等分 50 个刻度。所以，微分筒转过一分度，相当于测微螺杆位移 0.5 mm/50=0.01 mm。螺旋测微器的设计特点是采用了机械放大原理。

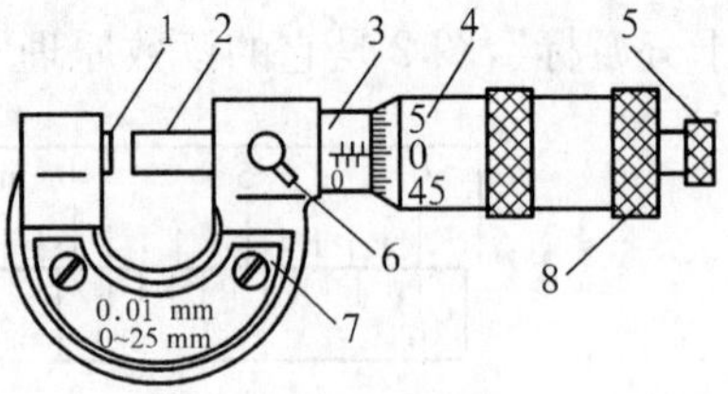

图 4　螺旋测微器

1—测砧；2—测微螺杆；3—固定套筒；4—微分筒；5—棘轮；6—锁紧装置；7—护板；8—后盖

读螺旋测微器分三步进行：

① 读主尺

以微分筒端面左边固定套筒上露出的刻线确定主尺的读数。如果固定套筒上的 0.5 mm刻线没有露出，则主尺的读数为整数；如果 0.5 mm 的刻线已经露出，则主尺的读数为整数再加上 0.5。这点要特别注意，不然会少读或多读 0.5 mm，造成读数错误。

② 读微分筒副尺

如果微分筒上的某条刻线恰好与固定套筒的水平基线重合，则微分筒圆周上该线的序号乘 0.01 mm 之积为副尺的读数值。一般情况下，微分筒副尺上的刻线不会恰好与固定套筒主尺的水平基线重合。根据固定套筒主尺的水平基线在微分筒副尺上哪两条刻度线之间，可以估读到小数点后第三位数。因此螺旋测微器又称千分尺。

③ 求和

将主尺读数与微分筒副尺读数值相加，即为测量结果。图 5 给出了读数示例。

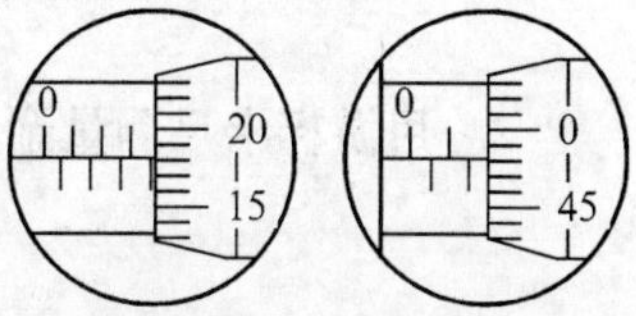

3.682 mm　　1.983 mm

图 5　螺旋测微器的读数值

螺旋测微器的使用注意事项：

① 明确其量程、分度值及读数方法，注意不要丢掉主尺上可能露出的“半整数”。

② 由于螺旋测微器是顶压式的测量器具，压力大小会影响测量值的准确性，压力太大还会损坏螺丝杆和被测件。因此测量时不得直接旋转微分筒副尺，应轻转其尾部的棘轮。棘轮靠一定的摩擦力带动副尺，接触待测物体后，能确保对待测物施加确定的压力，超过此压力棘轮就自动打滑并发出“喀”、“喀”声响，从而确保待测物不致受过大的压力而形变，并能保护螺纹免受损坏，延长寿命。

③ 测量前应将螺旋测微器合拢，记下零位读数，以便在平均值中加以修正。

④ 使用螺旋测微器应采取左手捏持弓形手柄上的绝热塑料垫块（以免弓形手柄热膨胀），将待测物体稳妥地置于实验台面上，右手旋转棘轮。

⑤ 使用完毕后，应使测砧与测微螺杆离开一定间隙，以防外界温度变化时因热膨胀而使过分压紧造成螺纹损坏。

四、实验内容与步骤

① 用千分尺测量教材单张纸的厚度。

② 用游标卡尺测量给定金属工件的尺寸参数，并计算该金属工件的体积。

五、实验数据记录与处理

1. 用千分尺测量教材单张纸的厚度

（1）仪器条件记录

测量工具	量程	分度值	读数误差	未定系统误差 Δ
千分尺				

（2）测量记录

测量内容	单张纸的厚度					
千分尺的零位读数(mm)						
千分尺的测量读数(mm)	第一次	第二次	第三次	第四次	第五次	第六次
单张纸厚度 d 的测量值(mm)						
六次测量的平均值 $\bar{d}$ (mm)						
标准偏差 σ_d (mm)						
不确定度 U_d (mm)						

（3）结果表示

$$d=\bar{d}\pm U_d= \qquad , \quad E_d=$$

2. 用游标卡尺测量金属工件的尺寸参数，并计算金属工件的体积

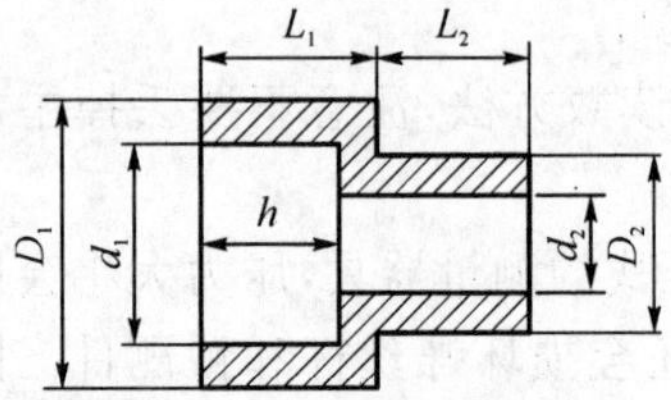

图 6　金属工件的剖面图

（1）仪器条件记录

测量工具	量程	分度值	读数误差	未定系统误差 Δ
游标卡尺				

（2）测量记录

测量内容	外直径 D_1	内直径 d_1	深度 h	长度 L_1	外直径 D_2	内直径 d_2	长度 L_2
零位读数(cm)							
测量读数(cm)							
测量值(cm)							
金属的体积(cm^3)							

六、实验结论

七、观察与思考

1. 仔细观察游标卡尺和螺旋测微器，说明其细分主尺最小分格的道理。
2. 分析本实验各内容中测量结果的标准偏差和不确定度。

工程测量中的基本仪器介绍

一、读数显微镜(测距显微镜、比长仪)

读数显微镜是用来测量微小距离或微小距离变化的。它的构造分为机械部分和光具部分。其结构如图7所示。其使用说明如下:

① 调节目镜套筒,使能清晰见到分划板上的十字叉丝线,图8就是显微镜分划板上的十字叉丝线,它是由互相垂直的单线与双线所组成。

② 转动调焦手轮(为防止物镜与被测工件接触挤压,总是粗调到物镜最低点,随后从下往上调节),使视域中见到清晰的被测工件像。

③ 调节分划板的十字叉丝线的单线与标尺平行,这是读数显微镜测量前的关键性调节,由于十字叉丝线中心交点的运动轨迹总是平行于标尺的,所以只要在载物台上置一参照直线物(如整齐纸边、尺刃、狭缝边等),使该直线与十字叉丝线中心交点的运动轨迹相吻合,然后转动分划板使单线与该参照直线重合即可(见图9)。

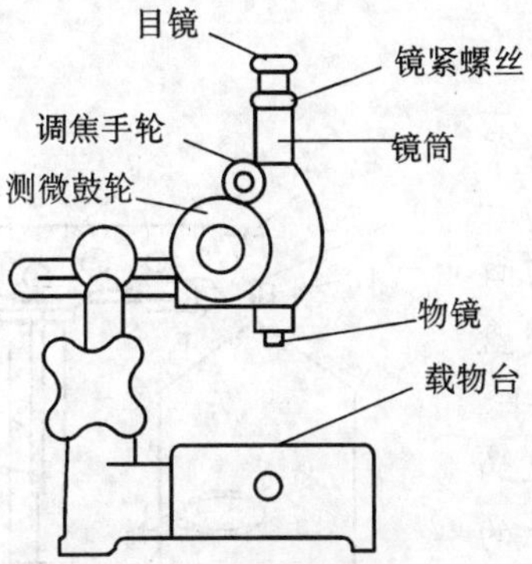

图7 读数显微镜

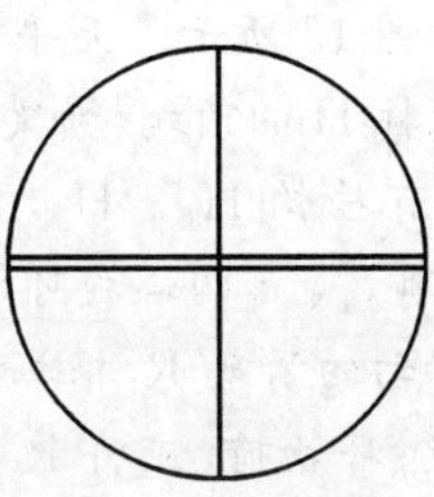

图8 十字叉丝线

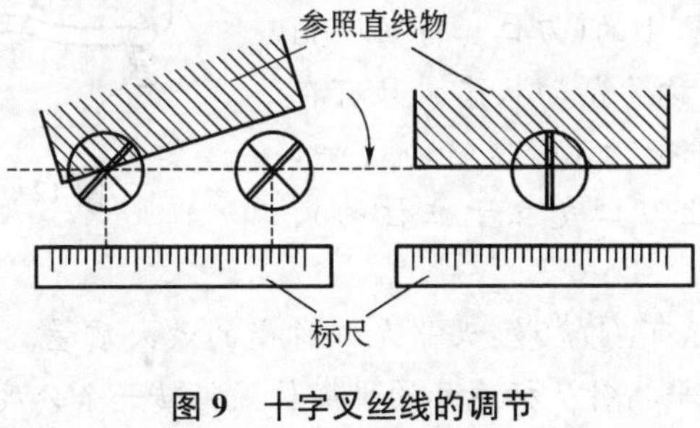

图9 十字叉丝线的调节

由于鼓轮的螺纹与丝杆螺纹之间不可能是理想紧密结合的,而读数又在鼓轮上进行,所以给测量工作带来了间隙误差,又称空回误差。假如每次测量准线均作同方向靠拢,防止正反旋转即可消除这个误差。

二、测微目镜

测微目镜的结构如图 10 所示。测量前应先调节目镜套筒，待清晰见到分划板叉丝与标尺后再调节标度方向，使目镜内标尺与被测线段平行，否则将引入系统误差。鼓轮上的螺纹与丝杆螺纹之间不可能是理想紧密结合的，所以一旦鼓轮作正、反转之初，鼓轮上数值的变化并不代表测量准线位置的变化。这种原因引起的测量误差称为空回误差。只要使测量准线对被测线段的测点作同方向靠拢，这种误差可以减小。由于物体是无法直接放在测微目镜分划板上作测量的，所以是用光学测量中的一块屏，用来测量屏上光学像的几何尺寸(图 11)。

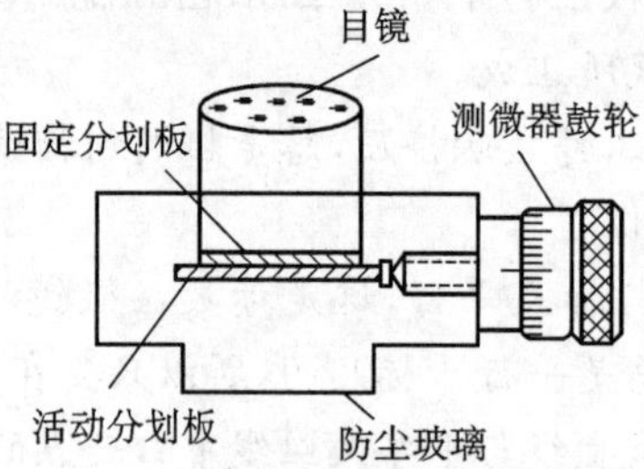

图 10 测微目镜

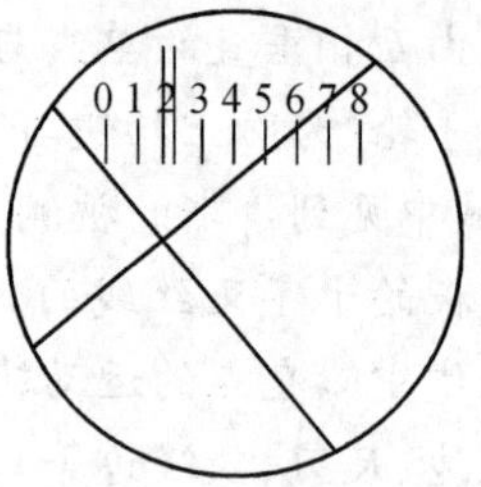

图 11 分划板

三、物理天平

天平是利用杠杆原理测量质量的仪器。物理天平的结构如图 12 所示。天平的横梁 B 由一刀口 a 支立于立柱 H 的顶端，横梁两端各有刀口 b_1、b_2，其上装有挂钩 H_1、H_2，钩下各挂一盘 D_1、D_2；底座上有 c_1、c_2 两螺旋可调节底座水平。横梁上有一可滑动的游码 R，根据它在横梁上的位置还可以读数；秤物前，应将 R 置于横梁上的零刻度处进行空载平衡调整；空载不平衡时，应调横梁两端的小螺旋 A_1、A_2。通常情况下，横梁是加在支承螺钉 F_1、F_2 上的(刀口 a 与立柱 H 顶端分离，以保护刀口)，称为制动状态。只有在需要观察天平两端是否平衡时才慢慢转动 Q 钮，使横梁离开支承螺钉，让刀口支立于立柱的顶端，称为启动状态。

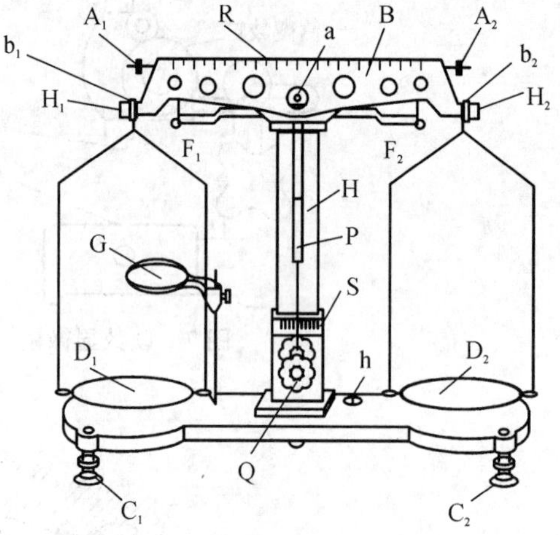

图 12 物理天平的结构

天平的主要技术指标有：①称量：天平允许称衡的最大质量。②分度值与灵敏度：分度值是天平平衡时，为使天平指针从标度尺的平衡位置偏转一个分度，在一盘中所需添加的最小质量。分度值的倒数为灵敏度。

天平的操作规程：

① 事先弄清楚所用天平的称量与分度值，以确定该天平是否适用；

② 调节天平底座水平：由底座上的水准泡 h 判断；

③ 调节天平空载平衡：通过调节横梁两端小螺丝 A_1、A_2 实现；

④ 称衡：将待测物放在左盘，砝码放在右盘，通过增减砝码及变动游标位置实现平衡。

操作注意事项：

① 启动天平时应在两盘无晃动情况下缓缓旋转启动钮 Q，以免撞击刀口；

② 在作出天平两端平衡或不平衡的判断后，应立即制动；

③ 一切其他操作（如增减砝码、移动游标等）均应在天平制动状态下进行。

四、数字计时器

数字计时器是用于时间记录的仪器，它的工作原理如图 13 所示。由石英晶体振荡器产生一个固定高频振荡信号（10^5 Hz），经过整形电路成为脉冲信号传到主控门，而主控门的“开”或“关”的状态受光电门即光电传感器的控制。

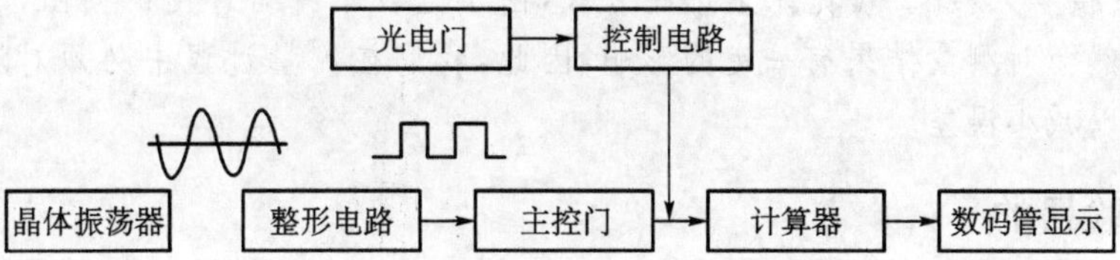

图 13　数字计时器的工作原理

光电门装置如图 14 所示。在 A 和 B 内分别装有发光二极管和光敏二极管，当发光二极管发出的红外光通过透光孔 S_1 和 S_2 照射到光敏二极管上时，其阻值将有较大的变化（如受光照时阻值变小），因此它可改变“控制电路”的工作状态，即可起到打开或关闭主控门的作用。这样的数字计时器测量精度可达 10^{-5} s 或更高（10^{-8} s），其误差一般是末位的 ±1。

电子秒表是用手来控制主控门的计时仪器，一般只显示到 0.01 s，其按钮和面板如图 15 所示。

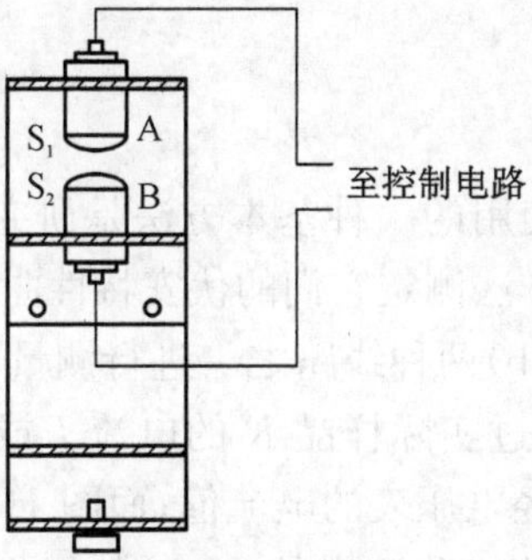

图 14　光电门

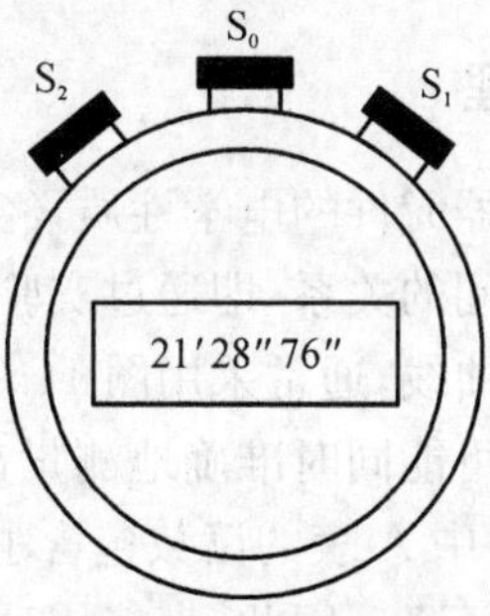

图 15　数字计时器

S_0 是计时计历、闹钟、秒表三种模式选择按钮，在秒表模式下：S_1 为启动、停止按钮；S_2 为复零按钮。

图 15 中显示的是 21′28.76″，特别要注意的是秒以下是十进制。

实验二　电阻的伏安特性曲线

电阻是电学中常用到的物理量之一，可有多种方法测量电子组件的电阻，利用欧姆定律来求导体电阻的方法称为伏安法，采用补偿原理的方法称为补偿法测电阻，其中，伏安法是测量电阻的基本方法之一。为了研究元件的导电性，我们通常测量出其两端电压与通过它的电流之间的关系，然后作出其伏安特性曲线，根据曲线的走势来判断元件的特性。伏安特性曲线是直线的元件称为线性元件，不是直线的元件称为非线性元件，这两种元件的电阻都可以用伏安法来测量。采用伏安法测电阻，有两种接线方式，即电压表的外接和内接(或称为电流表的内接和外接)。不论采取那种方式，由于电表本身有一定的内阻，测量时电表被引入电路，必然会对测量结果有一定的影响，因此，我们在测量过程中必须对测量结果进行必要的修正，以减小误差。

一、实验目的

本实验用电流表和电压表测量金属膜电阻的伏安特性曲线，并确定其电阻值。要求达到：

① 掌握电流表和电压表的使用方法，并用它们测量给定金属膜电阻的伏安特性曲线；

② 认识实验中存在的系统误差，并会进行修正，或能通过选择电表的接法以减小它的影响；

③ 能正确制作实验曲线。

二、实验仪器

待测金属膜电阻、稳压电源、多量程电流表、多量程电压表、可调电阻器两个、实验板、导线。

三、实验原理

为描述某种电器元件的电学性质，经常使用的一种基本方法是研究加在它上面的电压和通过它的电流之间的关系，即通过实验的方法测定它们的伏安特性曲线(I-V 函数曲线)。

测量伏安特性曲线，通常采用图 1(a)、(b)两种线路之一进行测量。但是，这两种线路中的任何一个都不可能同时准确地测量出通过实际样品 R 的电流 I 或加在它两端的电压 V，这是因为图 1(a)中 A 表的读数包含了流经电压表的电流值；而图 1(b)中 V 表的读数包含了电流表上的电压降。因此，直接用这两种线路测得的 I、V 数据作图或计算就必然引入了系统误差，这种误差是由所采用的实验方法导入的，故称其为方法误差。

消除这种方法误差的办法有：

① 如果已知各电表的内阻，可通过计算修正方法误差。

对图 1(a)的线路，由于通过电压表的电流 $I_V = V/R_V$(R_V为电压表的内阻)，所以流经样品 R 的电流 I_R应为：

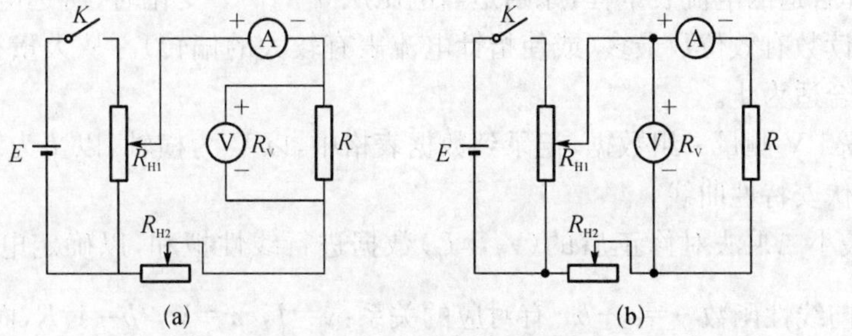

图 1　电阻的伏安特性曲线测量电路图

$$I_R = I - V/R_V \tag{1}$$

其中 I、V 是电表的读数，而 $V=V_R$。所以，在已知电压表内阻 R_V 的情况下，可采用电压表内接的线路，然后通过修正电流表的读数来消除误差。

对图 1(b)的线路，由于电流表上的电压降为 $V_A=IR_A$（R_A 为电流表的内阻），则样品 R 两端的电压 V_R 应为：

$$V_R = V - IR_A \tag{2}$$

其中 I、V 是电表的读数，而 $I=I_R$。所以，在已知电流表内阻 R_A 的情况下，可采用电压表外接的线路，然后通过修正电压表的读数来消除误差。

② 如果已知 R 的大致范围，可通过选择电表与接法以忽略方法误差的影响

若选用电压表的内阻 $R_V \gg R$，则可采用图 1(a)的电流表外接（或电压表内接）线路，此时：

$$I = I_R + V/R_V = I_R(1 + R/R_V) \approx I_R \tag{3}$$

电流表的读数 I 近似地等于流经 R 的电流 I_R。

若选用电流表的内阻 $R_A \ll R$，则可采用图 1(b)的电流表内接（或电压表外接）线路，此时：

$$V = V_R + IR_A = V_R(1 + R_A/R) \approx V_R \tag{4}$$

电压表的读数 V 近似地等于 R 两端的电压降 V_R。

这里所谓 $R_V \gg R$ 或 $R_A \ll R$，实际上是要求修正项 V/R_V 或 IR_A 远小于电流表或电压表的读数误差，此时它们的影响可以完全忽略。

具体实验时要根据实验仪器的具体条件，正确选择实验线路的接法。图 1(a)、(b)中的 R_{H1}、R_{H2} 是两个可调电阻。阻值较低的 R_{H1} 接成分压器，阻值较高的 R_{H2} 接成限流器，它们分别用来调节测量线路上的电压和电流。

待测电阻为金属膜电阻，$I=V/R$，已知电压表的内阻 $R_V=10^7\ \Omega$，要求测量伏安特性区域为 0～10 V。

四、实验内容与步骤

① 根据要求和条件选定电压表的量程和测量线路。

② 选择合适的电流表量程，原则是当电压从 0～10 V 变化时，所选电流表的量程使数字电流表的读数有效位数最多（或使指针电流表有较大的偏转）。从大量程开始选，逐步减小量程直至合适为止。

③ 每隔 1 V 测量一组数据，记录到数据表格中，以 V 为横轴，以 I 为纵轴，在图纸上画出修正后的伏安特性曲线。

④ 用最小二乘法对修正后的(V_i，I_i)数据进行线性拟和，以确定电阻。因欧姆定律 $I_R=\frac{1}{R}\cdot V$ 与线性函数 $y=a+bx$ 有对应的关系：$y=I$，$x=V$，$b=1/R$，而 a 从理论上应等于 0，通过线性函数关系的最小二乘法处理，不仅从斜率因子 b 可以获得电阻的测量结果，而且从所获得的 a 值也可从另一个侧面检验实验结果是否正确。

⑤ 如果实验时间充裕，可以改变两电表的接法后再进行测量，并作比较。

五、实验数据记录与处理

1. 仪器条件记录

电表	量程	Δ	分度值	读数误差
电流表				
电压表				

2. 测量记录

（1）接法：

（2）修正关系式：

（3）测量数据表格：

i											
V_i(V)											
I_i(mA)											
$I_{i+1}-I_i$(mA)											
I_R(mA)											

【注意：I 的单位换算】

3. 根据测量关系式 $I_R=\frac{1}{R}\cdot V$ 用计算机进行 $y=a+bx$(I_R 为 y；V 为 x；$b=1/R$)最小二乘法线性拟合

（1）计算机显示记录：

$a=$　　　　　　　　$U_a=$　　　　　　　　（程序中 a 的 A 类不确定度作为 U_a）

$b=$　　　　　　　　$U_b=$

（2）计算结果表示：

$a \pm U_a =$　　　　$b \pm U_b =$　　　　$E_b = \frac{U_b}{\bar{b}} \times 100\%$

4. 电阻 R 的计算和结果表示

(1) R 的计算式;

(2) 不确定度传递式;

(3) R 的测量结果。

六、实验结论

七、观察与思考

① 选择两种不同的实验线路作电压表内、外接两条实验曲线,与修正后电阻的伏安特性曲线作比较分析。

② 若已知电流表各档满量程时的电压降和电压表最低量程,据此能否测出多量程电流表各档的内阻?

实验三　液体中黏滞现象的研究

所有流体在有相对运动时都要产生内摩擦力,这是流体的一种固有物理属性,称为流体的黏滞性。物理学上用黏滞系数 η 来表示流体黏滞性的大小。不同液体具有不同程度的黏滞性,且对于大多数液体,η 与温度、速度梯度和接触面积有关。研究和测定液体的黏滞系数,不仅在材料科学研究方面,而且在工程技术以及其他领域有很重要的作用。

一、实验目的

本实验通过测量不同直径的小球在蓖麻油中运动一定距离所用的时间 t,来探寻时间 t 与小球直径 d 的函数关系。实验要求达到:

① 会判断小球是否做匀速运动,准确测量小球下落所用的时间。

② 通过实验对液体的黏滞性有一定的了解。

二、实验仪器

实验架、水准泡、量筒、各种直径的钢珠、秒表、蓖麻油、钢球导管。

三、实验原理

各种液体具有不同程度的黏滞性，当液体流动时，平行于流动方向的各层液体速度都不相同，即存在着相对滑动，于是在各层之间就有摩擦力产生，这一摩擦力称为黏滞力，它的方向平行于接触面，其大小与速度梯度及接触面积成正比，比例系数 η 称为黏滞系数，它是表征液体黏滞性强弱的重要参数。

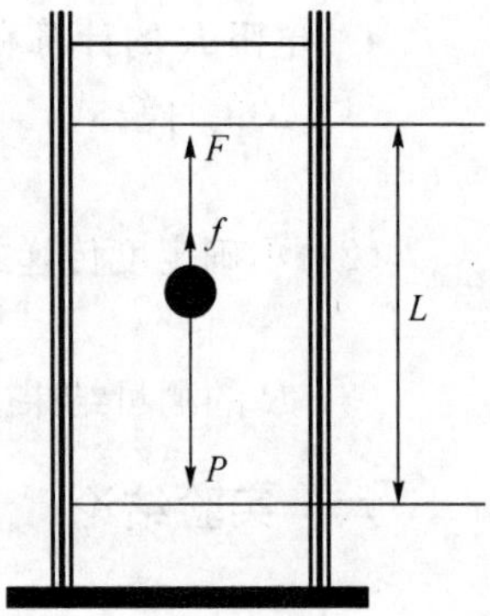

图 1　小球在液体中的受力分析图

如图 1，当金属小球在黏性液体中下落时，它受到三个铅直方向的力：小球的重力 $P=mg$（m 为小球质量）、液体作用于小球的浮力 $f=\rho gV$（V 为小球体积，ρ 为液体密度）和黏滞阻力 F（其方向与小球运动方向相反）。如果液体无限深广，在小球下落速度 v 较小的情况下，有：

$$F=6\pi\eta vr \tag{1}$$

上式称为斯托克斯公式，式中 η 为液体的黏滞系数，单位是 Pa・s，r 为小球的半径。

小球开始下落时，由于速度尚小，所以阻力不大，但是随着下落速度的增大，阻力也随之增大。最后，三个力达到平衡，即：

$$mg=\rho gV+6\pi\eta vr \tag{2}$$

于是小球开始做匀速直线运动。

实验在特定容器（量筒）中进行，让小球沿量筒的中心轴线下落，当小球进入匀速直线运动后，探寻下落时间 t 与小球直径 d 的函数关系。

四、实验内容与步骤

① 将水准泡放在实验架上，调整底盘水平。

② 将盛有待测液体的量筒放置到实验架底盘中央，并在实验中保持位置不变。

③ 选择一种直径的小球，经钢球导管释放，在小球进入匀速运动之后选择一段距离，用秒表记时，重复多次。

④ 同样的方法测量不同直径的小球的下落时间。

⑤ 令 $y=t$，$x=d$，选择 $y=a+b/x$、$y=a+b/x^2$ 和 $y=a+b/x^3$ 函数形式进行回归，要求用相关系数 r 来确定函数形式，求出系数 a、b 的值，写出 $t\sim d$ 的函数关系式。

五、实验数据记录和处理

1. 仪器条件记录

	Δ	分度值	读数误差
秒表			

2. 测量记录

i	直径(mm)	t_1 (s)	t_2 (s)	t_3 (s)	t_4 (s)	t_5 (s)	t_6 (s)	$\bar{t}$(s)
1								
2								
3								
4								
5								
6								

3. $t\sim d$ 的函数形式选择、确定与实验结果

六、实验结论

七、观察与思考

1. 实验中如果钢球表面较粗糙对实验会有影响吗?
2. 如何判断小球在做匀速运动?

实验四　用示波器观测交流信号的波形、电压和频率

示波器作为一种广泛使用的现代电子测量仪器，具有直观、灵敏、反应速度快、输入阻抗高等优点。它可观察连续信号，也能捕捉到单个的快速脉冲信号并将之贮存起来，定格在屏幕上供仔细研究分析；它不仅可以直接观察电压信号的波形，而且还能在屏幕上测量电压信号的幅值、周期、频率以及相位差等参数；示波器的工作频率范围广，其频率响应可从直流到 10^9 Hz。

一、实验目的

本实验用示波器观测多种交流电压信号的波形，测量待测正弦电压的峰—峰值及其频率。实验要求达到：

① 掌握示波器的主要组成部分的作用及原理；

② 能熟练使用示波器观察交流电压信号的波形；

③ 会使用示波器测量电压信号的电压峰—峰值和周期；

④ 能用李萨如图形测量正弦电压的频率。

二、实验仪器

示波器、函数信号发生器。

三、原理

示波器是由示波管和相应的电子线路组成。示波器的型号和规格很多,但都基本由示波管、Y 轴偏转系统和 X 轴偏转系统组成。

1. 示波器显示电压波形的原理

示波管(也称阴极射线管,CRT)是示波器的核心,其结构如图 1 所示,它是一个高真空的静电控制的电子束玻璃管。示波管的阴极被灯丝加热后发射出大量电子,电子穿过控制栅极后,受第一、第二阳极的聚焦和加速作用,形成一束电子束,电子束通过放置在路径两旁的两对平板电极(称偏转板),打在荧光屏上形成亮点。改变控制栅极的电压可以影响电子束密度从而改变光点的亮度,此即"辉度"调节。改变聚集阳极和加速阳极的电压,可以影响电子束的聚焦程度使光点的直径变小,图像变清晰,这就是"聚焦"调节。光点在荧光屏上的位移与偏转板上所加电压成正比,改变偏转板上的电压就可以控制电子束的运动。

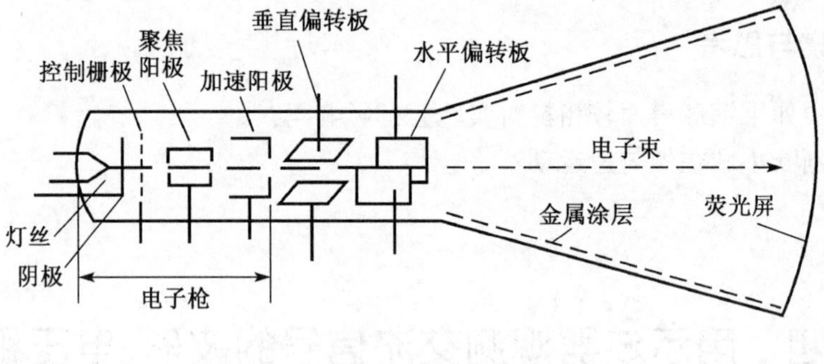

图 1 示波管内部结构示意图

要在示波器的荧光屏上描绘出 $V=f(t)$ 的电压随时间变化关系图线,关键问题是如何在荧光屏上建立电压轴线和时间轴线,也就是使荧光屏上的垂直距离 y 正比于电压 V,而水平距离 x 正比于时间,如图 2(a)所示。

由于示波管内有两对相互垂直的偏转板,而电子束在荧光屏上的偏转距离正比于加在偏转板上的电压,所以只要将要观察的电压接在垂直偏转板(称 Y 偏转板)上,电子束在荧光屏上的偏转距离 y 就正比于该电压 V,即 $y=k_yV$,因而 y 就代表了电压轴线。当 V 是变化频率较快的周期性电压信号时,荧光屏上看到的是一条长度正比于该周期性电压信号峰—峰值的竖直直线。

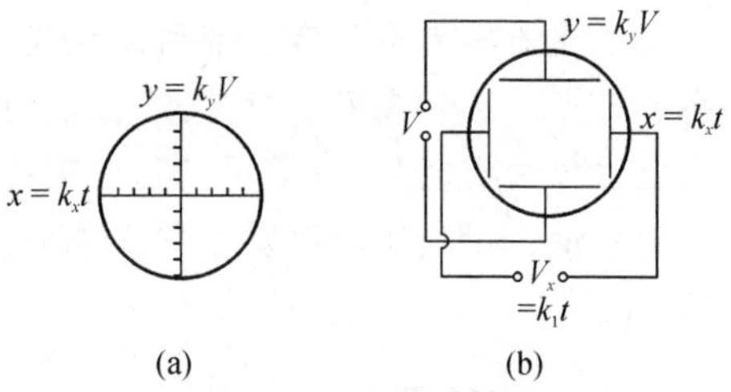

图 2 电压轴线与时间轴线的建立

若要在荧光屏上观察到加在 Y 偏转板上的电压信号 V 的波形,就必须使该电压能在 X

方向上随时间线性展开，即必须在水平偏转板（X 偏转板）上接一个随时间线性变化的电压信号 $V_x=k_1t$；由于 $x=k_2V_x$，所以 $x=k_1k_2t=k_xt$，电子束水平偏转的距离 x 与时间 t 成正比，因而 x 可以代表一根时间轴线，如图 2(b)所示。

荧光屏的尺寸是有限的，若 V_x 随时间无限制地增大，则电子束将偏转出荧光屏区域，为此，V_x 应该是随时间正比变化的周期性电压，如图 3 所示，此时，电子束将在 X 方向上作周期性的扫动，因此称之为扫描电压，示波器光点从左到右完成一次扫描所需的时间就是该扫描电压的周期 T_x。扫描电压发生器是示波器自身内部设置的。

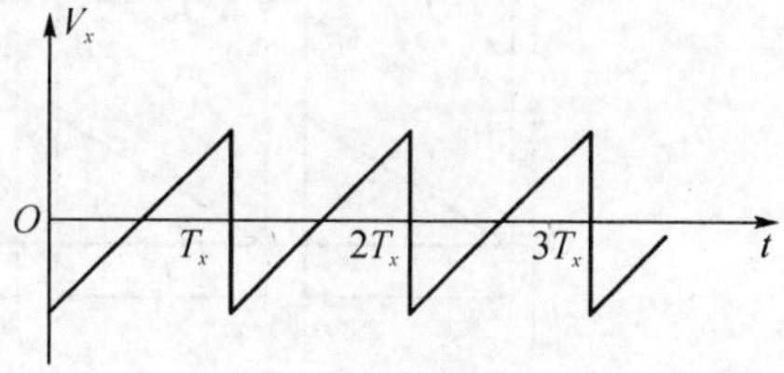

图 3　扫描电压波形

2. 扫描方式

示波器的扫描方式有连续式和触发式之分。

(1) 连续扫描方式

连续扫描方式，即 X 偏转板上的扫描电压自动地一个周期接着一个周期地延续下去。但从观察 Y 轴上的电压波形来讲，由于 X 方向每扫描一次的时间等于锯齿波电压的周期 T_x，若它不是被观察电压信号 V 的周期 T 的整数倍，则每一次扫描在荧光屏上显示的图形是不同的，图 4 画出了在 $T_x \neq nT$(n 为正整数)时 4 次扫描分别在荧光屏上显示的图形；由于荧光材料有一定的余辉时间，这些图形将可能同时显示在屏幕上，因此看到的是不稳定的图形。只有当 $T_x=nT$(n 为正整数)时，因每次扫描均在荧光屏上显示出待测信号的 n 个周期的波形图形，它们完全一致地重合，在屏幕上才会呈现出一幅稳定的图形，因此 $T_x=nT$(n 为正整数)是连续扫描获得稳定图形的关键条件。

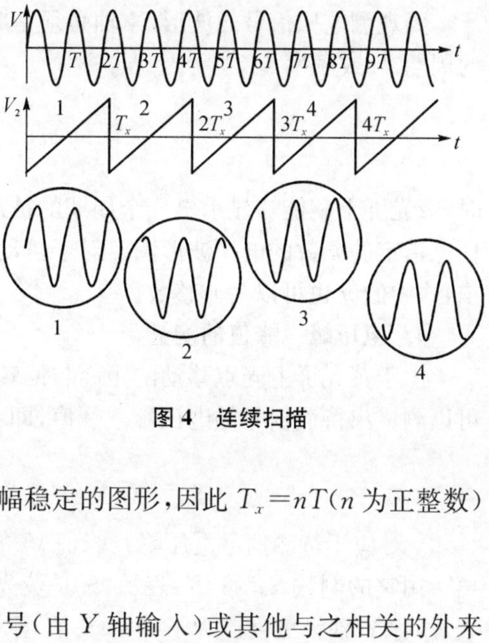

图 4　连续扫描

(2) 触发扫描方式

所谓触发扫描就是扫描电路在被观察电压信号（由 Y 轴输入）或其他与之相关的外来信号的触发下才产生随时间成正比变化的扫描电压，当完成一个扫描周期后，扫描电路自动回复至原来的初始状态。待下一次触发到来时再进行扫描的一种扫描工作方式。每次扫描起始的触发点由触发电平值确定（由示波器的“电平”旋钮调节），它可以保证在被观测信号电压达到某一个值时开始扫描，因此保证了每次扫描显示的图形是重合的，从而得到稳定的图形，这是触发扫描的一大优点。

图 5 是触发扫描原理示意图。调节触发电平，使 V 达到 a 值时，触发扫描电路工作，经过 T_x 时间后自行停止扫描，待 V 又达到 a 值时，再次进行扫描，因而每次均扫描出图 5 中 $A \rightarrow B$ 段，显然它们在荧光屏上是重合的。

对于双踪示波器，Y 轴有两组输入系统（CH1 和 CH2），它借助于一电子开关将 CH1 和 CH2 输入端口的电压信号交替地加在示波管的 Y 轴偏转板上，当电子开关的频率足够高

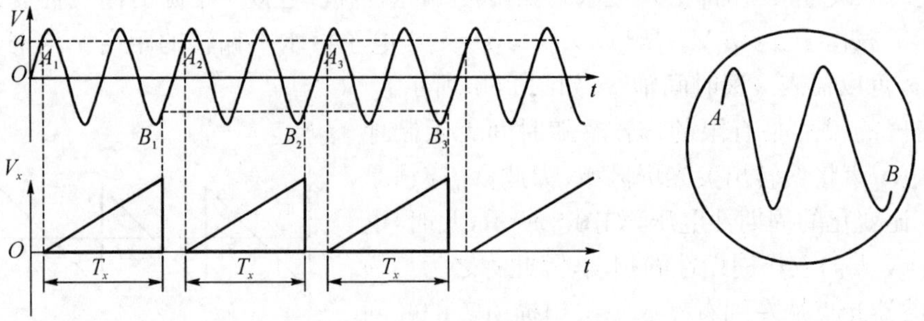

图5　触发扫描

时，荧光屏上就可以同时显示出 CH1 和 CH2 两个信号的波形。

示波器可以用来观测电压信号的波形、测量信号电压的峰—峰值和测量电压信号的频率。

3. 电压信号波形观测

要观测电压信号的波形，X 轴必须是时间轴，所以将扫描电压接入 X 轴，调节扫描电压的周期 T_x 或频率 f_x，当：

$$T_x = nT_y \quad 或 \quad f_x = \frac{1}{n} f_y \tag{1}$$

时，荧光屏上就能够显示出 n 个周期的被观测电压信号的波形图。根据该式可以实现观测任意指定的 n 数的电压波形图。对于自动扫描而言，式中的 n 应该是正整数；而对于触发扫描，式中的 n 也可以为非整数。

4. 电压峰—峰值的测量

由于荧光屏上光点移动的距离与偏转板上的电压成正比，所以只要使用 Y 轴偏转板就可以测量出待测信号的电压峰—峰值，即：

$$y = K_y \cdot V_y;\quad V_y = (1/K_y) \cdot y = S_y \cdot y \tag{2}$$

y 对应于待测信号电压峰—峰值 V_y 的荧光屏上光迹长度，K_y 为每单位的电压偏转距离。用它的倒数 $S_y = 1/K_y$ 表示，S_y 是荧光屏上单位长度的电压值，常用“伏/格”(或 V/div)表示，称 Y 轴灵敏度。为了确定 S_y 值，示波器上备有一个标准电压 V_S，将该标准电压输入到 Y 轴上，若荧光屏上光迹长度为 y_s，则：

$$S_y = \frac{V_S}{y_S} \tag{3}$$

因此：

$$V_y = \frac{y}{y_S} \cdot V_S \tag{4}$$

可见，这实际上是用待测电压的光迹长度与标准电压光迹长度进行比较的一种测量方法。

5. 时基法测量电压信号的周期

当 X 轴偏转板接上扫描电压时，X 轴代表的是时间轴，只要测出电压波形图中一个周期在水平方向的距离 x 就可测出电压信号的周期，即：

$$x = Kx \cdot T_y; \quad T_y = (1/Kx) \cdot x = S_x \cdot x \tag{5}$$

待测电压信号的频率为：

$$f_y = \frac{1}{T_y} = \frac{1}{S_x \cdot x} \tag{6}$$

x 对应于待测信号电压波形图中一个周期 T_y 在荧光屏上跨过的长度，K_x 为水平方向上每单位的时间偏转距离。用它的倒数 $S_x = 1/K_x$ 表示，S_x 是荧光屏水平方向上单位长度代表的时间值，常用“时间/格”（或 t/div）表示，称 X 轴灵敏度。S_x 的确定方法与 S_y 的确定方法相同。

经过标准电压 V_S 校准好的示波器直接可以测量电压峰—峰值和周期：

（1）从 Y 轴输入端输入待测电压信号，将“V/div”和“t/div”两旋钮的微调置“CAL（标准）”位置，调节“V/div”和“t/div”两旋钮，使屏幕上显示至少一个完整周期的稳定的波形，如图 6 所示；

（2）从屏幕上的刻度标尺读出待测波形图相邻两同相位点之间的距离 A（格）以及波峰和波谷之间的距离 B（格），则：

$$V_y = B \times \text{V/div 档级标称值} \tag{7}$$

$$T_y = A \times \text{t/div 档级标称值} \tag{8}$$

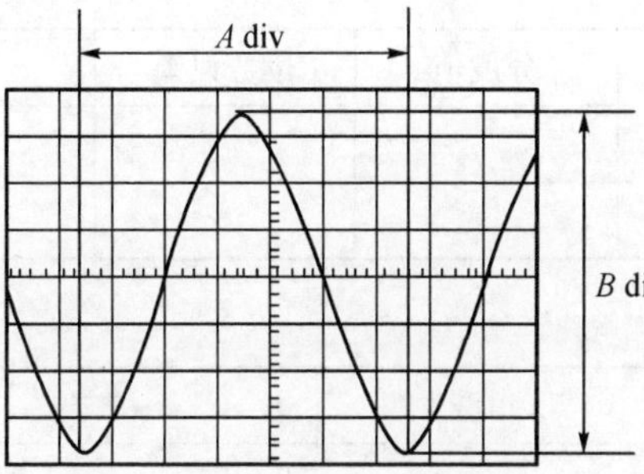

图 6　V_y 和 T_y 的测量

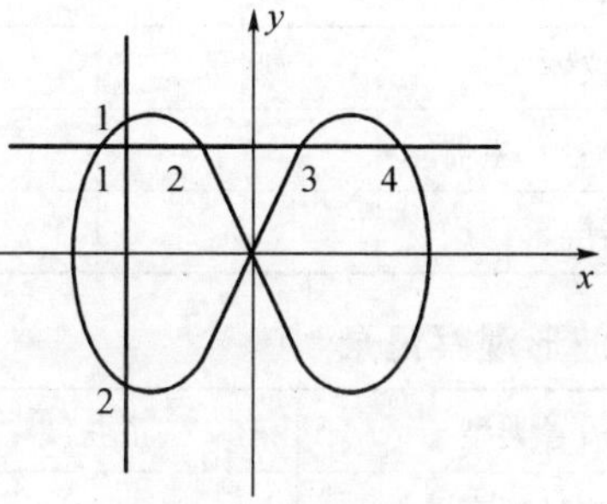

图 7　李萨如图形

6. 李萨如图形法测量正弦电压信号的频率

如果 Y 轴输入的待测信号为正弦电压信号，若 X 轴同时输入一个正弦电压信号，则光点在荧光屏上的运动轨迹将是两个相互垂直的简谐振动合成的运动图。一般情况下此时光点的运动较为复杂且不稳定，但当这两个交流电压信号的频率成整数比时，光点就会描绘出一条稳定的封闭曲线，这种曲线就是李萨如图形。

根据李萨如图形可以确定两个相互垂直的电压信号的频率比值，因此可以用来由一个已知交流电压信号频率确定另一个未知交流电压信号的频率，测量关系式为：

$$\frac{f_y}{f_x} = \frac{N}{M}; \quad f_y = \frac{N}{M} \cdot f_x \text{（}N\text{、}M\text{ 为正整数）} \tag{9}$$

式中，f_y 为加在 Y 轴的待测信号频率，f_x 是加在 X 轴的已知标准信号频率，N 是画一条平行

于 X 轴的直线(不通过图形的交叉点)与李萨如图形的交点数,M 是画一条平行于 Y 轴的直线(不通过图形的交叉点)与李萨如图形的交点数。

例如图 7 所示的李萨如图形,$N=4$, $M=2$,所以 $f_y/f_x = 4/2 = 2/1$。

根据标准信号的频率就可以计算出待测信号的频率值。

四、实验内容与步骤

① 查阅有关型号的示波器和函数信号发生器的仪器说明。

② 观察函数信号发生器上的三种标准电压信号①1 kHz 的正弦波信号;②20 kHz 的三角波信号;③300 kHz 的方波信号。

观察要求:屏幕上呈现 2 个完整周期的波形图,并记录对应的"t/div"档级标称值。

③ 利用示波器的电压轴(Y 轴)测量待测电压信号的电压峰—峰值 V_y。

④ 利用示波器的时间轴(X 轴)测量待测电压信号的电压峰—峰值 T_y;并求出待测频率 f_y。

⑤ 观察李萨如图形,并利用李萨如图形测量待测电压信号的频率 f_y。

测量时,使示波器处于 X-Y 工作状态;以函数信号发生器的输出信号为标准信号源,调节标准信号的频率,观察并记录不同频率比的李萨如图形及对应的标准频率值;根据记录的李萨如图形,确定对应的频率比值 f_y/f_x;计算出待测电压信号的频率 f_y。

五、实验观察记录及数据处理

1. 仪器条件记录

仪器	型号	档级	分度值	读数误差	Δ
函数信号发生器					
示波器屏幕标尺		—			

2. 波形观察记录

信号类型	正弦波	三角波	方波
信号频率			
"t/div"档级			
波形图			

3. 信号电压峰—峰值 V_y 测量

待测信号类别	"V/div"档级标称值	波峰与波谷间距离 B	$V_y=B\times$V/div 标称值
待测正弦信号			

4. 电压信号周期 T_y 的测量

待测信号类别	"t/div"档级标称值	1 个周期在 X 轴上的距离 A	$T_y=A\times$t/div 标称值	频率待测 $f_y=\frac{1}{T_y}$
待测正弦信号				

5. 李萨如图形的观察记录及频率测量

标准信号轴向	李萨如图形记录	$f_y : f_x = N : M$	标准信号频率读数	待测信号频率计算

六、实验结论

七、观察与思考

1. 为什么观察波形图时看到图形是稳定的，而观察李萨如图形时图形却很难稳定？

2. 如果将函数信号发生器的正弦波同时接到 X 轴和 Y 轴的输入端，将频率调至 5 Hz，将会看到什么现象？频率改用 5 kHz 乃至 500 kHz 呢？

3. 能否用示波器描绘电阻或钨丝灯的伏安特性曲线？如果可以，该如何实现？

实验五　分光仪的调整

分光仪（又称分光计）是用来精确测量入射光和出射光之间偏转角度的一种仪器。通过对角度的测量，可以测定其他的一些光学量，例如棱镜玻璃的折射率、光栅常数、光波波长等，分光仪的基本部件和调节原理与其他更复杂的光学仪器（如摄谱仪、单色仪等）有许多相似之处，学习和使用分光仪可为今后使用精密光学仪器打下良好基础。分光仪装置较为精密，结构较为复杂，调节要求较高，使用时必须严格按照调节的要求和步骤耐心进行调整，才能得到较高精度的测量结果。分光仪的调整原理、方法和技巧，在光学仪器中具有一定的代表性。

一、实验目的

了解分光仪的原理和结构，学会分光仪的调节，用分光仪测量平行光管狭缝像的位置。要求达到：

① 熟练掌握分光仪的原理、结构和调整技术；

② 掌握分光仪测量角度的原理及角度测量中的偏心差的消除方法。

二、实验仪器

分光仪、平面镜、低压钠光灯。

三、实验原理

要准确测量入射光和出射光之间的偏转角,必须满足两个条件:①入射光和出射光均为平行光;②入射光与出射光的方向以及反射面或折射面的法线都与分光仪的刻度盘平行。

分光仪上装有能产生平行光的平行光管、能接收平行光的望远镜以及能承载光学元件的小平台(载物台),还有可与望远镜联结在一起的、能测出角度的刻度盘。分光仪的结构如图 1 所示。

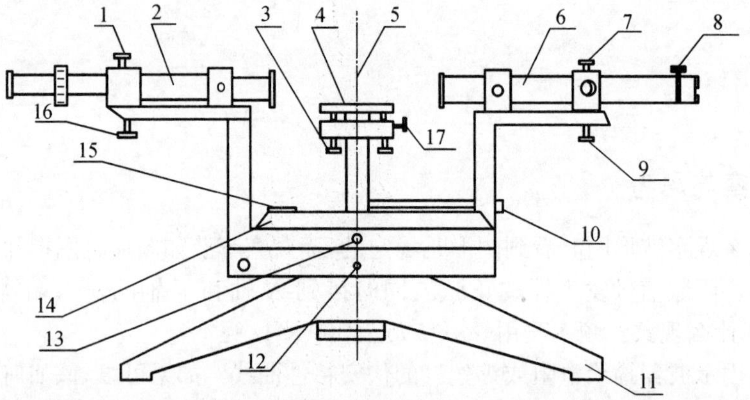

1. 望远镜套筒锁紧螺丝 2. 望远镜 3. 载物平台水平调节螺丝 4. 载物平台 5. 分光仪主轴线 6. 平行光管 7. 平行光管锁紧螺丝 8. 狭缝调节螺丝 9. 平行光管水平调节螺丝 10. 游标盘锁紧螺丝 11. 底座 12. 望远镜锁紧螺丝 13. 刻度盘锁紧螺丝 14. 刻度盘 15. 游标盘 16. 望远镜水平调节螺丝 17. 载物平台紧锁螺丝

图 1 分光仪结构示意图

1. 望远镜

分光仪中采用的是自准望远镜。它由物镜、叉丝分划板和目镜组成,分别装在三个套筒中,可以相对滑动以便调节,如图 2 所示。中间的一个套筒里装有一块刻有"≠"形叉丝的分划板,分划板的下方与小棱镜的一个直角面紧贴。在这个直角面上刻有一个"十"形透光孔,套筒上正对棱镜另一直角面处开有一小孔并装一小灯。小灯的光进入小孔后经小棱镜照射"十"形透光孔。如果叉丝平面正好处在物镜的焦平面上,从"十"形透光孔发出的光经物镜后形成一平行光束。如果前方有一平面镜将这束平行光反射回来,再经物镜成像于其焦平面上,那么从目镜中可以看到清晰地"十"形透光孔的反射像,且不应有视差。这就是用自准法调节望远镜适合于观察平行光的原理。如果望远镜的光轴与平面镜的法线平行,在目镜里看到的"十"形反射像应与上横叉丝线交点重合。

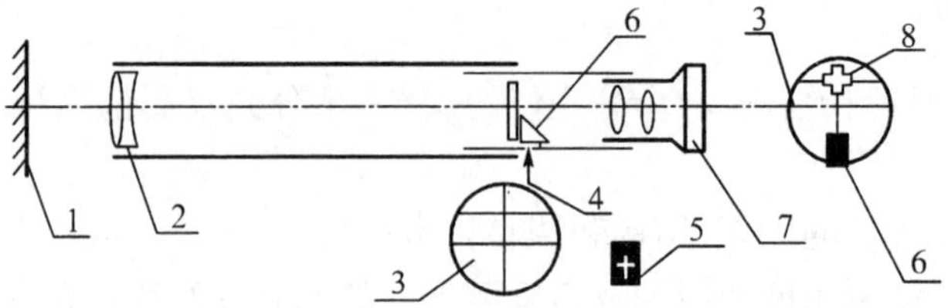

1. 平面镜 2. 物镜 3. 分划板 4. 入射光 5. "十"形透光孔 6. 小棱镜 7. 目镜 8. "十"形反射像

图 2 一种自准望远镜的结构示意图

2. 平行光管

平行光管由狭缝和透镜组成，如图 3 所示。狭缝与透镜之间距离可以通过伸缩狭缝套筒来调节。只要将狭缝调到透镜的焦平面上，则狭缝发出的光经透镜后就成为平行光。狭缝的宽度可以调节，因为狭缝的刀口是经过精密研磨制成，为避免损伤狭缝，只有在望远镜中看到狭缝像的情况下才能调节狭缝的宽度。

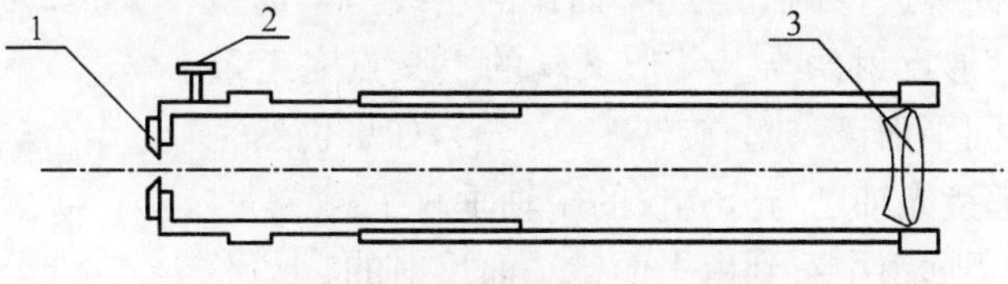

1. 狭缝　2. 缝宽调节螺丝　3. 凸透镜

图 3　平行光管结构

3. 刻度盘

分光仪的刻度盘垂直于分光仪主轴，并且可绕主轴转动。为消除刻度盘的偏心差，采用两个相差 180°的窗口读数。刻度盘的分度值为 0.5°(即 30′)，0.5°以下则需用游标来读数。游标上的 30 格与刻度盘上的 29 格相等，故游标的最小分度值为 1′。读数时应先看游标零刻线所指的位置读出刻度盘上的读数，然后加上游标上的读数。例如，图 4 所示情形为 334°30′稍多一点，而游标上的第 20 格恰好与刻度盘上某一刻度对齐，因此该读数为334°30′＋20′＝334°50′。

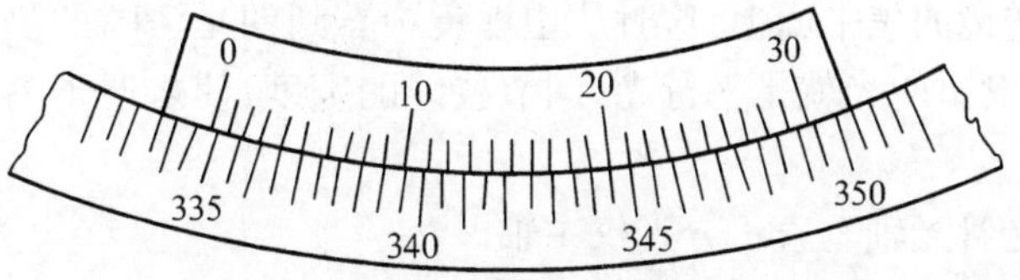

图 4　刻度盘与游标

四、实验内容与步骤

对分光仪进行调整使之满足测量条件要求。

调节前，应对照实物和结构图熟悉仪器，了解各个调节螺丝的作用。调节时要先粗调、后细调。

1. 粗调(凭眼睛观察判断)

调节望远镜和平行光管的光轴尽量使它们与刻度盘平行，调节载物平台尽量使之与刻度盘平行(即与主轴垂直)。

2. 细调

① 调节望远镜接收平行光——自准法

a. 调节目镜与叉丝的距离，看清“≠”形叉丝；

b. 将平面镜放在载物平台上，点亮望远镜上的小灯。为了便于调节平面镜的法线，可按图 5 放置。缓慢转动载物平台，从望远镜中找到平面镜反射回来的光斑。若找不到光斑，可能是由于粗调未达到要求，应重新粗调。

c. 找到光斑后，稍微调节叉丝套筒，改变叉丝与物镜间的距离，可以从目镜中看到清晰的“十”形叉丝像，当“十”形叉丝像与“≠”形叉丝无视差时，则望远镜已适合于观察平行光。

② 调节望远镜光轴垂直于分光仪主轴——“各半调节”法

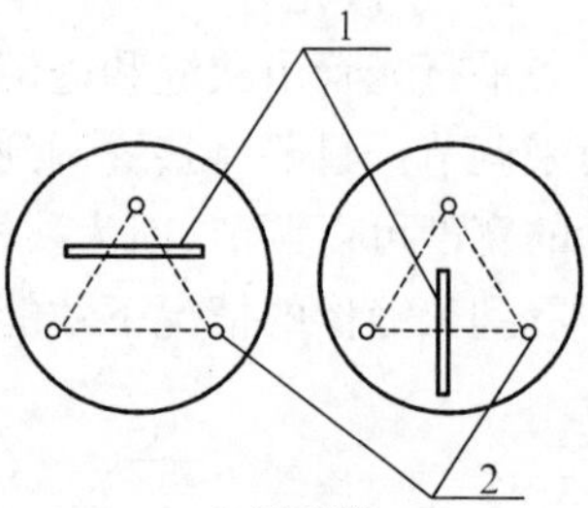

1. 平面镜
2. 载物平台水平调节螺丝

图 5　平面镜的放置

仍然借助于平面镜进行调节。当平面镜的法线与望远镜的光轴平行时，“十”形反射像与“≠”形叉丝的上交点完全重合，将载物平台(连同平面镜一起)旋转 180°之后，如果仍然完全重合，则说明望远镜光轴已与分光仪的主轴垂直了。

调节时应先从望远镜中看到由平面镜一面反射的“十”形像(此时它不一定与叉丝的上交点重合)，转动平台 180°找到平面镜的另一面发射的“十”形像后，再分别就每个面所在的位置进行仔细调节。最常用的方法是渐进法，即“各半调节”法：先调节载物平台下的水平调节螺丝使“十”形反射像与“≠”形叉丝上交点之间的距离减小一半，再调节望远镜的水平调节螺丝使“十”形反射像与“≠”形叉丝上交点完全重合；然后转动平台 180°进行同样调节，反复几次直至平面镜两面的“十”形反射像与“≠”形叉丝上交点都完全重合为止。

③ 调节平行光管——望远镜观察法

a. 调节平行光管产生平行光。

用已适合观察平行光的望远镜作为标准，正对平行光管观察。调节狭缝和透镜之间的距离，使狭缝位于透镜的焦平面上，这时从望远镜中看到的是清晰的狭缝像(应与叉丝无视差)，此时平行光管发出的光就是平行光，调节狭缝的宽度，使之便于测量(实验中狭缝像约 1 mm 宽即可)。

b. 调节平行光管光轴垂直于分光仪主轴。

仍用光轴已垂直于主轴的望远镜作为标准，调节平行光管的水平调节螺丝，使狭缝像的中点与“≠”形叉丝中心交点重合，此时，平行光管的光轴即垂直于分光仪的主轴了。

五、实验数据记录和处理

1. 仪器条件记录

仪器	型号	分度值	读数误差	未定系统误差 Δ
分光仪				

2. 狭缝像位置测量记录

次数	读数窗	狭缝像的位置读数
1	A	
	B	

六、实验结论

七、观察与思考

① 分光仪调节步骤中，为何要使望远镜光轴垂直分光仪主轴？
② 分光仪为何要采用对径读数？

实验六　三棱镜顶角的测量

三棱镜是由透明材料做成的截面呈三角形的光学元件，属于色散棱镜的一种，能够使复色光在通过棱镜时发生色散。三棱镜是一些其他更复杂的光学仪器（如摄谱仪、单色仪等）的重要元件。

一、实验目的

学会调节三棱镜两个光学平面的法线垂直于分光仪主轴；用分光仪测量三棱镜的顶角。要求达到：

① 熟练掌握调节三棱镜两个光学平面的法线垂直于分光仪主轴的方法；
② 掌握分光仪测量角度的原理及角度测量中的偏心差的消除；
③ 掌握三棱镜顶角测量的原理和方法，并正确表示测量结果。

二、实验仪器

分光仪、平面镜、三棱镜、低压钠光灯。

三、实验原理

三棱镜顶角就是棱镜两光学平面的夹角 α，如图 1 所示。顶角 α 的测定，常采用自准法和反射法两种方法。

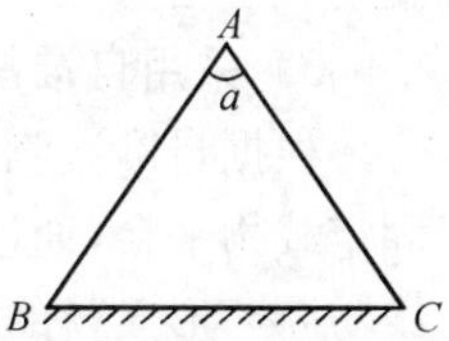

图 1　三棱镜顶角

1. 自准法测量三棱镜的顶角

图 2 为自准法测量三棱镜顶角的示意图。利用分光仪自身望远镜先确定 AB 面的法线方向，再转动望远镜，使之找到 AC 面的法线方向，望远镜转过的角度 ϕ 就是顶角 α 的补角，即：

$$\alpha = 180^\circ - \phi \tag{1}$$

2. 反射法测量三棱镜的顶角

在分光仪的平行光管位置固定的情况下，由平行光管出射一束平行光照射到组成顶角的两个棱面上，然后被棱面反射成两束平行光，如图 3 所示，该两束平行光之间的夹角为 θ，由几何关系和反射定律可知，顶角为：

$$\alpha=\frac{\theta}{2} \tag{2}$$

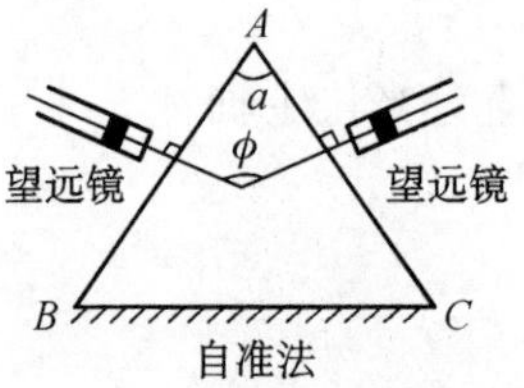

图 2　自准法测顶角

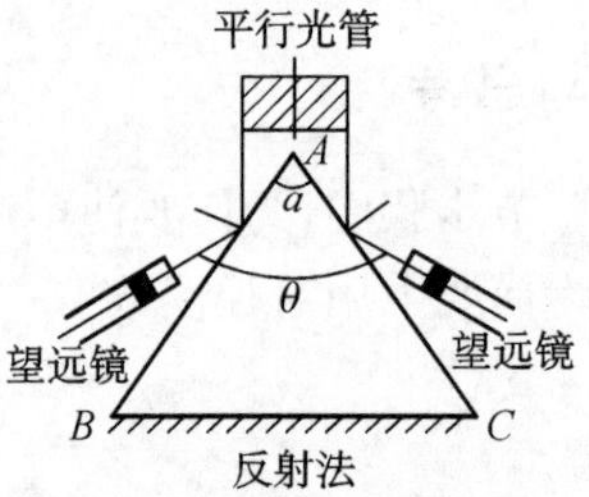

图 3　反射法测顶角

四、实验内容与步骤

1. 对分光仪进行调整，以满足仪器原理要求。

2. 调节三棱镜两个光学平面的法线垂直于分光仪的主轴(即三棱镜主截面与刻度盘平面平行)。

为了便于调节两个光学平面的法线，将三棱镜按照如图 4 方式放置在载物平台上，先粗调平台水平，然后以望远镜为标准，旋转载物平台使 AB 面对着望远镜，并调节平台的倾斜螺丝 g，使 AB 面的"十"形反射像与"≠"形叉丝的上交点重合，此时 AB 面的法线平行于望远镜光轴，即垂直于分光仪主轴；然后转动载物平台(或望远镜)使 AC 面对着望远镜，调节平台的倾斜螺丝 f，使 AC 面的"十"形反射像与"≠"形叉丝的上交点重合，此时 AC 面的法线平行于望远镜光轴，即垂直于分光仪主轴。当两个光学平面的法线均与分光仪主轴垂直时，三棱镜的主截面即与刻度盘平行。这一过程需要反复几次才能达到要求。经过调整后，三棱镜在载物平台上的位置不能再变动。

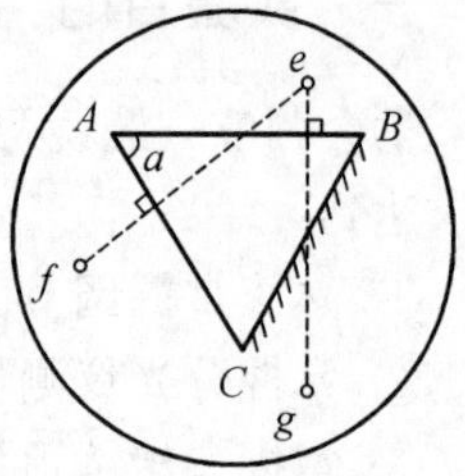

调节螺丝 g，可以改变 AB 面的法线方向，但不改变 AC 面的法线方向

调节螺丝 f，可以改变 AC 面的法线方向，但不改变 AB 面的法线方向

图 4　三棱镜主截面调节

3. 采用自准法测量给定三棱镜的顶角

根据自准法测量三棱镜顶角的原理，对给定的三棱镜的顶角进行测量。具体方法是：先固定载物平台，通过转动望远镜在 AB 面找到"十"形反射像并对准(此时"十"形反射像的竖线与"≠"形叉丝的竖线应重合)，从分光仪的读数窗读出望远镜所在的角位置读数，然后同样在 AC 面也找到"十"形反射像并对准，也记录下此时望远镜的角位置读数，两个角位置差就是望远镜转过的角度 ϕ。通过多次测量，得到 ϕ 的测量结果，然后根据式(1)：$\alpha=180°-\phi$ 计算得到顶角 α 的测量结果。

4. 采用反射法测量三棱镜的顶角(选做)

在时间允许的条件下，用反射法测量三棱镜的顶角，并与自准法的测量结果进行比较讨论。反射法的具体测量方法是：将三棱镜放置在载物平台上，并将其顶角对准平行光管，打开钠灯，使平行光照射在三棱镜的 AB、AC 面上，转动望远镜寻找到 AB 面反射的狭缝像并对准，读出望远镜的角位置读数；再转动望远镜寻找到 AC 面反射的狭缝像并对准，读出此时望远镜的角位置读数。两角位置差就是两束反射平行光之间的夹角 θ，多次测量得到 θ 的测量结果，再根据式(2)：$\alpha=\dfrac{\theta}{2}$，计算得到顶角 α 的测量结果。

五、实验数据记录和处理

1. 仪器条件记录

仪器	型号	分度值	读数误差	未定系统误差 Δ
分光仪				

2. 三棱镜顶角测量(自准法)

(1) 测量记录

次数	读数窗	望远镜位置读数 1	望远镜位置读数 2	角位置差	无偏心位置差角	$\bar{\phi}$, σ
1						
2						
3						
4						
5						
6						
	Δ				$U_\phi=\sqrt{\sigma^2+\Delta^2}=$	

(2) ϕ 的测量结果

$$\phi=\bar{\phi}\pm U_\phi= \qquad ;\ E_\phi=\frac{U_\phi}{\bar{\phi}}\times 100\%=$$

(3) 三棱镜顶角 α 测量结果计算

$$\bar{\alpha}=180^\circ-\bar{\phi}=$$

$$U_\alpha=\left|\frac{\mathrm{d}\alpha}{\mathrm{d}\phi}\right|\cdot U_\phi=U_\phi=$$

$$E_\alpha=\frac{U_\alpha}{\bar{\alpha}}\times 100\%$$

(4) 顶角 α 测量结果表示

$$\alpha = \bar{\alpha} \pm U_\alpha = \qquad ; \quad E_\alpha =$$

六、实验结论

七、观察与思考

① 用两种方法测量三棱镜顶角时，从望远镜中应看到什么现象后方可读数？

② 对两种测量方法进行比较。

实验七 转动惯量的测定

转动惯量是刚体转动时惯性大小的量度，其定义为：$J = \sum m_i r_i^2$，即：转动惯量 J 等于刚体上各质点质量 m_i 与它离转轴距离 r_i 的平方的乘积之和，其单位是 $kg \cdot m^2$。由此可见，刚体的转动惯量取决于转轴的位置、刚体的形状及其质量分布状况。对于形状简单且密度均匀的刚体，其绕某些特定轴的转动惯量可以通过数学方法算出，表 1 列出了几种转动惯量的计算结果。

表 1

刚体形状及转轴位置		转动惯量
圆盘或圆柱	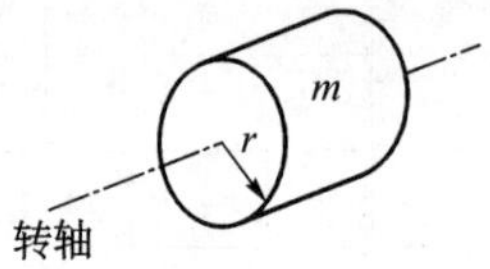 转轴通过中心 与端面垂直	$J = \frac{1}{2} m r^2$
圆环或圆筒	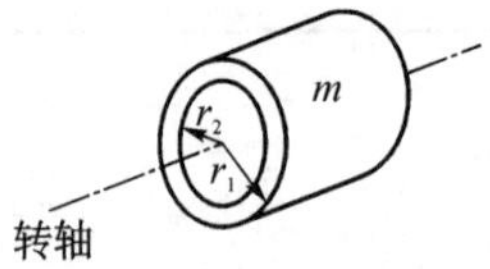 转轴通过中心 与端面垂直	$J = \frac{1}{2} m (r_1^2 + r_2^2)$
球	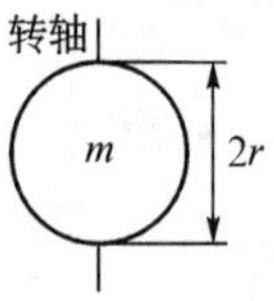 转轴沿直径	$J = \frac{2}{5} m r^2$

（续表）

刚体形状及转轴位置		转动惯量
棒	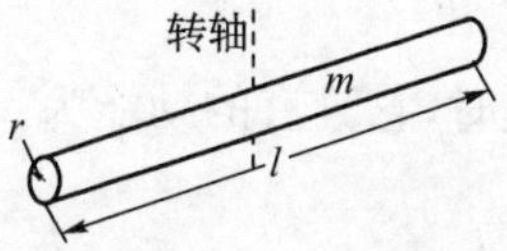 转轴通过中心与棒垂直	$J=\frac{1}{4}m^2+\frac{1}{12}ml^2$

一、实验目的

利用三线摆法测量圆盘的转动惯量，并比较相同质量不同形状的物体的转动惯量大小。实验要求达到：

① 理解所用测量方法中测量关系式的建立；

② 掌握测量关系式中各直测量的具体测法和仪器装置的调整要求；

③ 掌握在误差分析指导下用秒表测量摆的周期达到一定测量精度的方法；

④ 能正确表示测量结果，并与理论计算值进行比较。

二、实验仪器

三线摆装置、水准泡、秒表、米尺、金属圆环、金属圆柱。

三、实验原理

三线摆装置如图 1 所示。上圆盘 A 通过转轴固定在支架上，下圆盘 B(测量对象之一)通过三根悬线系于上圆盘 A 之下，悬点成等边三角形。

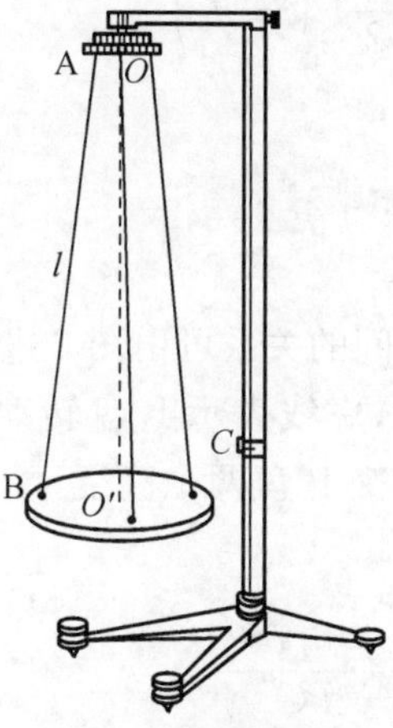

图 1　三线摆装置

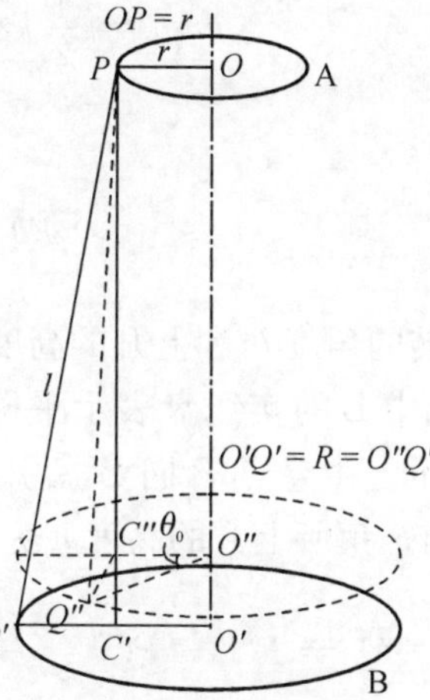

图 2　三线摆测量原理

当三根悬线等长，且下盘 B 水平时，上、下中心连线 OO' 便处于铅直状态；此时，若稍稍转动上盘 A 后仍返回原来位置，则下盘 B 在此带动下便会绕中心轴 OO' 作周期性的扭转摆动，其摆动周期 T 与 B 盘的转动惯量 J 有确定的关系。

设B盘的质量为m，当它绕OO'轴向某一方向转动时，上升的高度为h，则它增加的势能为：

$$E_p = mgh$$

式中g为重力加速度。当B盘转回到平衡位置时，它具有的动能为：

$$E_k = \frac{1}{2} J \omega_0^2$$

式中J是B盘对于通过其重心且垂直于盘面OO'轴线的转动惯量，ω_0是B盘回到平衡位置时刻的角速度。如果忽略空气阻力，根据机械能守恒定律得到：

$$mgh = \frac{1}{2} J \omega_0^2 \tag{1}$$

当B盘扭转摆动的角度很小时(约5°左右)，可视为简谐振动，其角位移θ与时间t有下列关系：

$$\theta = \theta_0 \sin \frac{2\pi}{T} \cdot t$$

式中θ_0是角振幅，T为振动周期。因此角速度ω为：

$$\omega = \frac{\mathrm{d}\theta}{\mathrm{d}t} = \frac{2\pi}{T} \theta_0 cos \frac{2\pi}{T} \cdot t$$

则在平衡位置处的最大角速度ω_0为：

$$\omega_0 = \frac{2\pi}{T} \theta_0$$

将其代入式(1)，得到：

$$mgh = \frac{1}{2} J \omega_0^2 = \frac{1}{2} J \left(\frac{2\pi}{T} \theta_0\right)^2$$

所以：

$$mgh = \frac{2\pi^2}{T^2} J \theta_0^2 \tag{2}$$

B盘转动时，扭转的角度θ_0和上升的高度h之间的关系可由图2进行计算，它是一幅以悬点画的原理图。图中B的实线盘表示平衡位置，虚线表示B盘转动到最大振幅θ_0的位置，它们是相互平行的。由悬点P向B盘引垂线，交B盘两个高度于C'和C''点处，所以B盘对应平衡位置转动θ_0角所上升的高度h为：

$$h = O'O'' = PC' - PC'' = \frac{(PC')^2 - (PC'')^2}{PC' + PC''}$$

$$(PC')^2 = (PQ')^2 - (Q'C')^2 = l^2 - (R - r)^2$$

$$(PC'')^2 = (PQ'')^2 - (Q''C'')^2 = l^2 - 2(R^2 + r^2 - 2Rr\cos\theta_0)$$

式中l是悬线的长度；r是A盘上悬线点离中心轴的距离OP；R是B盘上挂线点离中心轴的距离$O'Q'$($O''Q''$)，它不是B盘的半径。由此有：

$$h=\frac{2Rr(1-\cos\theta_0)}{PC'+PC''}=\frac{4Rr\sin^2(\theta_0/2)}{PC'+PC''}$$

当θ_0很小时，$\sin\theta_0\approx\theta_0$，分母上的$PC'$和$PC''$可以认为等于上、下两盘之间的距离$H$，则：

$$h=\frac{Rr\theta_0^2}{2H}$$

当h代入式(2)得到：

$$J=\frac{mgRr}{4\pi^2H}\cdot T^2 \tag{3}$$

由此可见，只要知道A盘和B盘上悬线点离中心轴的距离r、R，两盘的距离H和摆动的周期T，便可测得B盘的转动惯量J。

如在B盘上放置另一质量为m'的物体，则盘的总质量成为$m+m'$，在转动轴线重合的情况下，此时摆的周期为T'，其总转动惯量J'为：

$$J'=\frac{(m+m')gRr}{4\pi^2H}\cdot T'^2=J+J_{m'}$$

J是B盘绕OO'轴的转动惯量，则m'物体绕OO'轴的转动惯量可由下式求得：

$$J_{m'}=J'-J \tag{4}$$

四、实验内容与步骤

① 检查并调节三线摆的三线长度相同，而后用三线摆底角螺丝使下盘B水平。

② 测量下盘B绕中心轴线的转动惯量。

a. 记录仪器标定的m、R、r值；

b. 在不同位置测量上、下盘之间的距离H，以检验三线是否等长，当不同位置处H值无可分辨的差异时，记录H读数值；

c. 测量周期T，要求T的精密度能高于0.25%，为此应测N个连续周期的总时间t，对初学者，启、停秒表的不确定度$U=0.2$ s，由$T=t/N$可知，$E_T=E_t=U/t=U/(NT)=0.25\%$，所以可以预测$T$（如先测10个周期的总时间以估计$T$值）后，由$N=U/(T\cdot 0.25\%)$确定应该测的周期数$N$。

d. 根据实验室给出的下盘B的直径D，计算该盘绕中心轴的转动惯量J_0，将测量值J与J_0进行比较讨论。

③ 本实验还准备有两个质量相同的物体，一为圆柱体，一为圆环体，质量均为m'，试通过实验观察测量来说明此两物体对绕其自身中心轴的转动惯量$J_{柱}$和$J_{环}$相同与否。

五、实验数据记录与处理

1. 仪器条件记录

(1) 三线摆常数

① 下盘悬线点离中心轴距离：$R=$________ cm

② 上盘悬线点离中心轴距离：$r=$________cm

③ 下盘质量：$m=$________g

④ 下盘直径：$D=$________m

⑤ 柱体质量：$m_{柱}=$________g

⑥ 环质量：$m_{环}=$________g

（2）测量仪器参数

仪器名称	Δ	分度值	读数误差
米尺			
停表			

2. 三线摆下盘B的转动惯量测量记录与数据处理

（1）两盘距离 H 的测量

$$H=$$

（2）周期 $\boldsymbol{T}$ 的测量

① 测量周期数 N 的确定：

a. 10个连续周期的总时间：$t=$

b. 预测周期值：$T=$

c. N 的估算值：$N=\dfrac{\sigma}{T\cdot E_T}=\dfrac{0.2}{T\times 0.25\%}$

② T 的测量记录：

i	1	2	3	4	5	6
N						
t_i(s)						
T_i(s)						
$\overline{T}=$						$\sigma_T=$

③ T 的测量结果计算

$$\Delta_T=\Delta_{秒表}/N$$

$$U_T=\sqrt{\Delta_T^2+{\sigma_T}^2}$$

$$E_T=\frac{U_T}{\overline{T}}\times 100\%$$

④ T 的测量结果为：

$$T= \qquad\qquad ;\ E_T=$$

（3）下盘B的转动惯量 $\boldsymbol{J}$ 的测量结果

① J 的计算式：

$$J=\frac{mgRr}{4\pi^2 H}\cdot T^2$$

② 不确定度传递式：

$$E_J=\sqrt{(2E_T)^2+E_H^2}$$
$$U_J=J\times E_J$$

③ J 的测量结果：

$$J= \qquad ; E_J=$$

（4）用理论式计算下盘 B 绕中心轴的转动惯量 J_0，并将 J 与 J_0 进行比较

① 理论值计算：

$$J_0=\frac{1}{2}\cdot m\cdot\left(\frac{D}{2}\right)^2$$

② 测量值的正确度：

$$A_0=\frac{|J-J_0|}{J_0}\times 100\%$$

③ 一致性讨论：

3. 对柱和环的观察记录与分析

$J+J_{m'}$ 的测量 $\left(J+J_{m'}=\frac{(m+m')gRr}{4\pi^2H}\cdot T^2\right)$						$J_{m'}$ 的测量值
形状	m'（g）	N	t(s)	T(s)	$J+J_{m'}$（$kg\cdot m^2$）	$J_{m'}$（$kg\cdot m^2$）
柱						
环						

六、实验结论

七、观察与思考

1. 如果要测量 R、r，该如何测量？
2. 能测量任意形状物体绕特定轴转动的转动惯量吗？
3. 能否在三线摆上检验转动惯量的平行轴定理？

实验八　扭摆法验证转动惯量的平行轴定理

对于同一刚体，当转轴发生改变时，转动惯量也相应改变，理论分析证明：如果刚体绕通过其质心的某一轴线的转动惯量为 J_C，则当该刚体绕与此轴线平行且与此轴线相距为 x 的另一轴线转动时，其转动惯量为：$J=J_C+mx^2$，式中 m 为刚体的总质量，这就是转动惯量的平行轴定理。该定理在研究刚体的运动时有实用价值。

一、实验目的

本实验利用扭摆法测量螺旋状弹簧的扭转系数，并验证转动惯量的平行轴定理。实验要求达到：

① 熟悉扭摆仪的构造、使用方法以及转动惯量周期测定仪的使用方法；

② 学会用扭摆测定弹簧的扭转系数，能够正确表示测量结果；

③ 会用最小二乘法处理数据，掌握验证转动惯量平行轴定理的方法。

二、实验仪器

扭摆仪及各种待测物体、转动惯量周期测定仪、游标卡尺、电子天平。

三、实验原理

扭摆装置的构造示意图如图 1 所示，在转轴上装有一根螺旋状的弹簧，用以产生恢复力矩。在轴的上方，可以装上各种待测物体。转轴和支座间装有轴承，使摩擦力矩尽可能降低。

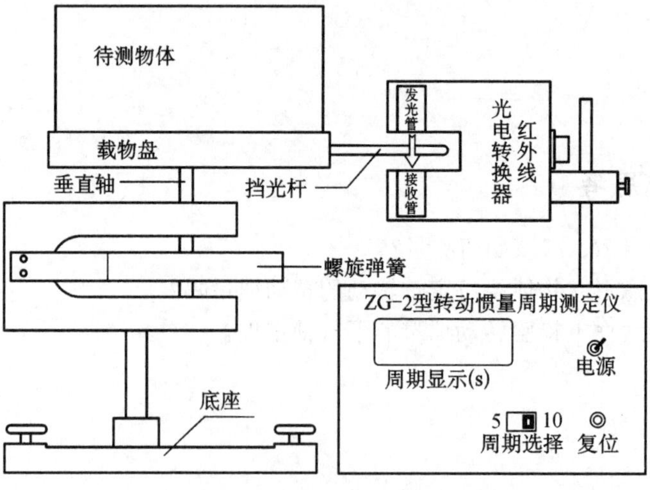

图 1　扭摆装置示意图

将物体在水平面内转过 θ 角，如果忽略摩擦力矩，则物体在摆动过程中，其角位移 θ 与恢复力矩 M 成正比，且方向相反：

$$M = -K\theta$$

式中 K 为弹簧的扭转系数。根据转动定律：

$$M = J\alpha$$

式中 α 为摆动时的角加速度。由上式可得：

$$\alpha = \frac{\mathrm{d}^2\theta}{\mathrm{d}t^2} = -\frac{K\theta}{J} = -\omega^2\theta$$

式中 $\omega^2 = \dfrac{K}{J}$ 为一常数，上述方程的解为：

$$\theta = \theta_0\cos(\omega t + \varphi)$$

可见扭摆的摆动为角简谐振动。式中 θ_0 是角振幅，φ 是初位相，ω 是圆频率。振动的周期为：

$$T = \frac{2\pi}{\omega} = 2\pi\sqrt{\frac{J}{K}} \tag{1}$$

由上式可知，测得扭摆的振动周期 T 后，若已知 J 和 K 中的任何一个量，则另一个量便可利用此式得到。

本实验先用一个几何形状规则的物体(其转动惯量可以根据它的质量和几何尺寸用理论公式计算)，测定它的振动周期，由式(1)来确定弹簧的 K 值，再通过测量各种形状物体的振动周期，就可测得它们的转动惯量，也可验证平行轴定理。

四、实验内容与步骤

1. 测量螺旋状弹簧的扭转系数 *K*

塑料圆柱的转动惯量 J_1 可用理论公式计算得到，即

$$J_1 = \frac{1}{8}md^2$$

式中 d 为圆柱的直径。

由于塑料圆柱无法直接安装在扭摆装置上，为此先在装置上安装一金属载物盘，设其转动惯量为 J_0，测出该盘空载时的振动周期 T_0，则有：

$$T_0^2 = 4\pi^2\frac{J_0}{K}$$

然后将塑料圆柱置于载物盘上，测量整个系统(载物盘与塑料圆柱)的振动周期 T_1，则：

$$T_1^2 = 4\pi^2\frac{J_0 + J_1}{K}$$

两式消去 J_0，便可得到弹簧的扭转系数 K：

$$K = 4\pi^2 \frac{J_1}{T_1^2 - T_0^2} \tag{2}$$

2. 用金属杆验证转动惯量平行轴定理

扭摆装置上可安装如图 2 所示的金属杆，杆上有槽口，槽口间距为 5 cm。

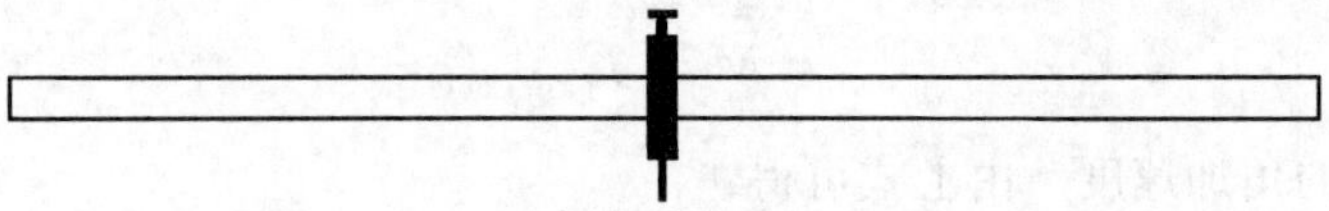

图 2　金属杆装置

设金属杆绕过其质心且垂直于杆的转轴的转动惯量为 J_C，当转轴移到距离质心为 x 处时，根据平行轴定理，其转动惯量为：

$$J = J_C + mx^2 \tag{3}$$

式中 m 是金属杆的质量。由原理中已知转动周期平方 T^2 和 J 成正比，即 $T^2 = 4\pi^2 \dfrac{J}{K}$，为避免引入计算误差以及正确评定实验结果的误差，可将上式转化为：

$$T^2 = \frac{4\pi^2}{K}J_C + \frac{4\pi^2}{K}m \cdot x^2 \tag{4}$$

可见 T^2 与 x^2 成线性关系。实验时，调节杆的中心与转轴的距离 x，分别测出 x 为：0、5 cm、10 cm、15 cm……时的振动周期 T，设 $y = T^2$，$x = x^2$，作 $y = a + bx$ 线性拟合来验证平行轴定理。

注意事项：

① 为了降低实验时由于摆动角度变化过大带来的系统误差，在测定各种物体的振动周期时，摆角不宜过小，且摆角变化幅度不宜过大。摆角控制在 40°～90°的范围，以使螺旋弹簧的扭转系数 K 稳定。

② 安装待测物体时应注意使物体的转动轴和扭摆的转轴重合，机座应保持水平状态。

③ 在安装待测物体时，其支架必须全部套入扭摆主轴，并将止动螺钉旋紧，否则扭摆不能正常工作。

④ 光电探头宜放置在挡光杆的平衡位置处，拦光杆不能和它相接触，以免增大摩擦力矩。

五、实验数据记录与处理

1. 仪器条件记录

（1）实验用刚体参数测量值

塑料圆柱的质量 m：

塑料圆柱的直径 d：

金属杆的质量 m_0：

（2）测量仪器参数

仪器名称	未定系统误差Δ	分度值	读数误差
周期测定仪			
电子天平			

2. 测量记录与数据处理

（1）测量螺旋状弹簧的扭转系数 K

① 塑料圆柱的转动惯量理论值 J_1 计算：

$$J_1=\frac{1}{8}md^2$$

（2）载物盘空载时的振动周期 T_0 和塑料圆柱置于载物盘上时系统的振动周期 T_1 的测量

N	t_0(s)	t_1(s)	T_0(s)	T_1(s)

（3）螺旋状弹簧的扭转系数 K 的计算及结果

$$K=4\pi^2\frac{J_1}{T_1^2-T_0^2}$$

（2）平行轴定理的验证

① 测量数据记录

i	1	2	3	4	5	6
x(m)						
x^2(m^2)						
N						
$t=NT$(s)						
T(s)						
T^2(s^2)						

② 对（x_i^2，T_i^2）用 $y=a+bx$ 线性方程进行最小二乘法线性拟合处理结果。$\left(\text{因为 } T^2=\frac{4\pi^2}{K}J_C+\frac{4\pi^2}{K}m\cdot x^2\right.$，线性回归方程选 $y=a+bx$，y 表示 T^2；x 表示 x^2；$\left.b=4\pi^2\frac{m}{K}\right)$。

③ 金属杆质量 m 的计算及结果

$$m=\frac{b\cdot K}{4\pi^2}$$

④ m 与天平称得的金属杆质量 m_0 的一致性讨论及平行轴定理验证。

六、实验结论

七、观察与思考

1. 如何考虑仪器中夹具的转动惯量对实验的影响?
2. 除用金属杆验证平行轴定理外,是否还可用其他形状的物体进行验证?

实验九　弹簧振子的简谐振动

弹簧振子是一个不考虑摩擦阻力,不考虑弹簧的质量,不考虑振子的大小和形状的理想化的物理模型。一般在物理学里被用来做简谐振动的演示工具和用来研究简谐振动的规律。

一、实验目的

本实验通过测量弹簧振子在不同的质量情况下的振动周期来检验弹簧振子作简谐振动的理论关系式。实验要求达到:

① 会用逐项差来检查线性函数关系测量数据的准确性;
② 会正确绘制实验图线;
③ 掌握验证性实验的实验程序和方法;
④ 会用最小二乘法处理数据,能通过误差分析得出实验结论。

二、实验仪器

焦利氏秤、砝码盘、砝码片、磁钢、计数计时器。

三、实验原理

在竖直悬挂的弹簧下端,系一个质量为 m 的物体,这就构成了一个弹簧振子系统(如图1)。当外力将振子从平衡位置 y_0 处拉离至 y 时,弹簧振子受到弹簧弹性回复力的作用,

其关系式为:

$$F=-k(y-y_0) \tag{1}$$

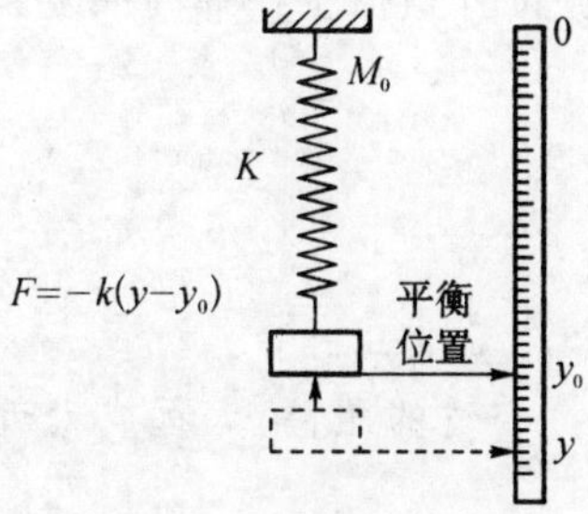

图 1　弹簧振子系统

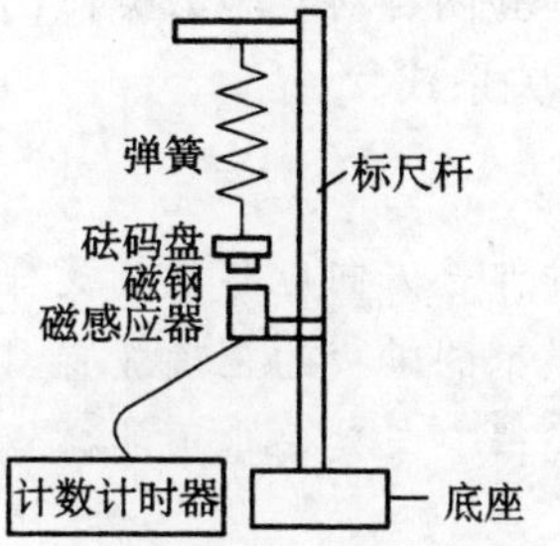

图 2　焦利氏秤装置

式中 k 为弹簧的劲度系数，负号表示弹性回复力指向平衡位置。在撤去外力后，振子在此弹性回复力的作用下将在其平衡位置附近作上下振动，若忽略阻力，其振动方程为：

$$m\frac{\mathrm{d}^2 y}{\mathrm{d}t^2}=-k(y-y_0) \tag{2}$$

该方程为简谐振动方程，在不考虑弹簧质量的情况下，振子的振动周期为：

$$T=2\pi\sqrt{\frac{m}{k}} \tag{3}$$

如果振子质量 m 不是远大于弹簧的质量 M_0，则弹簧的质量不能忽略，应考虑它对振子周期的影响。由于弹簧上各点的振动情况不同，弹簧与焦利氏秤支架连接处的振幅为 0，与振子 m 结合处的振幅最大，因此，弹簧在振动时，是以某一个有效质量 M_0'（$M_0'<M_0$）参与振动，此时振子的周期应修正为：

$$T=2\pi\sqrt{\frac{m+M_0'}{k}} \tag{4}$$

虽然存在弹簧有效质量 M_0' 对周期的影响，但 T^2 和振子质量 m 仍呈线性关系，即：

$$T^2=\frac{4\pi^2}{k}\cdot M_0'+\frac{4\pi^2}{k}\cdot m=a+bm \tag{5}$$

这是理论分析的结论。

实验时，变换不同的振子质量 m，测量相应的振动周期 T 来加以检验。检验内容如下：

① T^2 与 m 是否呈线性关系；

② 斜率因子 $b=\frac{4\pi^2}{k}$，所以，$k=\frac{4\pi^2}{b}$，检验劲度系数 k 与参考值 k_0 是否一致。

若以上内容均得以验证，则弹簧振子作简谐振动的理论关系式得到验证。

四、实验内容与步骤

① 用变质量法测出不同质量的弹簧振子的振动周期。

② 将测得的数据 $(m_i,\ T_i^2)$ 以 $y=T^2$，$x=m$，作 $y=a+bx$ 线性拟合，则有 $b=\frac{4\pi^2}{k}$，因此通过拟合得到的斜率因子 b 就可求出弹簧的劲度系数 k。

③ 根据检验内容对实验数据做出分析结论，验证弹簧振子在弹性回复力的作用下作简谐振动的理论关系式。

注意事项：

① 弹簧的伸长方向应与焦利氏秤标尺杆平行；

② 注意磁钢的磁极的正确放置，以使磁感应器能正常工作；

③ 磁感应器应与砝码盘下的磁钢对齐，并保持合适的距离，太远或太近都会使磁感应器工作不稳定。

五、实验数据记录与处理

1. 仪器条件记录

仪器名称	未定系统误差 Δ	分度值	读数误差
计数计时器			

2. 振动法：质量与周期关系的测量和检验

(1) 弹簧振子的质量 m 与振动周期 T 的测量数据记录

i	m_i(g)	N	$t_i=N\cdot T_i$(s)	T_i(s)	T_i^2(s^2)	$T_{i+1}^2-T_i^2$(s^2)
1						
2						
3						
4						
5						
6						—

(2) $y=a+bx$ 的计算机计算结果

(y 表示：________ ；x 表示：________ ；$b=$ __________)

(1) 计算结果记录：　　$r=$　　　　$a=$　　　　$U_a=$

　　　　　　　　　　　　　　　　$b=$　　　　$U_b=$

(2) 计算结果表示：$a\pm U_a=$　　　　　　　　(单位)

$b\pm U_b=$　　　　　　　　(单位)

$E_b=(U_b/b)\times 100\%=$

(3) 劲度系数 k 的计算和测量结果表示

① k 的计算式：

② k 的不确定度传递公式：

③ k 的测量结果：

$k=$　　　　；　$E_k=$

（4）弹簧的劲度系数参考值 k_0（由实验室给出）

（5）k 与 k_0 的一致性讨论及结果

六、实验结论

七、观察与思考

① 焦利氏秤标尺杆若不铅直，对测量会有影响吗？

② 测量周期时，若直接测量一个周期，并作重复测量，其测量精度如何？

③ 理论上弹簧振子的弹簧有效质量 M_0' 与实际质量 M_0 有何确定关系？若有理论的有效质量 M_0'，则可将测得的有效质量与之比较，使检验更加完备。

实验十　弹性模量的测定

物体发生弹性变形时，其内部产生恢复原状的内应力，弹性模量就是反映材料形变和内应力关系的物理量，是工程技术中常用的参数。但长度的微小变化用一般的测长工具不易测准，光杠杆放大法是一种测量微小长度变化的简便方法，它可以实现非直接接触式的放大测量，本实验采用该方法对金属丝在拉力作用下的微小伸长量进行测量，进而测定金属材料的弹性模量。

一、实验目的

本实验通过光杠杆放大法测量金属材料在拉力作用下产生的微小伸长量，进而测定金属材料的力学特征量——弹性模量。实验要求达到：

① 理解弹性模量的含义及简单的测试方法；

② 掌握光杠杆测量长度微小变化的原理；

③ 观察弹性滞后效应，并掌握减小由它产生的测量误差的方法；

④ 会正确制作图线，并会用最小二乘法处理数据；

⑤ 会进行不确定度的计算，并分析各不确定度分量对测量结果的影响大小。

二、实验仪器

弹性模量测定装置、砝码组、光杠杆装置（光杠杆、望远镜及标尺）、螺旋测微器、米尺。

三、实验原理

当物体受到外力作用时，都要发生程度不同的体积和形状变化，称为形变。若外力作用停止后形变也随之消失，则称其为弹性形变。物体最基本的一种形变是拉伸形变，如图 1 所示，物体在拉伸力 F 作用下只产生长度改变而形状保持不变；若形变在弹性范围内，按胡克定律，形变量 ΔL 与作用力成正比，即有：

$$F = K \cdot \Delta L \tag{1}$$

式中 K 是常数（如弹簧的倔强系数），它不仅与构成物体的材料有关，而且与物体的几何尺寸（长度 L_0、截面积 S）有关，所以它只是具体物体的一个常数，而不是物体材料的特征量。

可以设想两个材料相同、截面积相同而长度不同的物体，要使这两物体有同样的伸长量 ΔL 显然不是同样容易的，但实验证明在相同力 F 作用下。此两物体的相对伸长 $\Delta L/L_0$ 却是相同的。同样，两个材料相同、长度相同而截面积不同的物体，在相同力 F 的作用下，截面积 S 越大其相对伸长 $\Delta L/L_0$ 就越小。因此，胡克定律应该表示为在弹性形变范围内应变 $\Delta L/L_0$ 和所受应力 F/S 成正比，即：

$$\frac{F}{S} = Y \cdot \frac{\Delta L}{L_0} \tag{2}$$

式中的比例系数 Y 是仅仅取决于物体材料性质的常数，称为材料的弹性模量（注意：$K = (S/L_0) \cdot Y$）。本实验将用金属丝受拉伸后产生伸长形变来测量金属材料的弹性模量：

$$Y = \frac{F \cdot L_0}{S \cdot \Delta L} \tag{3}$$

式中加于金属丝的拉伸力 F 可用砝码的重力 mg 来确定；金属丝的长度 L_0 可用米尺进行测量；而截面积 S 则可通过测量金属丝的直径 d 来获得；唯有伸长量 ΔL 由于小（约 0.1～0.2 mm/kg）而难以测量，因此需采用光杠杆装置将之放大后进行测量。

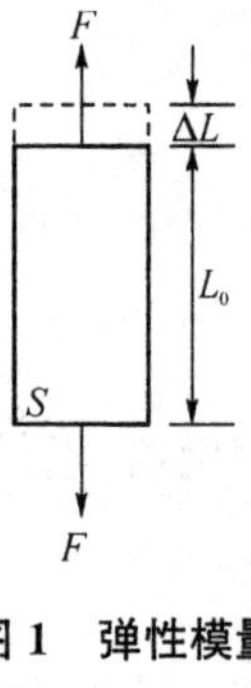

图 1　弹性模量

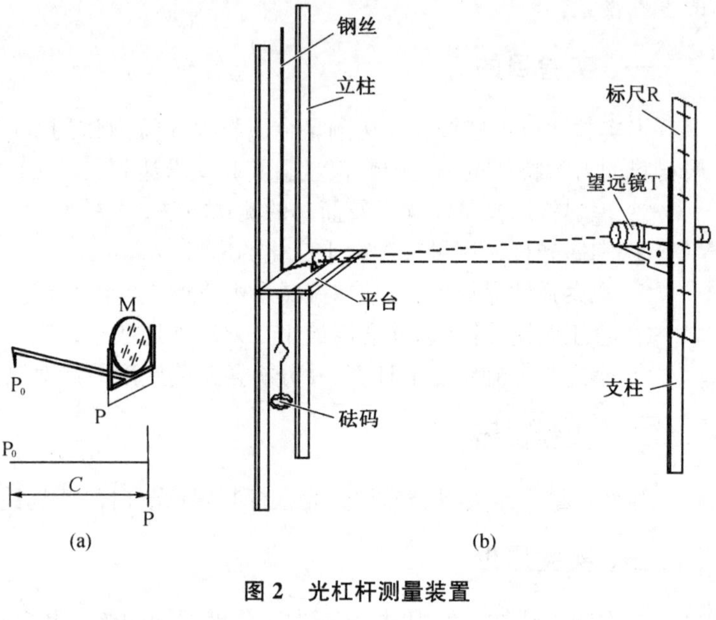

图 2　光杠杆测量装置

光杠杆装置如图 2 所示，包括光杠杆镜架、望远镜和标尺等部分。图 2(a)为光杠杆镜架，它是一块平面反射镜 M，其底部的刀口 P 放置在图 2(b)装置的固定平台的沟槽内，另有一尖足 P_0 放置在能随被测长度改变的夹具上，P_0 到 P 的垂直距离为 C。一杆标尺 R 被放置在离反射镜 M 为 D 的距离处，望远镜 T 则用来观测标尺 R 在反射镜 M 中的像。图 3 为光杠杆测量微小伸长量的原理图，调整好了的光杠杆装置应该从望远镜中能清晰看到望远镜内的十字叉丝和标尺 R 的像，并得到读数 h_0，如图 3(a)所示。

当长度发生 ΔL 改变时，P_0 将随之改变，因而使平面镜 M 的法线转过了 θ 角[如图 3(b)所示]，此时入射光光线和反射光线的夹角为 2θ，此时望远镜中的读数为 h，由图中光路得到：

$$\sin\theta = \frac{\Delta L}{C};\quad \tan 2\theta = \frac{h-h_0}{D}$$

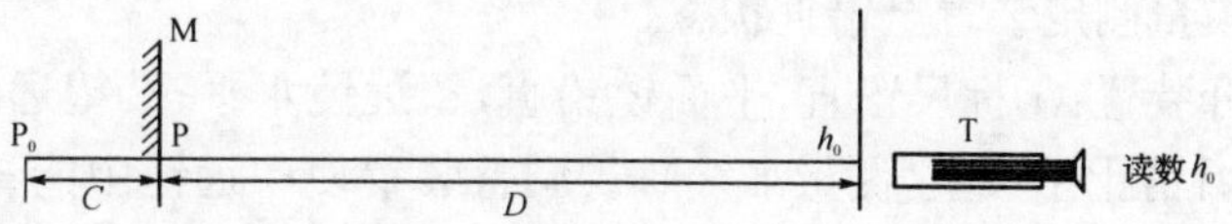

(a)

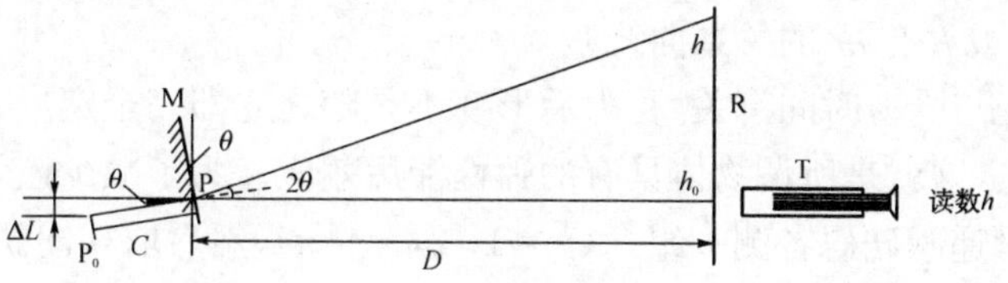

(b)

图 3 光杠杆测微原理图

当 θ 很小时，$\sin\theta\approx\theta$，$\tan 2\theta\approx 2\theta$，则有：

$$2\frac{\Delta L}{C} = \frac{h-h_0}{D};$$

$$h-h_0 = \frac{2D}{C}\cdot\Delta L \tag{4}$$

$2D/C$ 称光杠杆的放大倍数，一般 D 比 C 大几十倍，所以利用该装置可将长度的微小改变量 ΔL 放大二三十倍，从而提高了 ΔL 的测量精度。

将 $\Delta L=(C/2D)\cdot(h-h_0)$；　$S=\frac{1}{4}\pi d^2$；　$F=mg$ 代入弹性模量 Y 的表达式中，则：

$$Y = \frac{2DL_0}{SC}\cdot\frac{F}{h-h_0} = \frac{2DL_0}{SC}\cdot\frac{mg}{h-h_0} = \frac{8DL_0 g}{\pi d^2}\cdot\frac{mg}{h-h_0} \tag{5}$$

由此可得：

$$h = h_0 + \frac{8DL_0 g}{\pi d^2 CY}\cdot m \tag{6}$$

由式(6)可知光杠杆中的测量值 h 和所加砝码的质量 m 是线性关系，其直线的斜率为：

$$b=\frac{8DL_0g}{\pi d^2CY} \tag{7}$$

$$Y=\frac{8DL_0g}{\pi d^2Cb} \tag{8}$$

式中，D 是光杠杆装置的反射镜与标尺之间的距离；C 是光杠杆镜架的尖足 P_0 至 P 之间的距离；L_0 是金属丝的长度；d 是金属丝的直径；g 为重力加速度；Y 是待测金属丝的弹性模量。

实验将通过 h 和 m 的函数关系测量，用最小二乘法进行线性拟合，求得斜率 b，然后再确定金属丝材料的弹性模量 Y。

四、实验内容与步骤

① 调整弹性模量测定装置至铅直状态。

② 调整光杠杆装置：①标尺铅直，平面镜铅直，望远镜水平；②望远镜与反射镜中心等高；③望远镜目镜看清十字叉丝（测量准线）；④调整装置使望远镜中能看到清晰的标尺像，并处于图 3(a)所示的状态。

③ 用受力伸长法测量金属丝在受砝码重力 mg 的作用下，光杠杆内的测量值 h，画出 h 与 F 的关系曲线（或 h 与 m 的关系曲线）。

由于弹性形变与受力时间有关，受力后形变不是随之立即完全定形，撤去外力后形变又不能立即完全消失，这就是所谓物体具有的弹性滞后效应。为了减少该效应引入的误差，采用等量递加和等量递减砝码各测一组 $h_i(i=1,\ 2,\ \cdots,\ n)$，然后取相同砝码重量 F 作用下的两个测量值 h_i'（递加时）和 h_i''（递减时）的平均值 $h_i=(h_i'+h_i'')/2$ 作为力 F_i 作用下光杠杆的测量值。

为防止金属丝可能出现的弯曲，在砝码托盘上挂有 1～2 kg 的大砝码以拉直金属丝，它像砝码盘本身有重量一样，对实验没有影响。

④ 用最小二乘法对 h 和 m 进行线性拟合。

⑤ 测量实验原理关系式中的 L_0、D、C、d，然后计算出金属丝弹性模量的测量值。

五、实验数据记录与处理

1. L_0、D、C 的测量仪器和测量数据记录

测量值	L_0	D	C
单位	cm	cm	cm
测量工具			
分度值			
读数误差			
未定系统误差 Δ			
测量结果			

2. 金属丝直径 d 的测量仪器条件和测量数据记录

(1) 测量仪器条件

仪器名称:________;分度值:________;读数误差:________;Δ:______。

(2) 测量数据记录

零位读数	测量读数	测量值

(3) 直径 d 的测量结果表示

$$d=\overline{d}\pm U_d=$$

3. 金属丝受力与光杠杆读数的关系测量记录

(1) 测量仪器条件

仪器名称:光杠杆装置;分度值:________;读数误差:________;Δ:________

(2) 测量关系数据记录

i	m_i(kg)	h_i'(cm)	h_i''(cm)	$h_i=(h_i'+h_i'')/2$(cm)	$h_{i+1}-h_i$(cm)
1					
2					
3					
4					
5					
6					
7					
8					—
9			—	—	—

(3) $y=a+bx$ 线性拟合的计算结果

(y 表示:__________;x 表示:__________;b=__________)

① 计算结果记录:

$$a= \qquad ; \quad U_a=$$

$$b= \qquad ; \quad U_b=$$

② a、b 的计算结果表示

③ Y 的测量结果

六、实验结论

七、观察与思考

① 如果弹性模量测定仪未调整成铅直，会产生什么影响？

② 用误差分析的方法讨论实验中哪些量的测量误差对实验结果影响较大？

③ 如何从增、减砝码的数据中说明确实存在着弹性滞后效应？

④ 当砝码组全部加上时，金属丝实际伸长了多少？直径可能变细多少？

实验十一　利用光杠杆法测量固体线膨胀系数

固体受热后引起长度的变化称为“线性膨胀”，它是任何材料都具有的特性。这种特性在工程设计、仪器设计以及材料的焊接和加工等方面都必须考虑，因此必须对材料线性膨胀进行研究。在研究中发现，不同的材料在相同的条件下增长的长度不尽相同，反映这一特点的物理量是线性膨胀系数。

一、实验目的

本实验利用光杠杆放大测量法来测量金属杆的线性膨胀系数。实验要求达到：

① 掌握光杠杆测量微小长度变化的原理和调整要求。

② 学会测量金属杆的线膨胀系数。

二、实验仪器

线膨胀系数测定装置（包括光杠杆，带有标尺固定在支架上的望远镜，待测金属杆及支架，测温仪等）。

三、实验原理

设温度为 t_0 时物体的长度为 L_0，那么物体在温度 t 时的长度 L_t 与线膨胀系数 α 的关系是：

$$L_t = L_0[1+\alpha(t-t_0)]$$

即：

$$\alpha = \frac{L_t - L_0}{L_0(t-t_0)} = \frac{\Delta L/L_0}{\Delta t} \tag{1}$$

式中 ΔL 表示温度从 t_0 升到 t 时物体的伸长量，Δt 表示温度的增加量。L_0 和 Δt 分别可以用米尺和测温仪直接测出。ΔL 是一微小的变化量，本实验采用光杠杆放大法进行测量。

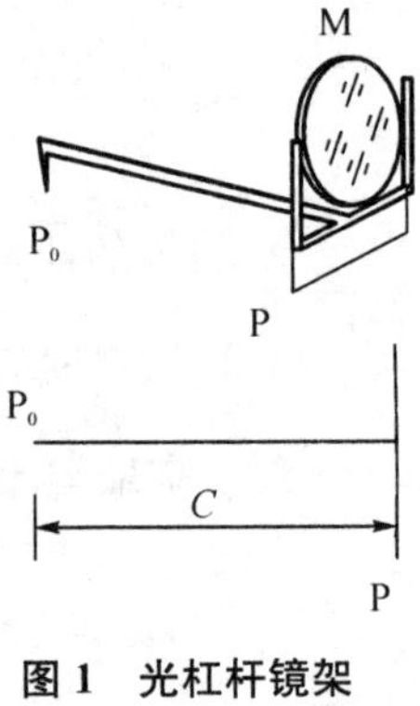

图 1　光杠杆镜架

光杠杆装置包括光杠杆镜架、望远镜和标尺等部分。图 1 为光杠杆镜架，它是一块平面反射镜 M，其底部的刀口 P 放置线膨胀系数测定装置的固定平台的沟槽内，另有一尖足 P_0 放置在能随被测长度改变的夹具上，P_0 到 P 的垂直距离为 C。一杆标尺 R 被放置在离反射镜 M 为 D 的距离处，望远镜 T 则用来观测标尺 R 在镜 M 中的像。图 2 为光杠杆测量微小伸长量的原理图，调整好了的光杠杆装置应该从望远镜中能清晰看到望远镜内的十字叉丝和标尺 R 的像，并得到读数 h_0。

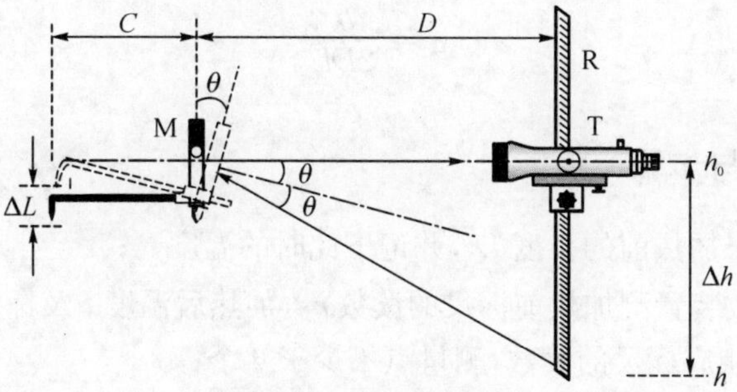

图 2　光杠杆测微原理图

当长度发生 ΔL 变化时，P_0 这将随之改变，因而使平面镜 M 的法线转过了 θ 角（如图 2 所示），此时入射光光线和反射光线的夹角为 2θ，此时望远镜中的读数为 h，由图中光路得到：

$$\sin\theta = \frac{\Delta L}{C};\quad \tan 2\theta = \frac{h-h_0}{D}$$

当 θ 很小时，$\sin\theta\approx\theta$，$\tan 2\theta\approx 2\theta$，则有：

$$2\,\frac{\Delta L}{C} = \frac{h-h_0}{D};$$

$$h-h_0 = \frac{2D}{C}\cdot\Delta L$$

$$\Delta L = (C/2D)\cdot(h-h_0) \qquad (2)$$

式中 D 为光杠杆镜面到望远镜标尺的距离，C 为光杠杆的臂长，h 和 h_0 分别是温度为 t 和 t_0（初始位置）时望远镜中标尺的读数。

将 $\Delta L=(C/2D)\cdot(h-h_0)$ 代入线膨胀系数 α 的表达式中，且令 $\Delta h=h-h_0$ 可得：

$$\alpha = \frac{C\Delta h}{2DL_0(t-t_0)} \qquad (3)$$

只要直接测出 C, D, t_0, t 和 Δh，线性膨胀系数 α 就可利用上式求出。

本实验通过 h 和 t 的函数关系测量来测量线性膨胀系数 α。

因为：
$$C(h-h_0) = 2DL_0\alpha(t-t_0)$$

所以：
$$h = \frac{2DL_0}{C}\alpha(t-t_0)+h_0 = \left(h_0-\frac{2DL_0t_0\alpha}{C}\right)+\frac{2DL_0}{C}\alpha\cdot t \qquad (4)$$

可见 h 与 t 之间为线性关系，若用 y 表示 h；a 表示 $h_0-\dfrac{2DL_0t_0\alpha}{C}$；$b$ 表示 $\dfrac{2DL_0}{C}\alpha$；x 表示 t；则式(4)可表示为：

$$y = a+bx$$

实验将通过 h 和 t 的函数关系测量，用最小二乘法进行线性拟合，求得斜率 b，然后再由斜率因子 b 来确定固体的线胀系数 α：

$$\alpha = \frac{bC}{2DL_0} \tag{5}$$

四、实验内容与步骤

① 测量金属杆未加热前的长度 L_0，并记下此时的温度 t_0；

② 用线膨胀系数装置测加热前标尺的读数 h_0、加热后温度 t 及标尺的读数 h，要求每增加一定的温度，测量相应标尺的读数，测量点不少于 6 个；

③ 测光杠杆镜面到标尺的距离 D 和光杠杆的臂长 C；

④ 利用最小二乘法进行线性拟合，求出 α 的测量结果。

注意事项：

① 光杠杆镜架后支点需放在被测金属杆上方。

② 实验时要特别小心，注意防止光杠杆镜架跌落摔坏。

③ 在实验过程中，仪器不宜再进行调整和移动，否则会改变测量条件而降低实验精度甚至测得的数据为坏值！

五、实验数据记录和处理

1. L_0、D、C 的测量仪器条件和数据记录

直测量	L_0	D	C
测量工具			
分度值			
读数误差			
测量工具 Δ 值			
测量结果			

2. 固体受热线胀与光杠杆读数关系的测量记录

(1) 仪器条件记录

直测量	t	h
测量工具	数显测温仪	光杠杆标尺(钢直尺)
分度值		
读数误差		
测量工具 Δ 值		

(2) 固体受热线胀与光杠杆标尺读数关系测量

① 测量记录

i	t(℃)	h_i(cm)	$h_{i+1}-h_i$(cm)
1			
2			
3			
4			
5			
6			
7			

② $y=a+bx$ 线性拟合的计算机结果

(y 表示:____________ ;x 表示:__________;$b=$ ________)

a. 计算结果记录:

$r=$

$a=$; $U_a=$

$b=$; $U_b=$

b. a、b 的结果表示:

③ α 的测量结果

六、实验结论

七、观察与思考

① 试分析实验中哪一个是影响结果正确度的主要因素?

② 在调节光杠杆光路时,希望 h_0 和 h_t 是在望远镜附近的标尺读数,为什么?偏离太远有影响吗?

实验十二 惠斯登电桥测电阻

电阻值是一切电学元件的重要参数之一。电阻的测量,是关于材料的特性和电器装置性能研究的最基本工作。由于电阻与其他许多非电学量(如形变、温度、压力等)有直接关系,因而可以通过电学方法对材料电阻的测量来确定材料的这些非电学量。待测电阻的大小，只能通过它对电路的影响来反映，一般都是根据欧姆定律来测量（如伏安法测电阻）。由于利用欧姆定律测电阻要使用电表读数，测量准确度受到电表准确度的限制，不可避免地会带来误差。在伏安法线路的基础上经过改进的电桥电路克服了这些缺点，它不使用电表读数，而是将待测电阻与标准电阻简单的进行比较来测量电阻。由于标准电阻制作误差很小，可达到很高的精度，故使用电桥测量可达到较高的准确度。电桥电路不仅可精测电阻，而且可以用于测量电感、电容、频率、压力、温度、形变等许多物理量，并广泛应用于自动控制中。根据用途不同，电桥有多种类型，它们的性能、结构各异，但其基本原理却是相同的。惠斯登电桥只是其中最简单的一种。

一、实验目的

惠斯登电桥是一种利用比较法进行测量的仪器，本实验用自组的惠斯登电桥测量电阻。通过实验要求达到：

① 掌握比较法测量的条件；

② 能按回路连接线路；

③ 掌握逐次逼近的调整方法。

二、实验仪器

待测电阻、电阻箱三个、直流电源、AC-5 型检流计、保护电阻、开关、导线、万用表。

三、实验原理

惠斯登电桥的测量线路如图 1 所示。其中 R_1、R_2 和 R_0 是标准电阻，R_x 为待测电阻，它们构成了一个闭合回路，称为电桥的四臂，在这四边形回路的一条对角线顶点 a、b 上接电源，另一对角线顶点 c、d 上接检流计 G（带有揿压式测量开关和短路开关）及保护电阻 R，这就是本实验的实际测量电路。

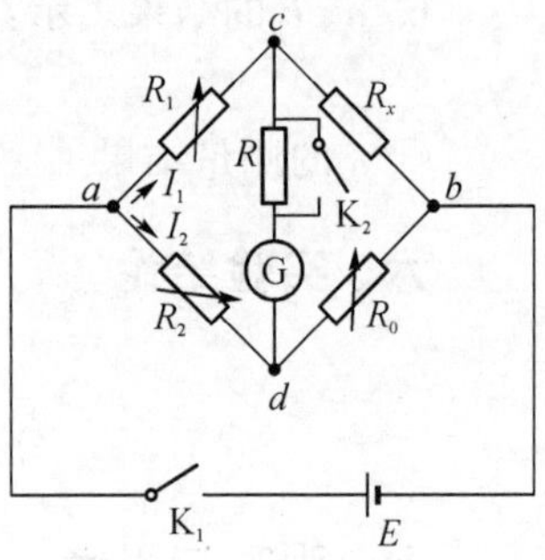

图 1 惠斯登电桥

当调整电桥至平衡时，c、d 两点等电位，揿压检流计 G 的测量开关，其指针将不会发生任何偏转（$I_g=0$），此时流经 R_1 和 R_x 的电流均为 I_1，流经 R_2 和 R_0 的电流均为 I_2，且有：

$$I_1R_1 = I_2R_2$$

$$I_1R_x = I_2R_0$$

由此得到电桥平衡关系式：

$$R_x = \frac{R_1}{R_2} \cdot R_0 = K \cdot R_0 \tag{1}$$

式中的 $K=R_1/R_2$ 是倍率项，为了方便计算，总是让它按 10 的倍率变化，如 0.1、1、10 等。这样在获得 R_0 值后，就可以快速推知 R_x 的量值大小了，所以一般将电桥上的 R_1/R_2 称为比例臂，而将 R_0 称为比较臂，R_x 称为待测臂。

在测量 R_x 时，应先选择合适的比例倍率 K，然后调整比较臂使电桥平衡。这是因为待测电阻测量结果的有效数字取决于比例倍率 K 的精度(一般仪器电桥的比例倍率的精度都很高,可视为精确值)和所用比较臂电阻 R_0 的位数,而比较臂仅是一个有一定位数的电阻箱,所以为使电桥能充分发挥其测量精度,就需根据待测电阻数值选取合适的比例 K。其原则是:应使比较臂电阻箱的所有位数都能用上,使 R_x 的测量结果的有效位数最多。如比较臂为具有×1、×10、×100、×1 000 的四位电阻箱,当待测电阻为几十欧时,K 就应该选 0.01。

由于电桥测量是比较法中的指零测量法,所以测量结果的精度还与检流计和所用电源电压有关。在电源电压确定的情况下,检流计灵敏度过低,便无法准确判断平衡点所在,也就达不到应有的测量精度,为此应配用合适的检流计,其原则是在比例倍率 K 已选择正确的条件下,在平衡位置附近调节比较臂电阻箱的最低一位时检流计应有可观察得到的偏转。只有在这样的条件下,测量结果的精度才可能达到标准电阻 R_1、R_2 和 R_0 所具有的精度。

又由于检流计只能用来观测微小电流,所以在测试开始时为防止大电流对检流计造成损坏,在线路中还串联了保护电阻 R。当电桥已调整到平衡点附近时,c、d 两点间电位差已很小时,检流计指针偏转很小,则应闭合开关 K_2,将保护电阻短路,以准确定出平衡点。

四、实验内容与步骤

① 用万用表的电阻档测量待测电阻的阻值 R_{x_0}。

② 用自组惠斯登电桥(线路如图 1)测量电阻值 R_x 六次。

注意事项:

① 三个电阻箱中,两个六位的用作比例臂,一个四位的用作比较臂,且阻值均不能置于 0 Ω 状态。

② 电源电压用 6 V。

③ 比例 K 确定后,比例臂的两个电阻 R_1 和 R_2 的数值仍不是唯一的。例如,$K=1$ 时,R_1 和 R_2 可选 10∶10、100∶100、1 000∶1 000 等。从测量精度和电桥灵敏度考虑,一般可选择 R_1 与待测电阻 R_x 同数量级进行测量(成品电桥上 K 是一个旋钮,比例选定之后,状态是唯一的,故不存在上述问题)。

④ AC-5 型检流计的用法应查阅相关说明书。

五、实验数据记录与处理

1. 仪器条件记录:

① 电源电压:$E=$;

② 检流计分度值:

③ 电阻箱基本误差计算式:$\Delta_R=\sum_i^m \alpha_i\% \cdot R_i$

2. 数字万用表测量记录:

待测电阻	选用档级	读数误差	电阻值
R_{x_0}			

3. 自组惠斯登电桥测电阻

(1) 测量数据记录

i	R_1 (Ω)	R_2 (Ω)	倍率 $K=R_1/R_2$	R_0 (Ω)	测量值 R_X (Ω)	平均值$\bar{R}_x$ (Ω)	σ_{R_X} (Ω)
1							
2							
3							
4							
5							
6							

(2) 电阻 R_x 的计算和结果表示

① R_x 的计算:$R_x=\frac{R_1}{R_2}R_0=KR_0=$

② U_{R_x} 的计算:$\frac{\Delta R_x}{R_x}=\frac{\Delta R_1}{R_1}+\frac{\Delta R_2}{R_2}+\frac{\Delta R_0}{R_0}=$

$$U_{R_x}=\sqrt{\Delta_{R_x^2}+\sigma_{R_x^2}}= \qquad ; \quad E_{R_x}=\frac{U_{R_x}}{R_x}\times 100\%=$$

(3) 待测电阻 R_x 的测量结果表示

$$R_x=\bar{R}_x\pm U_{R_x}= \qquad ; \quad E_{R_x}=$$

六、实验结论

七、观察与思考

① 若不用万用表测量 R_x 的大致数值,如何确定电桥的倍率 K?

② 调节电桥平衡后,将比较臂电阻 R_0 变化 1%,即 $\Delta R_0/R_0=1\%$(ΔR_0 为 R_0 的变化量),则电桥失去平衡,此时检流计指针将偏转 n 格,试观察比例臂为 R_1/R_2 和比例臂为 $(R_1\times 10)/(R_2\times 10)$ 这两种情况下电桥的灵敏度是否相同。电桥灵敏度的定义为:

$$S=\frac{n}{\Delta R_0/R_0}$$

③ 若只有一个电阻箱和一个滑线变阻器,能否用电桥方法测量待测电阻 R_x?

实验十三　电位差计及其应用

电位差计是一种精密测量电位差(电压)的仪器,由于它应用了补偿原理和比较测量法,所以测量精密度较高,常用于测量电动势、电压、电流、电阻和校正各种精密电表,在科学研究和工程技术中广泛使用电位差计进行自动控制和自动检测。

一、实验目的

本实验用自组的电位差计测量电源的电动势,通过实验达到:

① 掌握电位差计应用补偿原理和比较测量的方法原理与特点;

② 学会用电位差计测量电压量的工作过程;

③ 了解电位差计的应用。

二、实验仪器

直流稳压电源、饱和标准电池、电阻箱、检流计、保护电阻(带开关)、电源开关、选择开关、待测电池等。

三、实验原理

用磁电式电压表测量电压时,由于电压表有一定的内阻 R_V,所以它要消耗一定的能量,因这部分能量取自被测量系统,所以会改变被测量系统的状态,使测量产生系统误差。例如欲知图 1(a)中电阻 R_2 上的电压,在未接入电表时,R_2 上的电压为:

$$V_2 = \frac{R_2}{R_1 + R_2} \cdot E \tag{1}$$

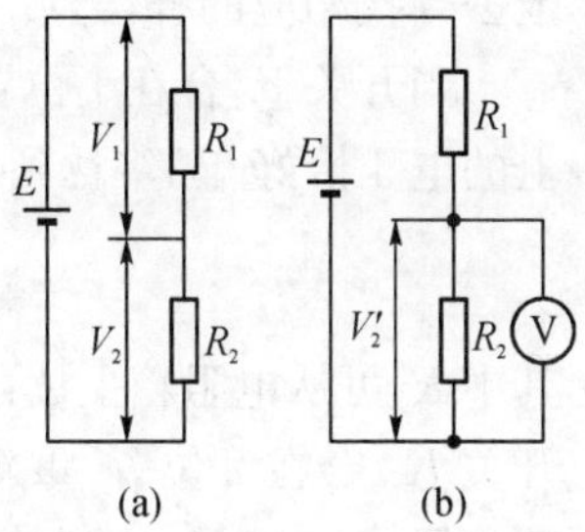

图 1　磁电式电表测电阻

当在 R_2 两端接上电压表进行测量时(图 1(b)),由于电压表有内阻 R_V,所以电路的总电阻变成了 $R_1 + R_2R_V/(R_2 + R_V)$,电压表在 R_2 两端测得电压将会是:

$$V'_2 = \frac{\dfrac{R_2R_V}{R_2 + R_V}}{R_1 + \dfrac{R_2R_V}{R_2 + R_V}} \cdot E = \frac{R_2R_V}{R_1R_2 + R_1R_V + R_2R_V} \cdot E$$

$$= \frac{R_2}{R_1(1 + R_2/R_V) + R_2} \cdot E \tag{2}$$

显然 $V'_2 \neq V_2$,说明在 R_2 上并联电压表后测得的电压值已不再是原来电路上的电压值。如果将这样测得的电压值认为是原来的要测的值,则有可能已将系统误差带入测量结果中去了。

但从 V_2' 的式中可以看到，当 $R_V\to\infty$（或 $R_V\gg R_2$）时，$V_2'=V_2$。所以要根除上述系统误差，其方法就是组成一个内阻无穷大的电压表，为此采用图 2 的补偿线路。该线路采用 E_0 作辅助电源，接成分压器的滑线变阻器 R_H 和灵敏电流计 G 构成附加线路，电压表 V 则接在分压器的两个输出端处，由于待测电压的 a 点和附加线路的 c 点是连在一起的，所以它们是同电位点，如果在选择和连接辅助电源 E_0 时，满足：

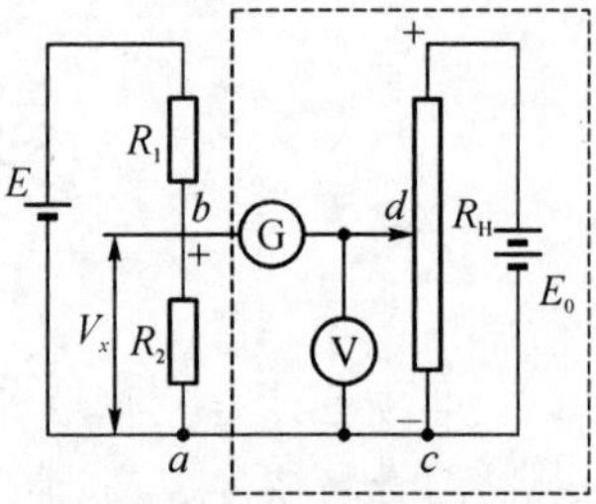

图 2　补偿法原理

① E_0 和待测电压 V_x 的正负极性相对连接；

② $E_0>V_x$。

则 R_H 上必有一点 d，它对 c 的电位差恰好是 V_x，即 d 和待测电压的 b 端等电位，当找到 d 点时，G 中必无电流通过，这表明被测量线路（虚线框左边）没有电流流入测量线路（虚线框内），而电压表测量的是 c、d 两点间的电压，它的大小等于 V_x 的大小，因此虚线框内的线路实际上构成了一个内阻无穷大的“电压表”。这种用附加线路上的电位差和待测电压相对抗而使它们连接线路中的电流为零效应的原理称为补偿原理。

图 2 线路虽然实现了不吸收待测线路能量而测得了待测电压，但由于受到电压表准确度的限制，测量手续的变繁并未能换得测量准确度的显著提高，为了提高测量的准确度，除需用补偿原理外，还需采用与标准电压量进行比较的测量方法，为此本实验采用图 3 形式的电位差计线路。

图 3 中辅助电源 E_0 和两个电阻箱 R_1、R_2 连接成一个标准分压器（相当于图 2 中的 R_H），V_x 是待测电压接入端，E_S 是标准电池，它们都应满足与 E_0 同极性相连，并保证 $E_0>V_x$ 和 $E_0>E_S$，则通过选择开关 K_2 就可以分别将 V_x 和 E_S 接到标准分压器上去寻找相应的补偿点。

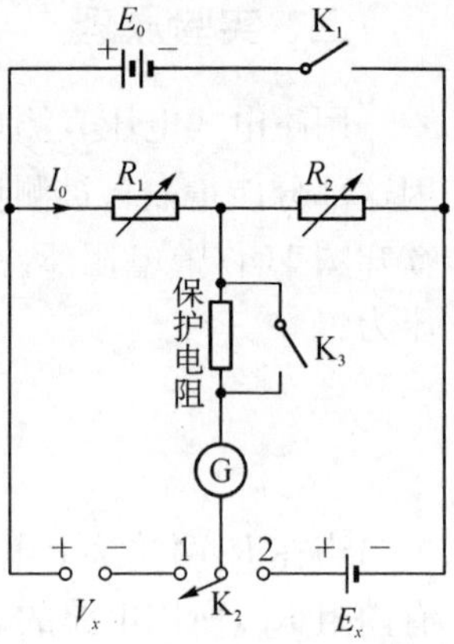

图 3　电位差计原理简图

当开关 K_2 合在 1 位置时，调整 R_1 和 R_2 至 R_1' 和 R_2' 值，使 R_1' 上的电压恰好与 V_x 达到补偿（G 中无电流），则有：

$$V_x=I_0R_1' \tag{3}$$

其中 R_1' 可从电阻箱上读出，而 I_0 需用标准电池来确定。为此再将开关 K_2 合在 2 位置，重新调整 R_1 和 R_2 至 R_1'' 和 R_2'' 值，使 R_2'' 上的电压恰好与 E_S 达到补偿（G 中无电流），为了使流经标准分压器内的电流 I_0 不变，必须严格保证分压器的总阻值不变，即 $R_1'+R_2'=R_1''+R_2''$，如果条件满足，则有：

$$E_S=I_0R_2'' \tag{4}$$

其中 R''_2 可从电阻箱上读出。

由两次补偿的结果相比，可以得到：

$$V_x=\frac{R_1'}{R_2''}\cdot E_S \tag{5}$$

注意：

能够作这样比较测量的条件是在两次补偿时，R_1 和 R_2 内的电流 I_0 必须相同。

从式(5)的测量关系式可以看出，V_x 的测量准确度取决于标准电阻 R_1、R_2 和标准电池 E_S 的准确度，所以测量精度可以很高。但是应该注意到式(5)中还隐含着两个影响测量结果精度的重要因素：

① 检流计的灵敏度。由于是否达到补偿点要靠检流计 G 指零来判断，检流计灵敏度过低就不能正确判断补偿点的位置，所以应该配用合适灵敏度的检流计，以使标准分压器电阻箱 R_1 和 R_2 的末位变化时能观察得出指针的偏转，这样才能保证测量精度。当然，检流计过高的灵敏度也是不必要的，它会增加调整时的困难。

② 辅助电源 E_0 的稳定。由于电位差计是通过不同时的两次补偿比较后获得待测量大小的，所以标准分压器内电流 I_0 的不变性就成为保证测量精度的重要条件，这就要求辅助电源 E_0 稳定。实际测量时总是使两次补偿之间的时间间隔尽可能地短，即每作一次测量时，总是连贯地作两次补偿：先对标准电池 E_S 补偿（在成品要求上称为“电流标准化”），然后紧接着对待测量量 V_x 进行补偿，若要重复测量，仍需按此程序进行。

当注意到以上问题后，电位差计就能发挥它应有的测量精度。

本实验要求测量待测电源的电动势 ε_x。一般电源均有内阻 r，当用磁电式电压表直接并接在电源两端测量时（图 4），由于必须有电流通过电压表才能测量，故测得的仅是电源的端电压 $V=\varepsilon_x-Ir$，而不是待测电动势 ε_x。为此，可采用电位差计进行测量，因它不需要待测电源的电流，所以能准确地测量出电源的电动势值。

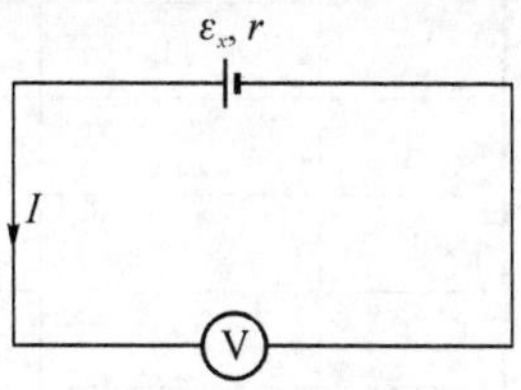

图 4　电源电动势及内阻

四、实验内容与步骤

① 按照图 3 线路自组简化的电位差计。（待测电源按“＋”、“－”极性接在图 3 的 V_x 处）；

② 使用自组的电位差计测量待测电源的电动势 ε_x。

使用图 3 所示的电位差计进行测量时，应注意：

a. 电阻箱 R_1、R_2 的总阻值可取整数值，如 $R_1+R_2=3\ \text{k}\Omega$ 或 $4\ \text{k}\Omega$ 等；

b. 在寻找补偿点时，R_1 与 R_2 应作互补调节，即 R_1 增加某量，R_2 必须减少相等的量，以保证 R_1+R_2 的总阻值不变。调整时，应根据检流计的指针偏转，从 R_1、R_2 的最高位开始逐级确定电阻箱的各位数值；

c. 重复测量时，为避免完全重复性测量会从心理上引诱到与前一次测量值完全吻合的可能，因此可稍许改变一下 R_1+R_2 的总和值，如第一次为 $3\ \text{k}\Omega$，则第二次可用 $4\ \text{k}\Omega$，只要电位差计的灵敏度足够高（在补偿点附近，当 R_1 或 R_2 的末位变化时，检流计指针有可以观察得出的偏转），那么，这种改变就被认为是允许的；

d. 有关标准电池的用法和注意事项，可查阅相关的仪器介绍和使用说明。

五、实验数据记录和处理

1. 仪器条件记录

名称	条件记录	
温度计	分度值：　　　　读数误差：	$t=$
标准电池	温度修正式：	$E_S=E_t=$
电阻箱	Δ计算式：	
检流计	型号：　　　　　　分度值：	

2. 电位差计测量电源电动势

（1）测量数据记录

次数	R_1+R_2	ε_x补偿		E_S补偿		$\varepsilon_x=\dfrac{R_1'}{R_2''}\cdot E_S$	$\bar{\varepsilon}_x$	σ_{ε_x}
		R_1'	R_2'	R_1''	R_2''			
	Ω	Ω	Ω	Ω	Ω	V	V	V
1								
2								
3								
4								

（2）待测电源电动势ε_x的测量结果

六、实验结论

七、观察与思考

① 从测量得到的数据，能否确定流经标准分压器内的电流I_0？能否定出该电位差计的量程？

② 在图 3 线路中，若待测电源的极性接反了，会出现什么现象？若$\varepsilon_x > E_0$，又将出现什么现象？此两现象完全一样吗？

③ 若要将自组电位差计上的读数改成对应的电压读数（例如 1 500 Ω 改成 1.500 0 V），以使当待测电压V_x实现补偿时能从电阻箱上直接读出电压值，需如何改进线路和制定怎样的操作规程？

实验十四　静电场描绘

在研究静电现象或电子束的运动规律时，经常需要了解带电体周围的电场分布状况，用计算方法求解静电场的分布一般比较复杂，因此，常用实验手段来研究或测绘静电场。由于静电场空间不存在任何电荷的运动，且探针的引入会因静电感应改变原来静电场的分布，所以不能简单采用磁电式仪表直接测量，而是用“模拟法”进行间接测量。模拟法本质上是用一种易于实现、便于测量的物理状态或过程模拟不易实现、不便测量的状态或过程，只要这两种状态或过程有一一对应的两组物理量，并且这些物理量在两状态或过程中具有形式基本相同的数学方程及边界条件即可。

一、实验目的

本实验通过模拟方法描绘平行柱状电极的静电场，并研究该电场的分布特点(电势分布和电场强度分布)。具体要求达到：

① 了解模拟法的特点；
② 掌握等电势间隔的测量方法和寻找等电势点的正确方法；
③ 能绘制出平滑的等势线和电场线；
④ 能根据所描绘的等势线分析电场分布特点；
⑤ 会计算电场中某小区域内的平均电场强度。

二、实验仪器

静电场描绘仪

三、实验原理

在静电现象的研究和技术应用中，经常需要确定带电体周围的电场分布，但用计算方法求解静电场分布比较复杂和困难，因此在精度要求不高的情况下，可采用实验测量的方法。

电场可用空间各点的电场强度 $\boldsymbol{E}$ 或各点的电势 U 来描述；为了形象化，也常用电场线或等势面来描绘电场的分布情况。电场线上任一点的切线方向就是该点电场的场强方向，而等势面则是由电场中电势相等的点所构成的曲面；电场线和等势面处处正交，它们是相互正交的线族或面族。

电场空间各点的电场强度 $\boldsymbol{E}$ 或和电势 U 满足关系式：

$$\boldsymbol{E}=-\frac{\mathrm{d}U}{\mathrm{d}\boldsymbol{n}}\cdot\boldsymbol{n} \tag{1}$$

式中 $\boldsymbol{n}$ 为等势面法线方向的单位矢量，指向电势升高的方向；$\mathrm{d}U/\mathrm{d}n$ 是电势在法线方向上的电势变化率。该式表明：场强矢量的大小等于电势的变化率，而方向指向电势降落的方向。电场强度 $\boldsymbol{E}$ 是矢量，电势 U 是标量，从实验的测量考虑，测定电势较之测定场强易于实现。在测定了电场中的电势分布后，由式(1)即可计算出电场强度的分布状况。本实验采用测定电势分布的方法来确定带电电极系统的电场分布。

然而，直接测量静电场中的各点电势仍是困难的，因为当接有测量仪器的探测体被引入到静电场中时，由于感应电荷的影响，将会改变原被测电场的分布。为此应采用模拟的方法进行间接测量。

由电磁场理论知道，在满足模拟的条件下，稳恒电流通过不良导体时所产生的电流场分布和静电荷在空间产生的静电场分布是完全相似的。实现带电电极系统在真空或空气中电场分布的模拟条件是：

① 所用电极系统应与被模拟的电极系统在几何形状上相似；

② 电流场的载流介质的电阻率分布应该是均匀的；

③ 电极的电阻率远远小于载流介质的电阻率；

④ 模拟所用的电极系统的边界条件和被模拟的电极系统的边界条件相同。

对于不同类型的电极系统应该根据这些模拟条件选择相应的模拟装置，选择的原则是电流场中的电流线分布和被模拟的静电场的电场线分布相似。

对于无限长直平行的柱状电极系统，它的电场线总是在垂直于柱的平面内，如图 1(a)，所以用来模拟它的电流场的电流线也要在这个平面内，因此可用二维的模拟装置来描绘该类电极系统的电场分布。本实验要求描绘的就是这种电极系统的电场。实验中的导电介质为一种均匀喷涂在玻璃板的导电氧化膜。当在导电膜上放上电极并接上电源后，导电膜中的电流线分布如图 1(b)，它和图 1(a)中所截平面内的电场线分布完全相似。

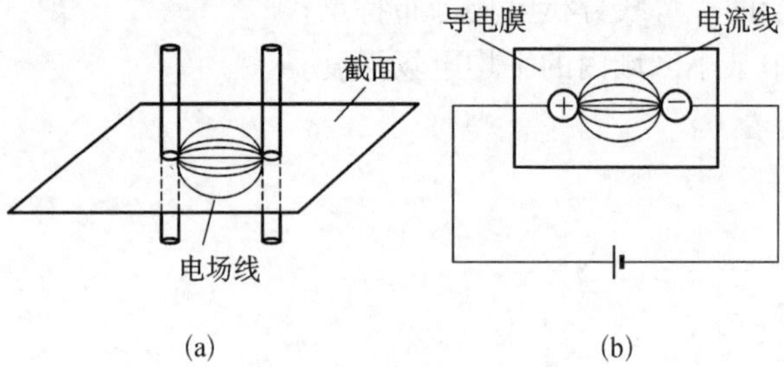

图 1　平行柱状电极系统的电场分布

电流场中的等势点可以用具有高内阻的电压表来寻找，如图 2。将相同电势的各点连接成的曲线就是一条等势线，不同电势的等势线构成一组等电势线族；根据电场线与等势线正交的原则，即可描绘出被模拟静电场中的电场线族。为了能使所作出的等势线族清晰地显示出电场的分布状况，可以做等电势间隔的线族，根据场强和电势的关系式可知，等势线稠密处电场强度大，而等势线稀疏处电场强度小。这样一幅电势分布图就能将电场分布清晰地显现出来了；根据式(1)，还可求出各点的电场强度 $\boldsymbol{E}$。由于测得的仅是具有分立电势的各条等势线，所以只能计算某点附近相邻两等势线间隔内的平均电场强度：

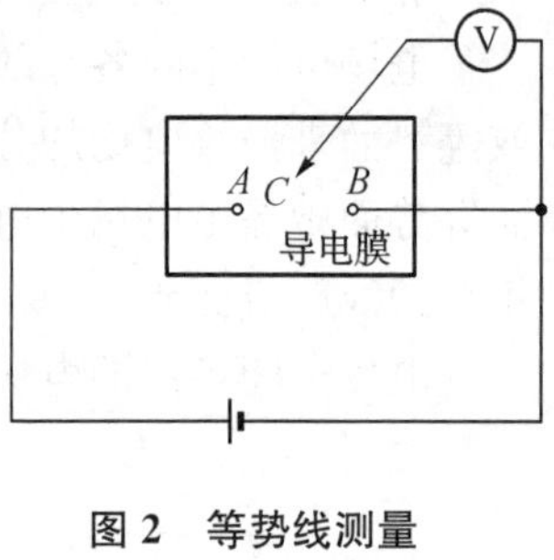

图 2　等势线测量

$$E = -\frac{\Delta U}{\Delta n} \cdot \boldsymbol{n} \qquad (2)$$

式中 Δn 为该点附近与两相邻等势线垂直的正交线段长度，其方向指向电势降落的方向。

四、实验内容与步骤

① 测定所给电极系统的等势线族。要求：

a. 相邻两等势线间的电势差 $\Delta U = 1$ V；

b. 观察等势线与导电介质边界的关系；

② 在记录纸上画出等势线族(包括电极)；以负电极为参考电势，标明各等势线的电势值，并画出 5～7 根对称的电场线；

③ 以电极中心连线为 x 轴，负电极外边缘为坐标原点，方向指向正电极，读出各等势线与 x 轴交点的位置坐标值，用坐标纸画出电极中心连线上的电势分布曲线；

④ 根据 $E = |\Delta U/\Delta x|$ 计算电极中心连线上相邻两电势间隔区域内的平均电场强度大小，并作电极中心连线上的电场强度分布曲线。

注意事项：

① 寻找等势点时，对探针落点的区域和走向应有预计；

② 探针应垂直于导电介质移动。

五、实验观测记录及数据处理

1. 仪器条件记录

(1) 电压表

分度值:________；读数误差:________；未定系统误差:________

(2) 米尺

分度值:________；读数误差:________；未定系统误差:________

2. 平行柱状电极的静电场描绘图

3. 电极中心连线上的电势分布

i	0	1	2	3	4	5	6	7	8
U_i(V)									
x_i(mm)									
	㊀(负极)								

i	9	10	11	12	13	14	15	16
U_i(V)								
x_i(mm)								
							⊕(正极)	

4. 电极中心连线上的电场分布

负电极范围：________________；电极内电场：$E=$ ____________

正电极范围：________________；电极内电场：$E=$ ____________

$\Delta x = x_{i+1} - x_i$(mm)							
$\Delta U = U_{i+1} - U_i$(V)							
$E = \vert \Delta U/\Delta x \vert$ (V/mm)							
$x = x_i + \Delta x\ /2$(mm)							

$\Delta x = x_{i+1} - x_i$(mm)							
$\Delta U = U_{i+1} - U_i$(V)							
$E = \vert \Delta U/\Delta x \vert$ (V/mm)							
$x = x_i + \Delta x\ /2$(mm)							

六、实验结论

七、观察与思考

① 电极与导电介质接触不良时会出现什么现象？

② 电源电压变化时对等势线形状有影响吗？

③ 所描绘的等势线是否对称？如何解释？

实验十五　交流电路中电压与电流相位关系的研究

交流电路中有电容和电感存在时，各元件上的电压和电路中的电流都会随着频率的变化而发生变化，电流和电压之间、各元件上的电压和电源电压之间的相位差也相应发生变化，这称作电路的频率特性，也称作稳态特性。电流、电压的幅值与频率的关系称为幅频特性；电流和电源电压之间以及各元件上的电压和电源电压之间的相位差与频率的关系称为相频特性。本实验研究的是交流电路中电压和电流的相频特性。

一、实验目的

本实验通过研究交流电压信号在 RC 串联电路上电压和电流之间的相位差 φ 与信号频率 f 的关系来探寻 $\tan\varphi$ 与 f 的函数关系。实验要求达到：

① 了解交流电路中电压与电流存在有相位之间的差异；

② 掌握用示波器测量两个正弦信号电压相位差的方法；

③ 掌握寻找物理量之间关系的过程和方法。

二、实验仪器

电容 C、电阻 R、电学实验板、函数信号发生器、示波器、导线。

三、实验原理

图 1 为电容 C 和电阻 R 的串联电路，当在其两端接上交流信号电压 V 时，电路中将有电流 I 通过。由于有电容 C 的存在，该电流虽与电压信号具有相同的频率，但它与电压信号可能不再同相位了。实验将证实它们之间确实存在有相位差，并进一步研究这种相位差与频率的关系。

由于 RC 是串联，所以流经 R 上的电流就是总电流 I，而电阻上的电压 V_R 和电流 I 任何时刻均由欧姆定律 $V_R = IR$ 确定，它们是同相位的，所以研究电压 V 和电流 I 的相位关系可以转化为研究两个电压 V 和 V_R 之间的相位关系。

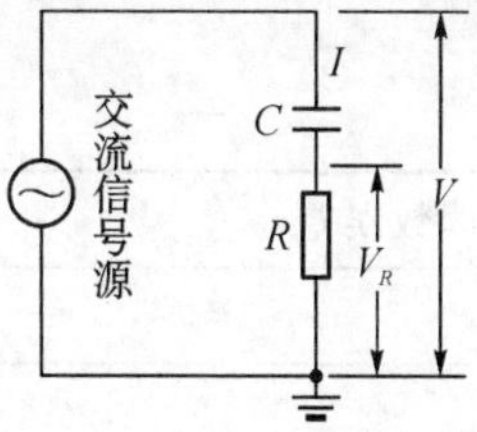

图 1　RC 串联电路

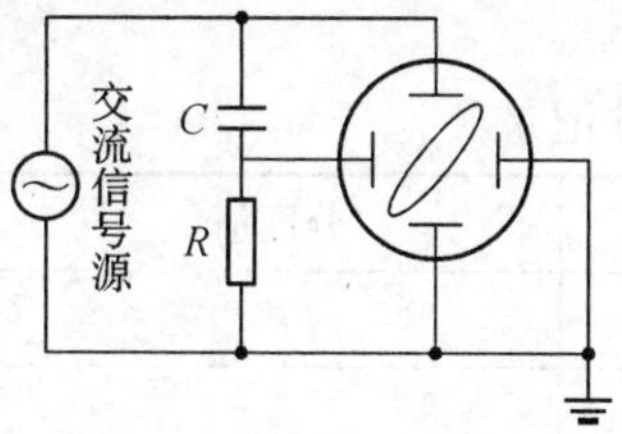

图 2　相位差 φ 测量电路

两个相同频率正弦电压信号的相位差可以用示波器进行测量，测量电路如图 2 所示，将总电压 V 接入示波器的 Y 轴；将电阻上的电压 V_R 接到示波器的 X 轴，若 V 和 V_R 的相位差不是 0 或 π，则合成的李萨如图形为椭圆。根据椭圆可以测量两个电压信号之间的相位差。

设荧光屏上光点在 X 和 Y 方向上的振动方程为：

$$X = D_X \sin(\omega t);\quad Y = D_Y \sin(\omega t + \varphi)$$

D_X、D_Y 分别为两信号光点位移振幅；但 $X = 0$ 时，$\omega t = k\pi$（k 为整数），则：

$$Y = D_Y \sin(k\pi + \varphi) = \pm D_Y \sin\varphi = \pm C_Y$$

由此得到：

$$\sin\varphi = C_Y/D_Y = (2C_Y)/(2D_Y) \tag{1}$$

$$|\varphi| = \arcsin\left(\frac{2C_Y}{2D_Y}\right) \tag{2}$$

所以，如图 3 所示只要在示波器的荧光屏上测量出 $2D_Y$（椭圆在 Y 轴上的最大投影）和 $2C_Y$（椭圆与 Y 轴两交点之间的距离），就可测得两个电压信号间的相位差的绝对值。

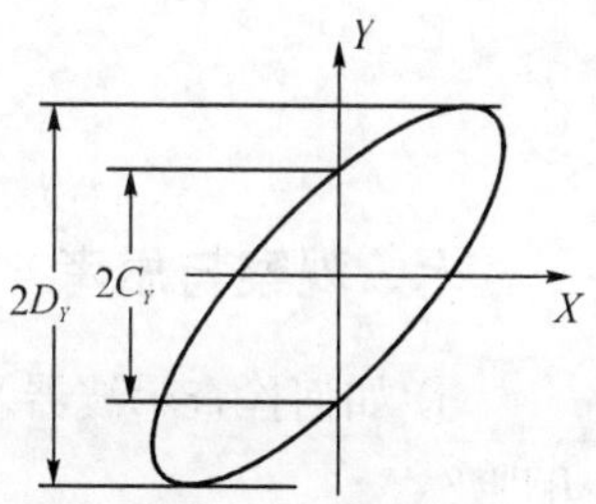

图 3　相位差的测量原理

实验将用上述方法观察证实交流电路中电压和电流确实存

在相位差 φ,并寻找相位差的正切 $\tan\varphi$ 随频率 f 的变化规律。

四、实验内容与步骤

① 查阅有关示波器和信号发生器的使用说明与介绍;

② 检查示波器自身 X、Y 通道是否有附加相位差;

③ 用示波器观察证实 RC 串联电路上电压和电流之间存在有相位差;

④ 根据 R、C 参数选择合适的频率 f 范围,在此范围内测量电压和电流之间的相位差 φ 与 f 的关系,作 $\tan\varphi$ 与 f 的关系曲线;

⑤ 选择 $y=a+bx$、$y=a+b/x$ 和 $y=a+b/x^3$ 函数形式进行拟合,要求用相关系数 r 来确定最终选择的函数形式。

五、实验观察记录与数据处理

1. 观察记录

① 示波器 X、Y 通道自身相位差的观察记录。

② RC 串联电路上电压和电流存在相位差的观察记录。

2. 测量记录

(1) 仪器条件记录

仪器	分度值	读数误差	未定系统误差 Δ
示波器屏幕标尺			
信号发生器			

(2) 测量数据记录

f(kHz)										
$2D_Y$										
$2C_Y$										
φ										
$\tan\varphi$										

3. $\tan\varphi$-f 的函数形式选择与确定

六、实验结论

七、观察与思考

① 如何检查示波器X、Y通道自身是否存在相位差?它与频率有关吗?它对测量有影响吗?

② $\tan\varphi$ 与 f 的关系与电阻 R 和电容 C 的乘积 RC(称时间常数)有什么关系?

③ 如何观测电容上的电压 V_C 和总电压 V 之间的相位差？

④ 如果电路为电阻 R 和电感 L 的串联电路，电压和电流会有相位差吗？

⑤ 如果实验中所用的电容 C 的损耗电阻不能忽略时，会出现什么现象？

实验十六 声速的测定

声波是一种在弹性媒质中传播的纵波，声波的波长、传播速度、强度是声波的重要性质。测量声速的最简单方法之一就是利用声速与其振动频率和波长之间的关系求出。本实验测量超声波在空气中的传播速度。超声波的频率在高于 20 kHz，它具有波长短、能定向传播等优点，在实际应用中，对于超声波测距、定位、测量液体流速、测量材料弹性模量、测气体温度瞬间变化等方面，超声波传播速度都有重要的意义。

一、实验目的

本实验利用压电换能器发射确定频率 f 的声波，用相位法测量声波在空气中的波长 λ，由 $v=f\cdot\lambda$ 测定声波的传播速度。实验要求达到：

① 了解压电换能器的工作原理和它的谐振频率；

② 会用示波器观察两个相同频率信号的相位差；

③ 在接收器移动过程中，能根据发射波和接收波的相位变化测量声波的波长；

④ 会用最小二乘法处理数据。

二、实验仪器

声速测定仪、函数信号发生器、示波器。

三、实验原理

声波在空气中是以纵波传播的，其传播速度 v 和声波的频率 f 与声波的波长 λ 之间有下列关系：

$$v = f\cdot\lambda \tag{1}$$

可见，只要能够测定声波的频率和它在空气中传播时的波长，就可以确定声波的传播速度。

1. 声波的发射——压电换能器

本实验为避免外界的干扰，声波采用超声频段的超声波。产生超声波的发射器最常见的是压电换能器。

压电换能器是根据某些晶体（如石英、钛酸钡等）具有的压电效应而制成的，如图 1 所示。当这些晶体（称压电体）受压或受到拉伸时，其表面会出现电荷而产生电压；反之，当给这些压电体的两个面上加上电压，压电体就会产生收缩或伸展。给压电体加上单一频率的交流电压信号，压电体将产生相同频率的机械振动，形成单一频率的声波振动源，从而在空气中激发出声波。振动物体都有自身的固有频率，它取决于振动物体的材料性质和几何尺寸。当加于压电体的信号频率等于压电体的固有频率时，就会产生机械共振，共振时振幅将达到最大值，如图 2 所示，此时发射的声波强度最强，这个频率称谐振频率 f_0，因此，在使用时应将电信号的频率调准在该压电体的谐振频率处。

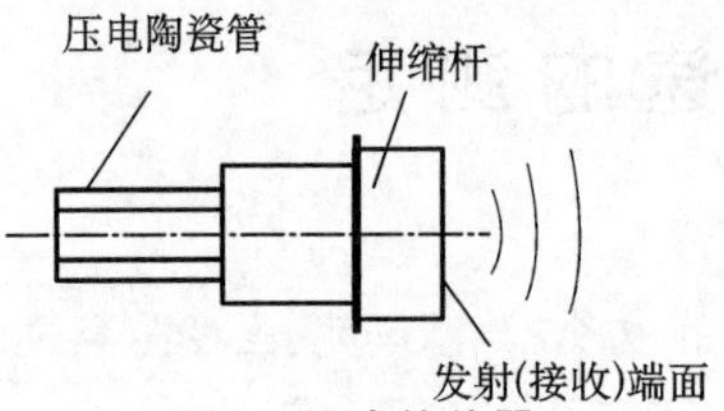

图 1　压电换能器

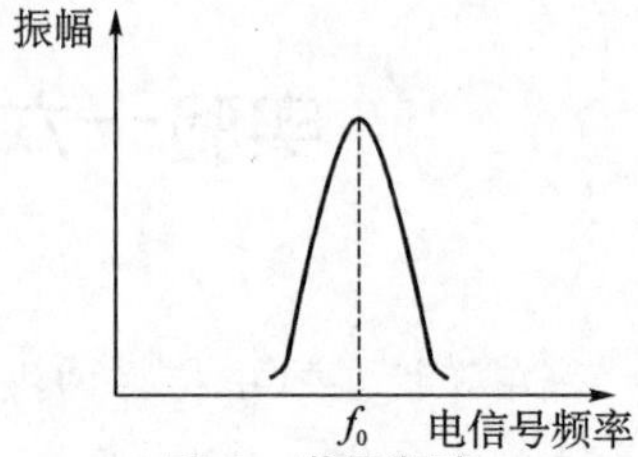

图 2　谐振频率

2. 声波的传播和检测

声源振动时，将带动周围的空气质点振动；振动体向前运动，使前面的空气变得稠密；振动体向后运动使前面的空气变得稀薄，空气就以波的形式将声源的振动向外传播开去。由于空气中的质点是沿着波的传播方向来回运动的，因此声波是纵波，波长是在波的传播方向上两个相邻相位差为 2π 的振动质点之间的距离。

在声波场中，沿波的传播方向空气质点呈周期性的疏密状态，这种疏密状态由声源不断地向外传播，而波长 λ 正好等于某一瞬间两相邻稠密（或稀疏）区域中心之间的距离。空气中质点的疏密周期性变化意味着在波的传播路径上各点的压强也周期性变化，质点稠密处压强高于未受扰动时的正常压强值，而稀疏处的压强则低于正常值，由此可见，纵波的传播相当于一个压强波的传播，而且压强波上相邻相位差为 2π 的两个点之间的距离就是该纵波的波长。

由于声波是压强波，所以可以用压电换能器进行检测。将具有与声波发射器相同谐振频率的压电体制成的检测器置于声波场中，接收端面上的压强变化将使压电体两极上产生同频率的电压信号，将该电压信号输入示波器即可观测其波形和大小。

3. 声波波长的测量

要测量有确定频率的声波波长 λ，必须测得声波传播路径上相位差为 2π 的相邻两个点之间的距离。本实验采用相位法，其装置如图 3 所示。

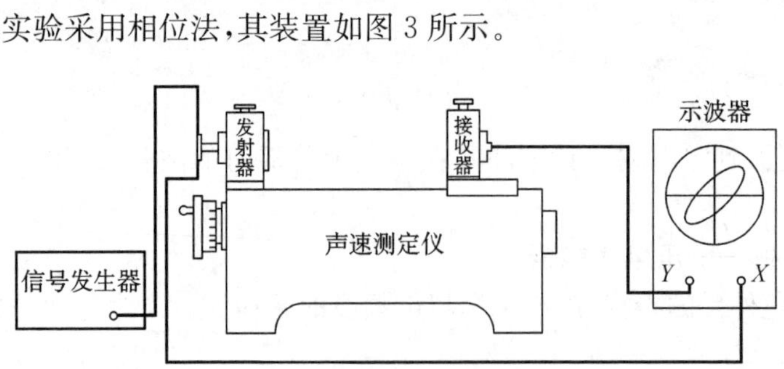

图 3　声速测定实验装置

将作为发射器的压电换能器接在信号发生器的输出端，频率调准在谐振频率处，它能发射近似平面波形的超声波；把另一作为声波检测(接收)器的压电换能器置于声波场中，它可沿声波的传播方向移动，将检测到的电压信号输入到示波器的Y轴，为了确定声波传播路径上各点之间的相位关系，将信号发生器的输出电压信号同时输入到示波器的X轴，以此作为观测相位变化的参考点。此时示波器X、Y轴上输入的是相同频率的电压信号，所以荧光屏上显示的将是两个相互垂直的同频率信号的合成图形。

设X轴上的电压信号为：

$$V_X = a\cos\omega t$$

在Y轴上检测到的电压信号为：

$$V_Y = b\cos(\omega t + \varphi)$$

式中a、b分别为两电压的振幅，$\omega = 2\pi f$为信号的圆频率；φ是检测到的电压信号相对于信号发生器电压信号的相位，它取决于检测器所在的位置。

消去两式中的参量t，得：

$$\left(\frac{V_X}{a}\right)^2 + \left(\frac{V_Y}{b}\right)^2 - \frac{2V_XV_Y}{ab}\cos\varphi = \sin^2\varphi \tag{2}$$

上式是椭圆方程，所以一般情况下在荧光屏上将描绘出一个椭圆。

当$\varphi = 2n\pi(n = 0, 1, 2\cdots)$时，$V_Y = (b/a)V_X$，荧光屏上描绘出一条1、3象限内的直线，如图4(a)所示；

当$\varphi = (2n+1)\pi/2(n = 0, 1, 2\cdots)$时，$(V_X/a)^2 + (V_Y/b)^2 = 1$，荧光屏上描绘出一个正椭圆，如图4(b)所示；

当$\varphi = (2n+1)\pi(n = 0, 1, 2\cdots)$时，$V_Y = -(b/a)V_X$，荧光屏上描绘出一条2、4象限内的直线，如图4(c)所示。

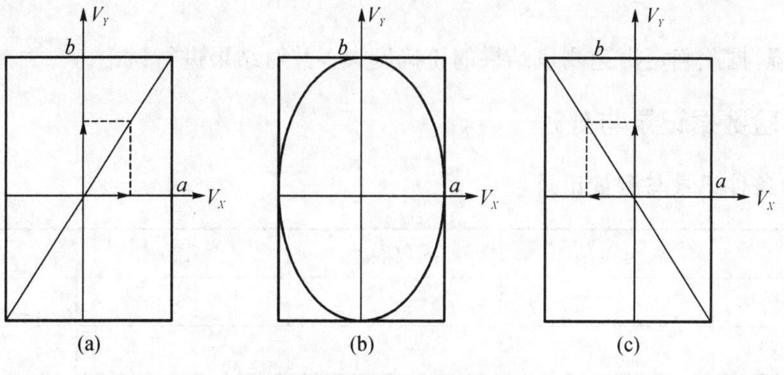

图4 荧光屏上显示的图形

由于检测到的电压信号V_Y相对于信号发生器的电压信号V_X的相位φ只取决于检测器所在的位置，所以当检测器由近到远移动时，φ将从$0 \to \pi/2 \to \pi \to 3\pi/2 \to 2\pi \to 5\pi/2\cdots$变化，荧光屏上的图形将从1、3象限直线→正椭圆→2、4象限直线→正椭圆→1、3象限直线→… 变化。当检测器从图形为1、3象限直线的位置移动到相邻的2、4象限直线的位置时，说明两位置处的质点振动的相位差为π，因此该两点的位置差正好是声波波长的二分之一

($\lambda/2$)。所以，只要测出荧光屏上呈直线图形时检测器所在的位置，就可以测得声波波长 λ，这就是相位法测波长的原理。

若以检测器在某一位置 L_0 时荧光屏上呈直线图形为测量的起点，当相对该点移动检测器并对每出现一次直线图形进行位置读数和计数时，检测器的位置读数 L 和计数 n 将有下列关系：

$$L = L_0 + \frac{\lambda}{2} \cdot n \tag{3}$$

即 L 与 n 为线性关系，该直线的斜率为 $\lambda/2$，因此实验可以通过 L 与 n 的函数关系测量来确定波长 λ（注意：$n=0$ 时的读数 L_0 也是一个测点）。

根据调定的频率 f 和测得的波长 λ，由式(1)即可测定声波的传播速度 v。

四、实验内容与步骤

① 应查阅有关示波器和信号发生器的仪器介绍及说明书；

② 按照图 3 装置连接仪器；

③ 将信号发生器的频率调到压电换能器的谐振频率处（约为 40 kHz），并记录；

④ 观察检测器移动过程中检测到的电压信号 V_Y 和信号发生器电压信号 V_X 之间的相位变化，记录观察的现象，并作分析；

⑤ 用相位法测定声波的波长 λ。要求每改变 π 相位测一个点。用 $n\pi$ 的 n 作横坐标，对应的检测器的位置 L 为纵坐标，作 L-n 图线，并用最小二乘法处理数据；

⑥ 根据声波的频率 f 和测得的声波波长 λ，计算声波的传播速度 v；

⑦ 测量室温 t(℃)，用下式计算室温下的声速理论值：

$$v_t = 331.450 \times \sqrt{1 + \frac{t}{273.15}}\,(\mathrm{m/s}) \tag{4}$$

式中 t 为室温，据此确定声速测量结果的正确度 A_0，并对结果进行讨论。

五、实验数据记录与处理

1. 仪器条件记录与测量记录

仪器	分度值	读数误差	Δ	测量值
声速测定仪游标				/
信号发生器				
温度计				

2. 波长的测量

(1) 测量数据记录

测量序数 i	n	L_i(mm)	$L_{i+1}-L_i$(mm)
1			

（续表）

测量序数 i	n	L_i(mm)	$L_{i+1}-L_i$(mm)
2			
3			
4			
5			
6			
7			
8			
9			
10			

（2）计算机 $y=a+bx$ 最小二乘法数据处理

（y 表示：____________；x 表示：____________；$b=$____________）

① 计算结果记录：

$a=$ $U_a=$

$b=$ $U_b=$

② a、b 的结果表示：

（3）λ 的计算及测量结果

3. 频率 f 的测量结果

4. 声速 v 的测量结果

5. 声速的理论值计算

$$v_t = 331.450\times\sqrt{1+\frac{t}{273.15}} \quad (\mathrm{m/s})$$

6. 声速的测量正确度 A_0 和结果的一致性讨论

$$A_0=\frac{|v-v_t|}{v_t}\times 100\%$$

六、实验结论

七、观察与思考

① 如何判断压电换能器的固有频率？若信号发生器频率未调准在该固有频率处，能否测定声速？

② 用相位法测量声波波长时，为什么用直线而不用各种椭圆作为检测器移动了 $\lambda/2$ 距

离的判据?

③ 是否可根据荧光屏上的椭圆测出 V_Y 和 V_X 之间的相位差?如果可以,试逐点测量检测器在不同位置处 V_Y 和 V_X 之间的相位差变化(在一个波长范围内进行)。

④ 是否有其它的方法测量声波的波长?如果有,不妨试一试。

实验十七　霍尔元件测磁场

霍尔效应是霍尔(Hall)于 1879 年在研究载流导体在磁场中受力的性质时发现的。它是电磁基本现象之一,利用此现象制成的各种霍尔元件,特别是各种测量元件,广泛应用于工业自动化和电子技术。由于霍尔元件面积可以做得很小,所以可用它来测量某点和缝隙中的磁场,还可利用这一效应来测量半导体中载流子浓度和判别载流子的极性等。

一、实验目的

本实验用霍尔元件测量螺线管中部的磁感应强度 B,验证长直螺线管内部的磁感应强度 B 和激磁电流 I_M 的理论关系式。通过实验要求达到:

① 掌握验证物理理论关系式的过程和方法;

② 理解霍尔效应的产生机理及用霍尔元件测量磁场的原理和方法;

③ 理解实验中产生的附加电压及其消除方法。

二、实验仪器

螺线管磁场测定组合仪。

三、实验原理

1. 长直螺线管内部的磁场

由毕奥-萨伐尔定律推导可得真空中载流长直螺线管内部的磁感应强度为:

$$B = \mu_0 n I_M \tag{1}$$

式中,μ_0 为真空磁导率,n 为螺线管单位长度上的线圈匝数,I_M 为通过螺线管的励磁电流强度。该式表明,当螺线管绕成之后,管内部的 B 与 I_M 成正比。

本实验将通过测量不同电流情况下螺线管内部的 B 来验证该理论关系式。验证的内容包括:① 测量值 B 和 I_M 的线性相关程度(用相关系数 r 来衡量);② 由 B-I_M 关系求出真空磁导率 μ_0,并比较与物理常数 $\mu_0 = 4\pi \times 10^{-7}\,\mathrm{T \cdot m \cdot A^{-1}}$ 的符合程度(用误差分析来判断)。因为电流 I_M 可用电流表来测量,所以本实验的关键在于测量螺线管内部的磁感应强度 B。

2. 霍尔效应及其在磁场测量中的应用

测量磁场的方法不少,但以霍尔效应为机理的测磁场的元件因结构简单,体积小,测量速度快等优点而得以广泛应用,本实验就是采用霍尔元件来测量螺线管内部的磁感应强度的。

1879 年，霍尔在研究载流导体在磁场中的受力性质时，用一通电薄条，并在电流的垂直方向加一磁场，结果发现在与电流和磁场都垂直的方向上会出现一个电场，这一新的电磁效应被称为霍尔效应。

霍尔效应实质上是运动电荷在磁场中受到洛伦兹力的作用后发生偏转而产生的。如图 1 所示，电子在洛伦兹力 $\boldsymbol{f}_B = -e\boldsymbol{v} \times \boldsymbol{B}$ 的作用下将聚积到下端面 b 上，使 b 面带负电荷，而在 a 面上将出现等量的正电荷，如此，在 a、b 面之间就形成了一个电场 $\boldsymbol{E}$，该电场对电子的作用力 $\boldsymbol{f}_E = -e\boldsymbol{E}$，$\boldsymbol{f}_E$ 与 $\boldsymbol{f}_B$ 反向，开始时，$f_E < f_B$，电子继续向 b 面聚积，于是电场继续加大，直至 $f_E = f_B$，a、b 两面的电荷不再增加，两面间建立起一个稳定的电场（建立时间约为 $10^{-12} \sim 10^{-14}$ s）。此时，a、b 间的电势差即为霍尔电压 V_H。

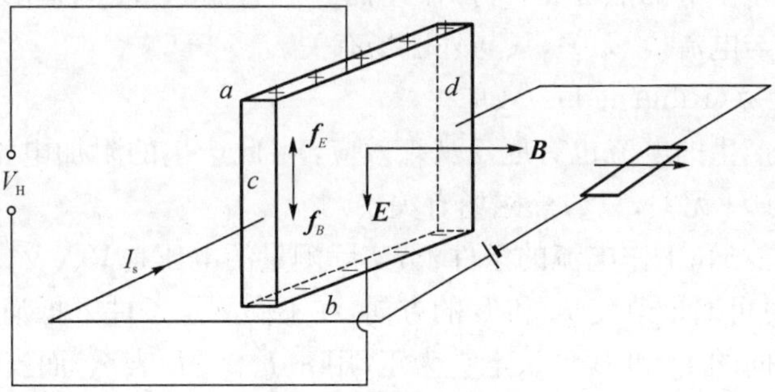

图 1　霍尔效应的产生

实验和理论都可以证明霍尔电压 V_H 与磁感应强度 B 及工作电流 I_S 成正比，即：

$$V_H = K_H \cdot I_S \cdot B \tag{2}$$

式中 K_H 与通电薄条的材料性质和几何尺寸有关，称霍尔元件的灵敏度。霍尔当时是用金属材料发现该效应的，但金属的灵敏度太低，一直未取得实际的应用，1948 年后，随着半导体技术的发展才找到了霍尔效应显著的材料。本实验所用的霍尔元件采用半导体材料锗制成。

根据上式，若 K_H 已知，在确定工作电流 I_S 后，只要测得霍尔电压 V_H 就可确定霍尔元件所处位置的磁感应强度 B：

$$B = \frac{V_H}{K_H \cdot I_S} \tag{3}$$

3. 霍尔电压的测量

从前面的阐述可以看到对磁感应强度 B 的测量问题已转化成对霍尔电压 V_H 和对霍尔元件上通过的工作电流 I_S 的测量。在实验中 I_S 的量值保持不变，所以 V_H 的正确测量成为实验的关键。

实验时，实际测量所得的电压并非 V_H，还包括其他因素带来的附加电压，应当设法消除。

(1) 不等势电压

由于制造工艺上的原因，a、b 面上引出电压的两根引线可能不在 I_S 电流场的同一等势面上，因此在没有外磁场的情况下，两引线之间已存在有电压 V_0，它与外磁场 B 无关，仅与 I_S 的方向有关。

(2) 厄廷豪森(Ettinghausen)效应

霍尔电压达到一个稳定值 V_H，主要是因为 $f_E = f_B$，从微观来看，速度 v 的载流子达到动态平衡，但从统计的观点可知，霍尔元件中速度大于 v 和速度小于 v 的载流子也还存在。因此速度大于 v 的载流子因 $f'_B > f_B$，大部分聚集在 b 面，而速度小于 v 的载流子因 $f''_B < f_B$，大部分聚集在 a 面，由于快速电子具有较大的能量，因此 b 面的温度高，a 面的温度低。由温差而产生电压 V_E，这种现象称为厄廷豪森效应，它不仅与外磁场有关，而且与 I_S 也有关。

(3) 能斯脱(Nernst)效应

在 c 和 d 两个面上接出引线时，不可能做到接触电阻完全相同。因此，当电流 I_S 通过不同接触电阻时会产生不等的焦耳热，并因温差而产生电流，使 a、b 面附加一个电压 V_N，这就是能斯脱效应。V_N 与电流 I_S 无关，只与外磁场有关。

(4) 里记-勒杜克(Rihgt-leduc)效应

由能斯脱效应产生的电流也有厄廷豪森效应，由此产生的附加电压 V_{RL}，称为里记-勒杜克效应，V_{RL} 也与 I_S 无关，只与外磁场有关。

因此，在确定磁场和工作电流的条件下，实际测量的电压是 V_N、V_0、V_E、V_N、V_{RL} 5个电压的代数和。测量时可通过改变 I_S 和 B 的方向，在不同测量条件下抵消某些因素的影响。例如首先任取某一方向的 I_S 和 B 且认定它为正，用 $+I_S$、$+B$ 表示，而当改变 I_S 和 B 的方向时就为负，用 $-I_S$、$-B$ 表示，测量条件与测量结果如下：

当 $+I_S$、$+B$ 时测得电压：$V_1 = V_H + V_0 + V_E + V_N + V_{RL}$；

当 $-I_S$、$+B$ 时测得电压：$V_2 = -V_H - V_0 - V_E + V_N + V_{RL}$；

当 $+I_S$、$-B$ 时测得电压：$V_3 = -V_H + V_0 - V_E - V_N - V_{RL}$；

当 $-I_S$、$-B$ 时测得电压：$V_4 = V_H - V_0 + V_E - V_N - V_{RL}$；

从上述结果中消去 V_0、V_N 和 V_{RL} 得到

$$V_H = \frac{1}{4}(V_1 - V_2 - V_3 + V_4) - V_E \tag{4}$$

一般 $V_E \ll V_H$，在误差范围内可以忽略 V_E，所以：

$$V_H = \frac{1}{4}(V_1 - V_2 - V_3 + V_4) \tag{5}$$

实验将通过测量螺线管通以不同励磁电流 I_M 条件下的霍尔电压来验证长直螺线管内部磁感应强度 B 和励磁电流 I_M 的理论关系式。

四、实验内容与步骤

① 仔细阅读仪器的使用说明和介绍。

② 正确连接实验仪器，检查并调节霍尔探头位于螺线管的中部。

③ 在霍尔元件工作电流 $I_S = 5$ mA 的条件下，测量 $I_M = 0 \sim 800$ mA 范围内的 I_M 与 V_H 的关系，计算 B，并作 B 与 I_M 的实验图线(每隔 100 mA 测一点)。

④ 令 $y = B$, $x = I_M$，用 $y = a + bx$ 作最小二乘法线性回归，要求：① 用相关系数 r 说

明 B 与 I_M 之间的线性相关程度；② 通过求得的斜率因子计算 μ_0，并与公认值进行比较。

注意事项：

① 正确连线，决不允许将"I_M 输出"接到"I_S 输入"或"V_H 输出"处，否则一旦通电，霍尔元件即遭损坏；

② 仪器开机和关机前，应将 I_S、I_M 输出调节旋钮旋至输出最小状态方可开机或切断电源；

③ 螺线管励磁电流 I_M 不能超过 1 A，否则线圈会发热影响测量，而且线圈不能长时间通电，以免烧坏螺线管线圈。

五、实验观察记录及数据处理

1. 仪器条件记录

（1）霍尔元件灵敏度

$K_H =$ ____________；$\Delta K_H =$ ____________

（2）螺线管参数

单位长度上线圈的匝数 $n=$____________匝/米；

$\Delta_n =$ __________ 匝/米；总长 $L =$ ____________。

（3）霍尔元件位置

标尺分度值：________；读数误差：________；位置：____________

（4）霍尔元件工作电流

$I_S =$ ______ mA

2. B-I_M 关系测量数据记录

i	I_M (mA)	V_1(mV) $+I_S, +B$	V_2(mV) $-I_S, +B$	V_3(mV) $+I_S, -B$	V_4(mV) $-I_S, -B$	$V_H=\frac{1}{4}(V_1-V_2-V_3+V_4)$ (mV)	$B=\frac{V_H}{K_H \cdot I_S}$ (T)

3. 最小二乘法处理及实验结果

六、实验结论

七、观察与思考

① 用现有的实验仪器测得螺线管中部的磁感应强度 B 与 $B=\mu_0 n I_M$ 结果有何差别？能修正吗？

② 能否测量螺线管内轴向磁场分布情况，并定出螺线管的长度？

③ 如何观察 a、b 面上引出的不等势电压？它与工作电流有关系吗？

实验十八　凸透镜焦距的测量

在近轴区域内，成像光束和光轴的夹角很小，球面透镜的成像规律为：

$$\frac{1}{S_0}+\frac{1}{S_i}=\frac{1}{f} \tag{1}$$

式中 S_0 为物距，S_i 为像距，f 为透镜的焦距。当透镜的厚度与其焦距相比很小时，称透镜为薄透镜；在满足此条件下，物距 S_0、像距 S_i 和焦距 f 均如图 1 所示的那样可从透镜中心处算起，正、负方向如图 1 中所示。由成像公式可知，焦距 f 是透镜的一个重要参数，实验可根据该式通过物、像之间的关系来确定凸透镜的焦距 f。

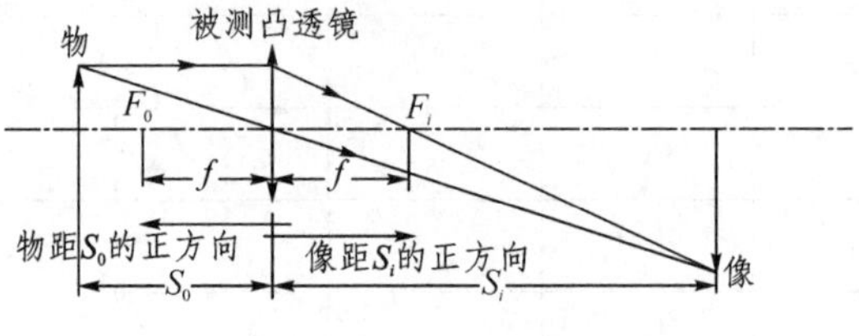

图 1　透镜成像规律

一、实验目的

本实验运用透镜的成像规律，用自准法和贝塞尔法测量凸透镜的焦距。实验要求达到：

① 理解所用测量方法的原理、光路和特点；

② 掌握非接触式测量长度时的调整要求和技能；

③ 能正确计算和表示测量结果，当用两种方法测量同一透镜时会进行一致性讨论。

二、实验仪器

光具座(包括带米尺的导轨和装接各光学元件的滑块与支架)、光源、物屏、像屏、平面反射镜、待测透镜 。

三、实验原理

1. 自准法

如图 2(a)所示,当一束平行于光轴的光(相当于发光点在无穷远处,即 $S_0 \to \infty$)通过凸透镜后,由成像公式可知其 $S_i = f$,即这束光将会聚在透镜的焦点 F 处;反之,若将光源放在焦点 F 处,则光通过透镜后将成为平行光,这就提供了一种测量凸透镜焦距的简单方法。如图 2(b)所示,在透镜一侧垂直光轴放置一块平面反射镜 M,若光源正好位于透镜另一侧的焦点处,则将从透镜射出一束平行光束,该平行光束被平面反射镜 M 反射后返回透镜,并通过透镜后会聚在焦点 F 处,此时光源至透镜中心的距离便是该透镜的焦距 f,这就是自准法测量透镜焦距的基本原理。

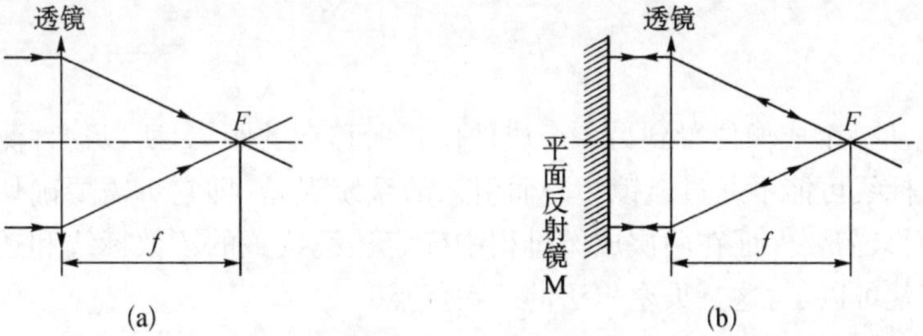

图 2　自准法原理图

但实验通常不采用点光源,而是采用一个被照明的有特殊图形的物屏作为“光源”。本实验采用如图 3(a)所示的三个透光三角形的毛玻璃作为实验的“光源”(其背面用灯照明);当该物屏位于透镜的焦平面上时,按自准法原理其像必定也在该焦平面上,而且由图 3(b)光路图可看出,所成的像是倒像。由此可见,当物屏与透镜间的距离调整到正好为透镜的焦距 f 时,物屏上将出现图 3(c)的图形,利用这种物、像同在一个平面上且呈倒像的测量透镜焦距的方法称为自准法。由于它可以用来鉴别物屏是否已位于透镜的焦平面上,所以它不仅可用于测量透镜的焦距,而且在光学实验和仪器调整中有着广泛的应用。

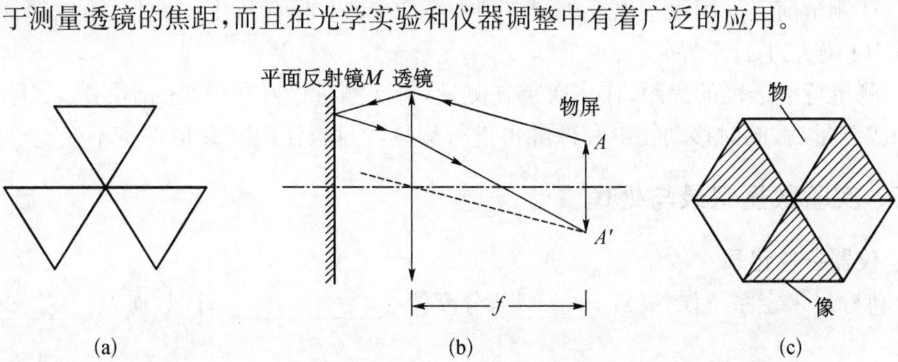

图 3　实验用光源及光路示意图

2. 贝塞尔法(两次成像法)

应用透镜成像关系式，通过测量物距 S_0 和像距 S_i 便可测定透镜的焦距 f；但实际测量往往不采用直接测量物距、像距的方法，因为这样必须先确定出透镜中心的位置，这是不容易做到的；贝塞尔法可以简便地克服这种困难。该方法的光路如图 4 所示。

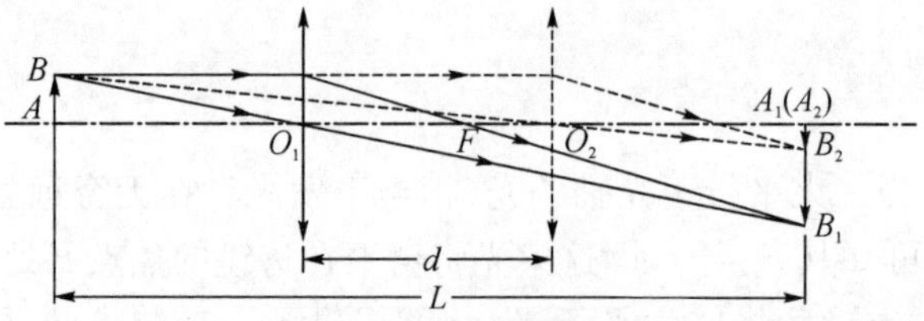

图 4　贝塞尔法原理图

当物、像间距离 $L > 4f$ 时，在 O_1、O_2 处满足成像关系式，在 O_1 位置成放大的像（$A_1B_1 > AB$），在 O_2 处成缩小的像（$A_2B_2 < AB$）设 O_1、O_2 之间距离为 d，则透镜的焦距 f 为：

$$f = \frac{L^2 - d^2}{4L} \tag{2}$$

式中 d 是透镜从一个成像位置到另一个成像位置所移动的距离，所以这种测量方法消除了透镜上的读数标线可能不通过透镜中心而引入的系统误差，即它不需要确切知道透镜中心在什么位置，而只需要保证在两次成像过程中确定透镜位置的读数标线和透镜中心之间的偏离保持不变就可以了，这是贝塞尔法的一大优点。

四、实验内容与步骤

1. 自准法测量透镜的焦距

① 将所需光学器件放置在导轨上，使其中心等高，并尽量保持与导轨垂直。

② 测量待测透镜的焦距。首先应调整到物、像中心重合，然后作多次重复测量，每次测量最好在导轨的不同位置上进行。

2. 贝塞尔法测量透镜的焦距

① 将所需光学器件放置在导轨上，使其中心等高，并尽量保持与导轨垂直。

② 在测量前应采用逐次逼近法调整到大小像中心位于像屏上同一位置，以保证物中心与透镜中心连线平行于导轨。

③ 测量待测透镜的焦距，作多次重复测量，每次测量最好在导轨的不同区段上进行，即完成一次测量后，同时移动物屏和像屏再进行测量，但物、像距离 L 应保持不变。

五、实验数据记录与处理

1. 仪器条件记录

导轨标尺未定系统误差 Δ：________；分度值：____________；读数误差：____________

2. 自准法测量透镜焦距

(1) 测量数据记录

i	物屏位置(cm)	像屏位置(cm)	焦距 f_i(cm)	$\overline{f}_{自}$(cm)	σ_f(cm)
1					
2					
3					
4					
5					
6					

(2) 透镜焦距的自准法测量结果

$$U_{f_{自}}=\sqrt{\sigma_f^2+\Delta_f^2}= \quad ; \quad E_{f_{自}}=\frac{U_{f自}}{\overline{f}_{自}}\times 100\%=$$

(3) 焦距的测量结果表示

$$f_{自}= \qquad ;E_{f_{自}}=$$

3. 贝塞尔法测量透镜焦距

(1) 测量数据记录

i	物屏位置(cm)	像屏位置(cm)	L(cm)	透镜位置 1(cm)	透镜位置 2(cm)	d(cm)	$\overline{d}$(cm)	σ_d(cm)
1								
2								
3								
4								
5								
6								

* 每次测量时物屏、像屏位置应改变,但 L 应保持不变

(2) $f_{贝}$ 的计算和结果表示

$$U_L= \quad ; \quad U_d=\sqrt{\Delta_d^2+\sigma_d^2}=$$

① $f_{贝}$ 的计算式:$f_{贝}=\dfrac{L^2-d^2}{4L}=$

② 不确定度传递式:

$$\frac{\partial f_{贝}}{\partial L}=\frac{L^2+d^2}{4L^2}=$$

$$\frac{\partial f_{贝}}{\partial d}=-\frac{d}{2L}=$$

$$U_{f_{贝}}=\sqrt{\left(\frac{\partial f}{\partial L}\right)^2 U_L^2+\left(\frac{\partial f}{\partial d}\right)^2 U_d^2}=$$

$$E_{f_{贝}}=\frac{U_{f_{贝}}}{f_{贝}}\times 100\%=$$

③ $f_{贝}$测量结果表示

$$f_{贝}= \qquad\qquad ;\quad E_{f_{贝}}=$$

4. 两种方法测量结果的一致性讨论

六、实验结论

七、观察与思考

① 自准法测焦距时，物、像中心不重合，如何进行调节？

② 平面反射镜位置对成像有影响吗？（在见到像后，大幅度改变平面反射镜位置，观察有何现象？）

③ 自准法测焦距会有哪些可能的系统误差？有没有消除的方法？

④ 贝塞尔法测焦距时，若物中心与透镜中心连线未调至和导轨平行，则如图 5 所示大小像中心必不重合，由于在屏上能见到的只有大像中心和小像中心，所以调整的方法不外乎是小像中心向大像中心靠拢，或相反。试试这两种方法，根据现象判断哪种方法是正确的，并说明理由。

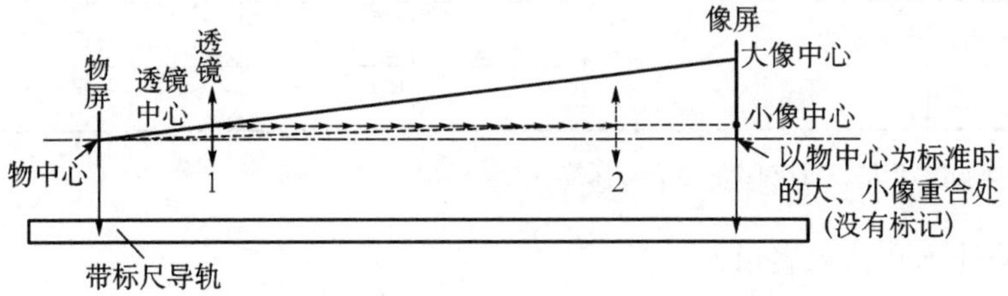

图 5　贝塞尔法光路调整

⑤ 若大、小像中心已重合，为什么只是说明物中心和透镜中心的连线平行于导轨，而不能说明透镜的光轴平行于导轨？试转动透镜支架观察。

⑥ 为什么物、像屏之间距离 $L>4f$ 时，透镜才有两个成实像的位置，$L=4f$ 和 $L<4f$ 时会有什么现象？

⑦ 实像是否一定要用屏才能观察得到？

实验十九　牛顿环干涉法测量球面透镜的曲率半径

牛顿环，又称“牛顿圈”。在光学上，牛顿环是一种等厚干涉现象，是一些明暗相间的同心圆环。例如用一个曲率半径很大的凸透镜的凸面和一平面玻璃接触，在日光灯下或用白光照射时，可以看到接触点为一暗点，其周围为一些明暗相间的彩色圆环；而用单色光照射时，则表现为一些明暗相间的单色圆环。这些圆环间的距离不等，随着离中心点的距离增加而逐渐变窄。

一、实验目的

本实验利用光的等厚干涉所形成的牛顿环来测量球面透镜(平凸透镜)的曲率半径。通过实验要求达到：

① 理解等厚干涉形成牛顿环的机理及测量透镜曲率半径的方法；

② 会用读数显微镜进行等厚干涉条纹的观察并能正确地调节与使用；

③ 掌握消除读数显微镜空回误差的方法；

④ 会用最小二乘法处理数据。

二、实验仪器

牛顿环装置、钠光灯、读数显微镜。

三、实验原理

当一个曲率半径很大的平凸透镜与平面玻璃接触时，两者之间就形成了一个空气间隙层，如图1所示。

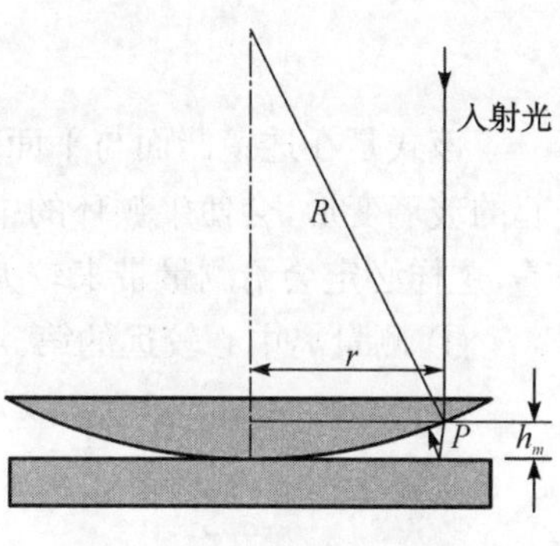

图1　牛顿环干涉原理图

间隙层的厚度从中心接触点到边缘逐渐增加。若有一束单色光垂直的入射到平凸透镜上，则空气间隙层上下两表面反射的两束光存在光程差，它们在平凸透镜的凸面上相遇时就会产生干涉现象。在透镜的凸面的曲率半径 R 很大时，空气间隙层厚度很小，因而在透镜凸面上 P 点处相遇的两反射光线的几何光程差为该处空气间隙层厚度 h_m 的两倍，即 $2h_m$；又因这两条光线中的一条来自光密媒质面上的反射，即空气层的下表面，这时有一半波损失，另一条光线来自光疏媒质面上的反射，没有半波损失，它们之间有一附加的“半波长程差”；因此，在 P 点处的两相干光的总程差为：

$$\Delta_m = 2h_m + \frac{\lambda}{2} \tag{1}$$

光程差 Δ_m 随空气间隙层厚度 h_m 而改变，相同厚度处光程差相同，干涉的形态亦相同，

图 1 情况下的干涉形态必定是以接触点为圆心的一组同心圆环，如图 2 所示，称之为牛顿环，它是一种等厚干涉现象。

由光的干涉原理知道，当光程差等于半波长的奇数倍时，两光相遇点处的干涉结果将为暗点。由此可知，牛顿环各暗环应出现在由下式确定的位置处：

$$\Delta_m = 2h_m + \frac{\lambda}{2} = (2m+1)\frac{\lambda}{2} \quad (m=0,\ 1,\ \cdots) \tag{2}$$

即：$h_m = m\left(\frac{\lambda}{2}\right)$ 处$\Big($第 m 级暗环位于空气间隙层厚度为$h_m = m\left(\frac{\lambda}{2}\right)$ 的透镜表面处$\Big)$。

同理，牛顿环中的各亮环应满足光程差等于波长的整数倍，即：

$$\Delta_m = 2h_m + \frac{\lambda}{2} = m\lambda \quad (m=0,\ 1,\ 2,\ 3,\ \cdots) \tag{3}$$

因此，在空气间隙层厚度为 $h_m = m(\lambda/2) - \lambda/4$ 处将出现亮环。

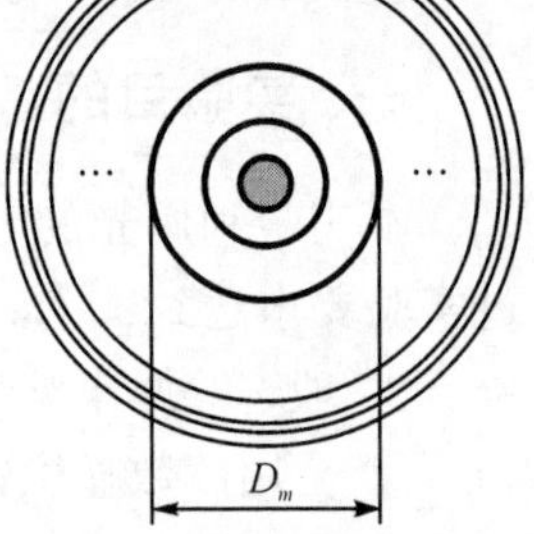

图 2　牛顿环

由以上分析，牛顿环是如图 2 所示的明暗相间的一组同心圆环。而且，在本实验中，能测量的量也只有这些干涉环的直径 D_m，所以需建立 D_m 和平凸透镜曲面曲率半径 R 之间的关系。因实验一般采用测量干涉暗环的直径，故下面只对暗环进行讨论。

从图 1 可见，干涉环的半径 $r_m(D_m = 2r_m)$ 与 R 和 h_m 有关系式：

$$R^2 = r_m^2 + (R - h_m)^2 \tag{4}$$

即：$r_m^2 = 2h_mR - h_m^2$，因 $R \gg h_m$，可略去微小项h_m^2，得到$r_m^2 = 2h_mR$。将满足暗环的间隙层厚度$h_m = m\lambda/2$ 和 $D_m = 2r_m$ 代入，即得：

$$D_m^2 = 4mR\lambda \tag{5}$$

该式是在透镜凸面与平面玻璃理想点接触情况下得到的，但实际上由于接触压力所引起的玻璃变形，会使牛顿环的中心呈圆斑形的接触状态，使实际的干涉半径与理想的半径不等，这样必定会给测量带来较大的系统误差，解决的方法可以有两种：

① 测量离中心较远的第 m 级和第 n 级的干涉环直径 D_m 和 D_n，由式：

$$R = \frac{D_m^2 - D_n^2}{4(m-n)\lambda} \tag{6}$$

来测量曲面的曲率半径 R，以减弱和消除这种面接触所引起的系统误差。

② 在空气间隙层的边缘作适当的垫高，以使平凸透镜与平面玻璃在中心处刚好不接触，这就从根本上消除了由接触压力引起误差的根源。但此时，如图 3 所示，多了一段附加的厚度 h_0（图中夸大了，h_0 应是波长数量级），因而此时的光程差应该为：

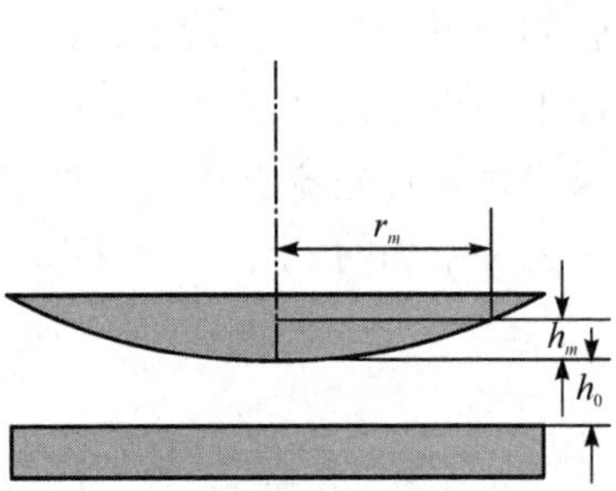

图 3　垫高后的牛顿环空气层厚度

$$\Delta_m = 2h_m + 2h_0 + \frac{\lambda}{2} \tag{7}$$

对于暗条纹：

$$\Delta_m = \frac{(2m+1)\lambda}{2}$$

则：

$$h_m = -h_0 + \frac{m\lambda}{2} \tag{8}$$

由此前已计算得到的 $h_m = r_m^2/(2R)$ 代入，可得：

$$r_m^2 = -2Rh_0 + R\lambda \cdot m \tag{9}$$

写成直径 D_m 的关系式：

$$D_m^2 = -8Rh_0 + 4R\lambda \cdot m \tag{10}$$

本实验即采用此种方法，用读数显微镜测量牛顿环的直径 D_m，然后通过 D_m^2 与 m 的线性关系拟合，从所得斜率中确定待测量量 R，波长 λ 是由钠光灯发射的单射光 $\lambda = 5.893 \times 10^{-7}\,\text{m}$，$\Delta_\lambda = 0.003 \times 10^{-7}\,\text{m}$。

由待测曲率半径 R 的平凸透镜和平面玻璃组成的牛顿环装置如图 4 所示，转动调节螺丝可改变凸面和平面的接触状况。调节时，应注意：一是不可旋得过紧，以两面刚好不接触为佳(边缘已有垫高物)；二是应使干涉环出现在装置的中心部位。

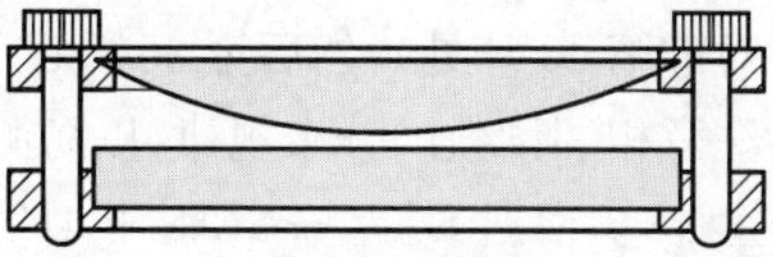

图 4　牛顿环装置

由于干涉条纹位于空气间隙层的玻璃表面处，所以必须用显微镜观察；为了能测量干涉环的直径，实验使用图 5 所示的读数显微镜。

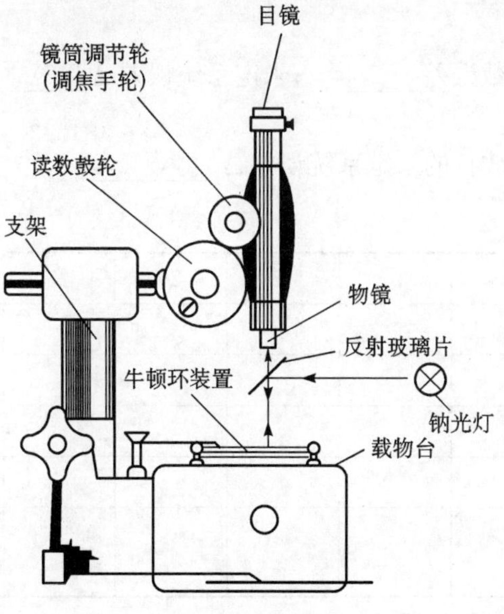

图 5　读数显微镜

测量前，应进行下列调整：

1. 光路调整：先调节读数显微镜鼓轮使显微镜镜筒位于标尺中央；然后在载物台上放牛顿环装置于物镜下，调节反射玻璃片的倾角，使钠光灯发出的光通过反射玻璃片能垂直入射到牛顿环装置上，此时目镜视场内为最亮。

2. 显微镜调焦：它包括①调节目镜看清十字叉丝线；②调节调焦手轮，使镜筒自最低位置(调节前应从侧面观察，预先将镜筒调到靠近牛顿环装置处)缓缓向上运动，直到观察到清晰的牛顿环为止。

3. 中心对准：移动牛顿环装置使牛顿环中心与十字叉丝线交点重合，旋转牛顿环装置使显微镜视场的圆边缘正好与某一级牛顿环干涉条纹重合(不论暗环或明环)；经如此调节后，才可用叉丝线交点来测量干涉环的直径。

四、实验内容与步骤

① 正确调节实验装置；

② 每隔 5 环测一个点，至少应测 8 个暗环的直径(环有一定宽度，暗环指该宽度的中心处)。

由于读数显微镜测量机构中的螺纹间隙会产生空回误差，所以测量时，十字叉丝线必须同方向靠拢待测点。干涉环的直径是环在直径方向上两点的位置差，为避免测各环直径时显微镜镜筒来回运动，建议先移到左(或右)边第 40 环(为避免空回误差应稍过 40 环后返回对准第 40 环处)，然后第 35、30、…至第 5 环，过中心后第 5、10、…至第 40 环，测量过程中注意相邻读数的分布规律，以防测读错误。

③ 根据 $D_m^2 = -8Rh_0 + 4R\lambda m$，以 D_m^2 为 y，m 为 x 作 $y = a + bx$ 线性拟合，从所得的斜率 b 中确定 R 的测量结果，并作 $D_m^2 - m$ 关系图线，观察其线性情况。

五、实验数据记录和处理

1. 仪器条件记录

(1) 读数显微镜

分度值________；读数误差________；未定系统误差 Δ ________

(2) 钠光波长

波长 λ __________；波长的未定系统误差 Δ_λ __________

2. 测量数据记录

m		5	10	15	20	25	30	35	40
位置读数(mm)	左								
	右								
直径 D_m(mm)									
D_m^2(mm^2)									
$D_{m+5}^2 - D_m^2$(mm^2)									—

3. $y=a+bx$ 拟合的计算机计算结果

（y 表示：　　　；x 表示：　　　；$b=$　　　　　）

（1）计算结果记录

$r=$

$a=$　　　　　　　　$U_a=$

$b=$　　　　　　　　$U_b=$

（2）计算结果表示

$$a \pm U_a =$$

$$b \pm U_b =$$

$$E_b = \frac{U_b}{b} \times 100\% =$$

4. 球面透镜曲率半径 R 的计算和测量结果

（1）R 的计算式

（2）R 的不确定度传递式及计算

（3）R 的测量结果

六、实验结论

七、观察与思考

① 牛顿环是如何形成的？其分布有何特点？

② 如用白光（复色光）照射，牛顿环将如何？

③ 若读数显微镜的叉丝线交点未通过干涉环的圆心，实际测量的是圆环的弦长，对 R 的测量结果有影响吗？

④ 能否确定实验所用读数显微镜的空回误差大小？

⑤ 由于平凸透镜和平面玻璃之间已作了垫高，从中心开始看到的第一个暗环可能已是第 n 级暗环，但测量时仍认为它 $m=1$，这对实验结果有影响吗？

实验二十　衍射光栅

衍射光栅是利用光的衍射原理使光波发生色散的光学仪器。它由大量相互平行、等宽、等距的狭缝（或刻痕）构成。以衍射光栅为色散元件组成的摄谱仪和单色仪是物质光谱分析的基本仪器之一。光栅衍射原理也是晶体 X 射线结构分析和近代频谱分析和化学信息处理的基础。

一、实验目的

本实验通过对光栅光谱衍射角的研究来验证光栅方程。实验要求达到：

① 理解光栅衍射原理与特点，并掌握验证物理理论关系式的过程和方法；

② 懂得分光仪及光栅的调节要求和方法；

③ 认识光栅光谱的分布规律，并能正确判别衍射光谱的级次；

④ 能在分光仪上正确测量衍射角，并据此验证光栅方程。

二、实验仪器

分光仪、光栅、水银灯。

三、实验原理

衍射光栅是用光的衍射原理制成的一种分光元件，它能将含有各种波长的复色光在空间上按波长展开，因此可用它来研究复色光的组成波长，或从空间某一位置上获得所需波长的单色光。

图1是这种光栅的示意图，它由 N 个相互平行、等宽、等距的狭缝(或刻痕)构成。设光栅上透光的狭缝宽度为 a，相邻两狭缝不透光部分宽度为 b，则 $d=a+b$ 称为光栅常数，光栅常数的倒数代表了单位长度内具有的狭缝数目。

图1　光栅示意图

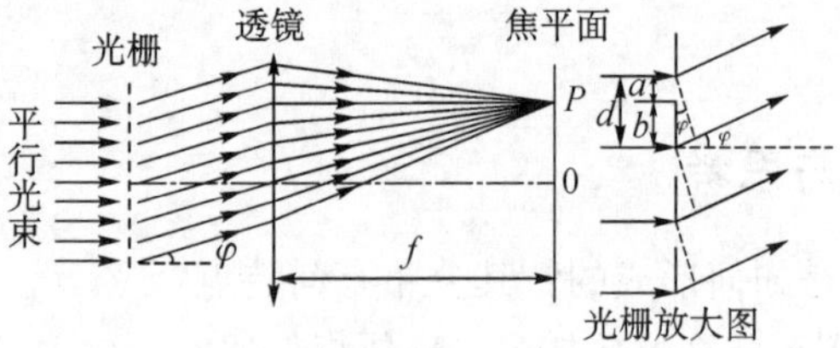

图2　光栅衍射

当一束平行光垂直照射到光栅面时，在每一透光狭缝处将产生衍射，因而出现了偏离原传播方向的光线；由各狭缝出射的与光栅面法线夹角为 φ 的 N 条光线通过透镜后必将会聚在透镜的焦平面的 P 点处，并在该处产生相干叠加，如图2所示，自相邻两狭缝出射的 φ 角方向上的衍射光的光程差为：

$$\Delta=(a+b)\sin\varphi=d\sin\varphi \tag{1}$$

式中 φ 称衍射角，当 φ 满足条件：

$$d\sin\varphi=\pm K\lambda(K=0,\ 1,\ 2,\ \cdots) \tag{2}$$

时，任意两相邻狭缝乃至 N 个狭缝在此 φ 角方向上的波长为 λ 的衍射光的光程差正好是波长 λ 的整数倍。当它们在焦平面上相遇时产生相干加强，光强达到极大，形成该波长的一条亮纹。不同波长的光通过光栅后，形成亮纹的衍射角 φ 不同，所以在透镜焦平面上各波长亮纹的位置不同，这就是光栅的分光原理，式(2)称为光栅方程式。

光栅方程式中的 K 称为光栅光谱的级数，它表明两相邻狭缝在 φ 角方向上的衍射光之间的光程差是波长的 K 倍。当 $K=0$ 时，$\varphi=0°$，因任何波长都满足极大条件，所以在该处将出现复色光的亮条纹，称中央零级条纹，它没有分光作用；当 $K=1$ 时，对某一波长 λ 而言，它可以在 $+\varphi$ 和 $-\varphi$（以光栅面法线为准，一侧为正，另一侧为负）两个方向满足两相邻狭缝出射的衍射光的光程差正好是一个波长 λ，因而在中央零级亮条纹的两侧对称位置第一次出现该波长 λ 的亮纹，称它为该波长 λ 的一级亮纹。各波长的光都有自己的一级亮纹，只是由于 λ 不同，出现的位置不同，但都是在中央零级亮纹两侧对称地第一次出现，这些第一次出现的各波长的亮纹统称第一级光栅光谱。依此类推，对于 K 的每一个其他值，对应的将是对称分布于中央零级亮纹两侧的第 K 次出现的两组亮纹，相应地称它们为第 K 级光谱。

由光栅方程可以知道，通过测量已知波长的衍射角便可确定光栅常数 d；反之，已知光栅常数后，便可通过测量光的衍射角来确定其光波波长 λ。所以在使用光栅时，光栅方程是一个重要的关系式。本实验就是要通过实验来验证该光栅方程式，以判明上述的理论分析是否正确。

要验证光栅方程，可将光栅方程式改写为：

$$\sin\varphi=\frac{\lambda}{d}\cdot K \tag{3}$$

对一定的光栅和确定的波长，λ/d 是常数，$\sin\varphi$ 与 K 应是正比关系。实验可测出水银光谱中的某一波长（如 $\lambda=5\ 460.7\times10^{-10}\ \text{m}$ 的绿光）的光栅光谱级数与其对应衍射角的正弦 $\sin\varphi$ 之间的相互关系，用最小二乘法处理数据，判断它们之间的线性程度（用相关系数 r 来衡量），然后再求出斜率因子，通过已知的波长 λ 计算光栅常数 d，用误差分析的方法来说明它与实验室给出的光栅常数 d_0 的符合程度，从而得到光栅方程的验证结果。

光栅的衍射角在分光仪上进行测量。要使测量正确，仪器调整必须满足以下条件：①要有一束平行光垂直入射光栅平面；②光栅的透光狭缝应与分光仪的主轴平行，以保证衍射角所在平面与仪器刻度盘平行；③确定衍射光束角度的望远镜能够接收平行光。

为实现上述三个条件，只能用分光仪上的望远镜来建立标准，即：首先使望远镜能接收平行光，然后使望远镜光轴垂直于分光仪主轴；以此为标准，调节平行光管出射平行光，并将之垂直入射到光栅平面上；最后通过观察光栅光谱的方法来调整衍射角所在平面与刻度盘平行。

仪器装置的调整，前半部分属于"分光仪的调整"内容，后半部分则属于光栅的调整。光栅有两个调整要求：①平行光垂直入射到光栅平面上；②衍射角平面与刻度盘平行。为使该两项调整减小相互牵连，可将光栅按图 3(a)所示放置在载物台上，图中 a、b、c 为载物台面的水平调节螺丝，光栅的调整思路如下：

① 先将望远镜光轴转动到与平行光管光轴平行的位置，然后转动载物台，并调节螺丝 a 和 b，用自准法调节光栅平面的法线与望远镜光轴平行，从望远镜中能看到光栅平面的"十"形反射像与"≠"形叉丝的上交点重合，且零级亮纹同时与叉丝的竖线重合，如图 3(b)所示，此时平行光就垂直入射光栅平面了。

② 在完成以上调节后，转动望远镜观察各级光谱，若各条光谱的中点都能通过叉丝的中点，则说明衍射角平面已与刻度盘平行，否则，应调节螺丝 c 以实现这一要求。

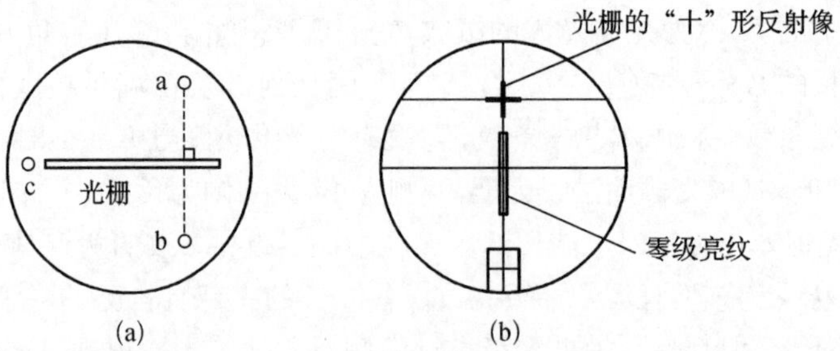

图 3 光栅的放置及调节判据

以上两项调节应反复多次，直到两要求均得到满足后方可进行测量。

四、实验内容与步骤

① 应查阅有关分光仪的结构、调整和使用的资料。

② 对分光仪和光栅进行调整，以满足原理和测量的要求，并记录所观察到的现象。

③ 测量水银光谱中波长 $\lambda = 5\,460.7\times10^{-10}$ m(绿光)的各级衍射角 φ，作 $\sin\varphi$-K 图线。

④ 令 $y=\sin\varphi$，$x=K$，对 $y=a+bx$ 作最小二乘法线性回归，要求：① 用相关系数 r 说明 $\sin\varphi$ 与 K 之间的线性相关程度；② 通过求得的斜率因子计算光栅常数 d；并与实验室给出的值 d_0 进行比较讨论；③ 对 a 的合理性进行讨论。最后作出验证结论。

五、实验观察记录及数据处理

1. 仪器条件记录

(1) 分光仪

分度值=________；读数误差=______；未定系统误差 Δ=__________。

(2) 入射光波长：λ=______________；

(3) 实验室给出的光栅常数

d_0=________________________。

2. 光栅光谱衍射角测量记录

级数 K	读数窗	光谱位置 φ'	0 级光谱位置 φ''	位置差 $\varphi=\varphi'-\varphi''$	无偏心差衍射角 φ	$\sin\varphi$
	A					
	B					
	A					
	B					
	A					
	B					
	A					
	B					
	A					
	B					
	A					
	B					

3. 最小二乘法处理结果及实验结论

根据测量关系式 $\sin\varphi = \dfrac{\lambda}{d}\cdot K$，令 $y=\sin\varphi$，$x=K$，用 $y=a+bx$ 作最小二乘法线性拟合，并讨论：① 相关系数 r；② 光栅常数 d 与 d_0 的比较；③系数 a 值的合理性。

六、实验结论

七、观察与思考

① 能观察到几级光谱？各级光谱有何特点？如何解释？
② 是否有其他的方式来验证光栅方程式？
③ 光栅透光缝与仪器转轴不平行时会出现什么现象？据此现象能得出什么结论？
④ 不同波长的各级光谱是否会有重叠的现象？
⑤ 平行光管狭缝的宽度和取向对光栅光谱有何影响？
⑥ 光栅面不通过仪器的转轴对实验有影响吗？
⑦ 若平行光不垂直入射光栅面，光栅光谱有何规律？
⑧ 平行光在光栅表面反射时会出现什么现象？
⑨ 光栅光谱中有最小偏向角现象吗？（可转动放置光栅的载物台进行观察，入射光方向与衍射光方向之间的夹角为光线的偏向角）。

设计性实验简介(力学)

力学一　耦合摆的研究

自然界中普遍存在着相互作用的振动系统，如电学中电容和电感耦合起来的振荡回路、固体晶格中相邻原子的振动模式以及光子和声子耦合产生的电磁耦合场等。相互作用将使振动系统呈现丰富的运动学行为，对此进行研究是非常必要的。

本实验是以一种力学耦合摆作为研究对象，实验装置是由两个同样重、无阻尼的振动摆（每个摆只有一个自由度），中间用很薄的弹簧片相连组成。实验通过对力学摆振动特性的研究，来确定两摆的耦合程度；通过简正振动观察“拍”的现象，测量简正振动的周期。

参考书目：

[1]（美）费恩曼，莱顿，桑兹. 费恩曼物理学讲义[M]. 新千年版第1卷. 上海：上海科学技术出版社，2013.
[2] 吴建宝，张朝民，刘烈，等. 大学物理实验教程[M]. 北京：清华大学出版社，2013.

力学二　受 迫 振 动

在振动过程中，振动系统不可避免地会与周围介质发生相互作用而不断损失能量，故其振幅随时间增加而逐渐减小，这称为阻尼振动。如果振动系统受到一个周期性的外力（矩）作用，此振动系统可因能量不断得到补充而持续不衰地进行振动，这种振动称为受迫振动。

本实验采用波耳共振仪，测量摆轮做阻尼振动时的阻尼系数；研究摆轮做受迫振动时的幅频特性和相频特性。

参考书目：

[1] 曹正东，李佛生. 大学物理实验[M]. 上海：同济大学出版社，2011.
[2] 黄水平. 大学物理实验[M]. 北京：机械工业出版社，2012.
[3] 王少杰，顾牡，王祖源. 大学物理学（下）[M]. 上海：同济大学出版社，2013.
[4] 吴建宝，张朝民，刘烈，等. 大学物理实验教程[M]. 北京：清华大学出版社，2013.

力学三　多普勒效应综合实验

当波源与接收器之间有相对运动时，接收器接收到的波的频率与波源发出的频率不同，这种现象称为多普勒效应。远方急驶过来的火车鸣笛声变得尖细(即频率变高,波长变短),而离我们而去的火车鸣笛声变得低沉(即频率变低,波长变长),就是多普勒效应的现象。

本实验通过测量超声接收器运动速度与接收频率之间的关系,验证多普勒效应;并利用多普勒效应测量物体运动过程中多个时间点的速度,根据物体在运动过程中的速度变化情况,研究水平简谐振动,测量简谐振动的周期。

参考书目:

[1] 吴建宝,张朝民,刘烈,等. 大学物理实验教程[M]. 北京:清华大学出版社,2013.

[2] 上海交通大学物理教研室. 大学物理(下)[M]. 上海:上海交通大学出版社,2014.

[3] 王庆飞,姚玉钦. 普通物理学[M]. 西安:西北工业大学出版社,2007.

力学四　利用旋转液体测定重力加速度

在力学创建之初,牛顿的水桶实验就发现,当水桶中的水旋转时,水会沿着桶壁上升。旋转的液体其表面形状为一个抛物面,可以利用抛物面的几何特性测量重力加速度;另外还可以通过旋转液体测定抛物液面的焦距,得到焦距与旋转液体角速度的关系。

本实验利用旋转液体的抛物液面对激光束的反射来测定重力加速度。

参考书目:

[1] 黄水平. 大学物理实验[M]. 北京:机械工业出版社,2012.

[2] 吴建宝,张朝民,刘烈,等. 大学物理实验教程[M]. 北京:清华大学出版社,2013.

力学五　空气密度与气体普适常数的测定

空气密度是非常重要的物理量,许多精密测量都要考虑空气阻力、浮力的影响,这就牵涉到空气密度的测量。另外,在质量、压力、流量等的测量中以及在空气成分分析、监测大气污染时常常要测量空气密度。

本实验利用抽真空法测量环境空气的密度;并从理想气体状态方程出发,推导出变压强下气体普适常数的表达式,利用逐次降压的方法测出气体压强与总质量的关系,求得气体普适常数。

参考书目:

[1] 沈元华,陆申龙. 基础物理实验[M]. 北京:高等教育出版社,2003.

[2] 吴俊芳. 热学・统计物理[M]. 西安:西北工业大学出版社,2011.
[3] 李军建,王小菊. 真空技术[M]. 北京:国防工业出版社,2014 .
[4] 吴建宝,张朝民,等. 大学物理实验教程[M]. 北京:清华大学出版社,2013.

设计性实验简介（热学）

热学一　稳态法测量不良导体的导热系数

导热系数是表征物质热传导性质的物理量。材料结构的变化与所含杂质的不同对材料导热系数数值都有明显的影响，因此材料的导热系数通常需要由实验去具体测定。

测量导热系数的实验方法一般分为稳态法和动态法两类。在稳态法中，先利用热源对样品加热，样品内部的温差使热量从高温向低温处传导，样品内部各点的温度将随加热快慢和传热快慢的影响而变动；若适当控制实验条件和实验参数使加热和传热的过程达到平衡状态，则待测样品内部可能形成稳定的温度分布，根据这一温度分布就可以计算出导热系数。而在动态法中，最终在样品内部所形成的温度分布是随时间变化的，如呈周期性的变化，变化的周期和幅度亦受实验条件和加热快慢的影响，与导热系数的大小有关。

本实验应用稳态法测量不良导体（橡皮样品）的导热系数，学习用物体散热速率求传导速率的实验方法以及温度传感器的应用。

参考书目：

[1] 吴建宝，张朝民，刘烈，等. 大学物理实验教程[M]. 北京：清华大学出版社，2013.
[2] 丁益民，徐扬子. 大学物理实验[M]. 北京：科学出版社，2008.
[3] 张丹海，洪小达. 简明大学物理[M]. 3 版. 北京：科学出版社，2015.

热学二　液体比汽化热的测量

物质由液态向气态转化的过程称为汽化，液体的汽化有蒸发和沸腾两种不同的形式。不管是哪种汽化过程，它的物理过程都是液体中一些热运动动能较大的分子飞离表面成为气体分子，而随着这些热运动较大分子的逸出，液体的温度将要下降，若要保持温度不变，在汽化过程中就要供给热量。通常定义单位质量的液体在温度保持不变的情况下转化为气体时所吸收的热量称为该液体的比汽化热。液体的比汽化热不但和液体的种类有关，而且和汽化时的温度有关，因为温度升高，液相中分子和气相中分子的能量差别将逐渐减小，因而温度升高液体的比汽化热减小。

物质由气态转化为液态的过程称为凝结，凝结时将释放出在同一条件下汽化所吸收的相同的热量，因而，也可以通过测量凝结时放出的热量来测量液体汽化时的比汽化热。

本实验要求学生学习集成线性温度传感器的定标方法，熟悉其精确测温的实验过程并测量水的比汽化热。

参考书目：

[1] 吴建宝，张朝民，刘烈，等. 大学物理实验教程[M]. 北京：清华大学出版社，2013.
[2] 杨述武，赵立竹，沈国土. 普通物理实验(力学、热学部分)[M]. 北京：高等教育出版社，2007.

热学三　热效应实验

热效应实验主要利用帕尔帖器件的温差电效应实现热电转换。为了模拟热学教材中具有无限大热池和无限大冷池的理论热机，帕尔帖器件的一端通过向冷池加冰保持低端温度不变，另一端利用加热器电阻保持热端温度稳定。

热效应实验包括热机和热泵实验。当作为热机时，来自热端的热量被用来做功，即有电流流过负载电阻变为焦耳热，通过仪器显示的数据可以得到热机的实际效率和理论最大效率。当作为热泵时，将热量从冷端传到热端，可以计算得到热泵实际性能系数和理论最大系数。

本实验要求学生理解热机和热泵的原理，了解热机(热泵)实际效率远低于理论效率的原因，学会计算热机(热泵)的调整效率。

参考书目：

[1] 吴建宝，张朝民，刘烈，等. 大学物理实验教程[M]. 北京：清华大学出版社，2013.
[2] 刘永胜，朱晨. 物理学[M]. 3 版. 北京：清华大学出版社，2015.
[3] 曹烈兆，周子舫. 热学、热力学与统计物理(上册)[M]. 2 版. 北京：科学出版社，2014.

热学四　固体线胀系数测定

绝大多数物质具有“热胀冷缩”的特性，这是由于物质内部分子热运动加剧或减弱造成的。这个性质在工程结构的设计中，在机械和仪表的制造中，在材料的加工(如焊接)中都应考虑到，否则，将影响结构的稳定性和仪表的精度。考虑失当，甚至会造成工程结构的毁损、仪表的失灵以及加工焊接中的缺陷和失败等。

固体材料的线膨胀是材料受热膨胀时，在一维方向上的伸长。线胀系数是选用材料的一项重要指标，在研制新材料中，测量其线胀系数更是必不可少的。

本实验通过固体线胀系数测定仪测定不同金属材料的线膨胀系数，要求学生掌握使用千分表和温度控制仪的操作方法；分析影响测量精度的因素。

参考书目：

[1] 吴建宝，张朝民，刘烈，等. 大学物理实验教程[M]. 北京：清华大学出版社，2013.

[2] 丁益民,徐扬子. 大学物理实验[M]. 北京:科学出版社,2008.
[3] 王云才,杨玲珍. 大学物理实验教程[M]. 4 版. 北京:科学出版社,2016.

热学五　空气比热容比 C_p/C_V 的测定

物质的比热容比是该物质的定压比热容(C_p)与定容比热容(C_V)之比 γ,也称为绝热系数,在热力学过程特别是绝热过程中是一个很重要的参数。γ 值的确定有多种方法,包括绝热膨胀法、振动法与共振法,还有声速法等,本实验利用振动法。

本实验通过测定空气的定压比热容与定容比热容之比,要求学生了解气体自由度与比热容比的关系。

参考书目:

[1] 吴建宝,张朝民,刘烈,等. 大学物理实验教程[M]. 北京:清华大学出版社,2013.
[2] 刘永胜,朱晨. 物理学[M]. 3 版. 北京:清华大学出版社,2015.
[3] 王云才,杨玲珍. 大学物理实验教程(第 4 版)[M]. 北京:科学出版社,2016.

热学六　高温水蒸气压的测量

蒸气的压力称为该温度下该液体的饱和蒸气压,简称蒸气压。1 摩尔的液体,在一定的温度下汽化所需的热量称为该温度下的摩尔汽化热。液体汽化时系统处于气相和液相平衡共存状态,蒸气压的常用测量方法有静态法、动态法等。

本实验采用静态法观察水在高温下压力随温度变化的情形并利用压力与温度的关系,测定水的汽化热及水在一个大气压下的沸点。

参考书目:

[1] 吴建宝,张朝民,刘烈,等. 大学物理实验教程[M]. 北京:清华大学出版社,2013.
[2] 汪志诚. 热力学·统计物理[M]. 5 版. 北京:高等教育出版社,2013.

设计性实验简介(电学)

电学一　*RC* 串联电路的稳态过程

如果给 *RC* 串联电路加上正弦交流电压信号，经历一段暂态过程，电路中的电流和每个元件上的电压便稳定下来，此状态称为稳态。在电子电路设计中，常需要 *RC* 串联电路来改变输入正弦信号和输出正弦信号之间的相位差。本实验采用电压法、李萨如图形法和示波器双踪轨迹法，分别测量 *RC* 串联电路的相移，探究正弦信号相移与频率规律并加强示波器的综合应用。

参考书目：

[1] 吴建宝，张朝民，刘烈，等. 大学物理实验教程[M]. 北京：清华大学出版社，2013.
[2] 沈元华，陆申龙. 基础物理实验[M]. 北京：高等教育出版社，2003.

电学二　*RC* 串联电路的暂态过程

RC 串联电路在接通或断开直流电源的瞬间，相当于受到阶跃电压的影响，电路会从一个稳定态转变到另一个稳定态，这个转变过程称为暂态过程。*RC* 串联电路的暂态特性在电子电路中有许多用途，在电路中可起到延迟、积分、耦合、隔直等作用。

本实验研究 *RC* 串联电路在充、放电过程中 V_C 和 V_R 的变化规律。选取合适的参数，定量观测描绘 *RC* 串联电路的三种不同充电、放电 V_C 和 V_R 的暂态的实验曲线。暂态变化快慢是由电路中各元件的量值和时间常数或半衰期特性参数决定的。本实验根据 V_C 和 V_R 的暂态的实验曲线，测量半衰期 $T_{1/2}$ 计算时间常数 τ。

参考书目：

[1] 沈元华，陆申龙. 基础物理实验[M]. 北京：高等教育出版社，2003.
[2] 吴建宝，张朝民，刘烈，等. 大学物理实验教程[M]. 北京：清华大学出版社，2013.

电学三　*RLC* 串联电路暂态过程的研究

电路在接通或断开的短暂时间内，电路从原来的稳定状态变到另一个稳定状态，这个过程称为暂态过程。暂态过程一般很短,但在这个过程中出现的某些现象却非常重要。例如,供电设备开关操作过程中,可能出现比稳态时大数十倍的电压或电流,从而严重威胁电气设备和人身的安全;在电子电路中,常利用暂态特性来改善波形或产生某些特定波形,因此,暂态过程的研究应用受到人们广泛关注。

本实验研究 *RLC* 串联电路在阶跃电压(或称方波讯号)作用下,电容上电压随时间变化的规律。通过对 *RLC* 电路暂态过程的不同参数研究,观测 *RLC* 串联电路的三种不同阻尼振荡波形,测量电路的弱阻尼振荡周期、时间常数和临界阻尼电阻。

参考书目:

[1] 吴建宝,张朝民,刘烈,等. 大学物理实验教程[M]. 北京:清华大学出版社,2013.

[2] 沈元华,陆申龙. 基础物理实验[M]. 北京:高等教育出版社,2003.

[3] 李学金. 大学物理实验教程[M]. 2 版. 长沙:湖南大学出版社,2006.

[4] 何开华,汤型正,罗中杰,等. 大学物理实验[M]. 2 版. 北京:清华大学出版社,2016.

电学四　方波电信号的傅里叶分解

任何一个周期信号如方波、三角波等都是由一系列不同频率和振幅的正弦信号叠加构成,因此可以用傅立叶级数来表示任何一个周期信号,我们可以利用选频电路从周期信号中分解出傅里叶级数中各次不同频率和振幅的谐波加以单独研究。周期信号的这种处理方法称为傅里叶分析,该分析的方法在物理、工程技术等领域有着广泛的应用。例如要消除某些仪器振动产生的噪声,就可以对噪声信号傅里叶分析,根据其主要频谱从而找出消除噪声的方法。

本实验利用 *RLC* 串联谐振选频电路对方波电信号进行频谱分析,测量该电信号的基频和各阶(三、五)倍频以及它们振幅间的相互关系。通过实验验证方波傅立叶分解的正确性。

参考书目:

[1] 吴建宝,张朝民,刘烈,等. 大学物理实验教程[M]. 北京:清华大学出版社,2013

[2] 沈元华,陆申龙. 基础物理实验[M]. 北京:高等教育出版社,2003.

电学五　半导体 PN 结的物理特性及弱电流的测量

半导体 PN 结的物理特性是物理学和电子学的重要基础内容之一,它在实践中有着广泛的应用,如各种晶体管、太阳能电池、半导体制冷、半导体激光器、发光二极管都是由半导体 PN 结组成。本实验利用一个高输入阻抗集成运算放大器，用它组成电流-电压变换器，将半导体 PN 结弱电流放大并转换成电压，探索 PN 结的扩散电流与 PN 结电压之间的规律，求得波尔兹曼常数。

参考书目：

[1] 吴建宝，张朝民，刘烈，等. 大学物理实验教程[M]. 北京：清华大学出版社，2013.
[2] 沈元华，陆申龙. 基础物理实验[M]. 北京：高等教育出版社，2003.
[3] 李学金. 大学物理实验教程[M]. 2 版. 长沙：湖南大学出版社，2006.

电学六　灵敏电流计的研究

光电式灵敏电流计是一种用来测量微弱电流（$10^{-6}\sim10^{-9}$ A）的直读式磁电式仪表。由于用光点显示代替了机械指针并用细而有弹性的金属丝悬挂线圈，减少了轴承机械摩擦，故其灵敏度有了大的提高，常被用来测定光电流、生物电流或作为精密电桥、电位差计等的平衡指示仪即检流计使用。

本实验用等偏转法测量光电灵敏电流计的内阻和电流常数，可进一步研究控制灵敏电流计运动状态的方法。

参考书目：

[1] 吴建宝，张朝民，刘烈，等. 大学物理实验教程[M]. 北京：清华大学出版社，2013.
[2] 李学金. 大学物理实验教程[M]. 2 版. 湖南大学出版社，2006.
[3] 钱锋，潘人培. 大学物理实验（修订版）[M]. 北京：高等教育出版社，2005.
[4] 樊旭峰. 大学物理实验[M]. 北京：高等教育出版社，2011.

电学七　欧姆表的设计和组装

指针式欧姆表是常用的电学测量仪器，可通过电流表头改装而成。

本实验利用磁电指针式电流表头，根据电表改装原理，设计相应参数，完成指针式欧姆表的电路组装，并绘制出欧姆表的定标曲线和校正曲线。据此，可进一步研究其他电表和其他方法的电表改装。

参考书目：

[1] 吴建宝，张朝民，刘烈，等. 大学物理实验教程[M]. 北京：清华大学出版社，2013.
[2] 李学金. 大学物理实验教程[M]. 2 版. 长沙：湖南大学出版社，2006.

电学八　电子衍射

电子衍射是将具有一定能量的电子入射到晶体上，被晶体中原子散射，各散射电子波之间产生互相干涉现象。电子衍射的发现证实了 L. V. 德布罗意提出的电子具有波动性的设想，构成了量子力学的实验基础。电子显微镜就是利用电子衍射原理，可对材料进行物相鉴定、晶体取向测定等。

本次实验用一个特制的示波管进行多晶电子衍射观测，利用多晶电子衍射花样指数与衍射花样半径之间的关系，测定电子波长，并与德布罗意关系式推导出的电子波长进行比较，可有效地证实电子具有波粒二象性。

参考书目：

[1] 吴建宝，张朝民，刘烈，等. 大学物理实验教程[M]. 北京：清华大学出版社，2013.
[2] 樊旭峰. 大学物理实验[M]. 北京：高等教育出版社，2011.

电学九　蔡氏非线性电路的混沌研究

混沌运动貌似无规则，是非线性动力学系统所特有的一种运动形式。近几十年来，混沌一直是举世瞩目的前沿课题和研究热点，已涉及电子、天文、气象、激光、机械、化学、生物、医学、脑科学、信息、经济甚至音乐、艺术等，它反映了自然界及人类社会中普遍存在的复杂性，是有序与无序的统一、稳定性与随机性的统一。混沌学是 20 世纪继相对论、量子力学之后的又一次物理学革命。

蔡氏非线性电路是非常简洁的非线性电路。本实验用非线性电路混沌实验仪，观测蔡氏非线性电路混沌相图，来研究混沌现象的特点和相图规律，通过测量该非线性负阻电路的伏安特性曲线，进一步了解混沌现象产生的原因，用 *RLC* 串联谐振方法测量带铁磁材料介质电感器的电感量与工作电流关系。

参考书目：

[1] 吴建宝，张朝民，刘烈，等. 大学物理实验教程[M]. 北京：清华大学出版社，2013.
[2] 沈元华，陆申龙. 基础物理实验[M]. 北京：高等教育出版社，2003.
[3] 樊旭峰. 大学物理实验[M]. 北京：高等教育出版社，2011.

电学十 温差电现象的研究

不同的金属焊接在一起形成一闭合回路，此时只要保证两个焊接头有一定的温度差，回路中就会产生电动势，这就是温差电效应，又称热电效应。用两种能产生显著温差电现象的金属丝(如铜和康铜)可制成热电偶温度计。其一端置于待测温度 t 处，另一端(冷端)置于恒定的已知温度 t_0 的物质(如冰水混合物)中，这样回路中将产生一定的温差电动势，可直接读出待测温度值。温差热电偶的主要用途是测量温度。热电偶的测温端的面积和热容量均很小，其具有灵敏度高、稳定性好、准确度高、测温范围广(−200～2 000℃)的特点。

本实验利用温差电效应，探索给定热电偶的温差电动势与焊点温差之间的函数关系。

参考书目：

[1] 吴建宝，张朝民，刘烈，等. 大学物理实验教程[M]. 北京：清华大学出版社，2013.
[2] 何开华，汤型正，罗中杰，等. 大学物理实验[M]. 2 版. 北京：清华大学出版社，2016.

电学十一 电子束的电偏转研究

随着近代科学的发展，电子技术的应用已深入到各个领域，利用静电场使电子束偏转的原理和方法被广泛地应用于扫描电子显微镜、回旋加速器、质谱仪等许多仪器设备之中。关于带电粒子在电场中的运动规律已成为掌握现代科学技术必不可少的知识。本实验用示波管来研究静电场对电子的加速作用，定量分析电子束在横向匀强电场作用下偏转的运动规律。

参考书目：

[1] 吴建宝，张朝民，刘烈，等. 大学物理实验教程[M]. 北京：清华大学出版社，2013.
[2] 郝晓辉，梁伟华，张庆荣. 普通物理实验[M]. 北京：高等教育出版社，2016.

电学十二 电阻温度传感器特性测量

热敏电阻是开发早、种类多、发展较成熟的电子器件。热敏电阻器的典型特点是对温度敏感，不同的温度下表现出不同的电阻值。有正温度系数热敏电阻器(PTC)，其在温度越高时电阻值越大,常见的正温度系数电阻有 $BaTiO_3$、$SrTiO_3$ 或 $PbTiO_3$ 为主要成分;负温度系数热敏电阻器(NTC),其在温度越高时电阻值越低,负温度系数热敏电阻器是用锰、铜、硅、钴、铁、镍、锌等两种或两种以上的金属氧化物进行充分混合、成型、烧结而成的半导体陶瓷。

热敏电阻具有灵敏度较高、工作温度范围宽、体积小、稳定性好、过载能力强等特性,在测温技术、无线电技术、自动化和遥控等方面都有广泛的应用。

本实验研究常见的 NTC 和 PTC 热敏电阻温度特性,获取相应器件的材料的常数和电阻温度系数。

参考书目:

[1] 钱锋,潘人培.大学物理实验(修订版)[M].北京:高等教育出版社,2005.
[2] 沈韩.基础物理实验[M].北京:科学出版社,2015.

设计性实验简介（磁学）

磁学一　C 型电磁铁气隙中磁场的研究

霍尔效应是导电材料中的电流与磁场相互作用而产生电动势的效应。1879 年霍尔在研究金属导电机制时发现了这种电磁现象，故称霍尔效应。后来曾有人利用霍尔效应制成测量磁场的磁传感器，但因金属的霍尔效应太弱而未能得到实际应用。随着半导体材料和制造工艺的发展，人们又利用半导体材料制成霍尔元件，由于它的霍尔效应显著而得到实用和发展，现在广泛用于非电量检测、电动控制、电磁测量和计算装置等方面。

本实验利用霍尔元件测量 C 型电磁铁气隙中的磁感应强度 B，进而绘制气隙中的磁场分布曲线。

参考书目：

[1] 赵凯华，陈熙谋. 电磁学[M]. 3 版. 北京：高等教育出版社，2011.

磁学二　亥姆霍兹线圈测磁场

亥姆霍兹线圈测磁场是理工科院校重要的物理实验之一，随着集成霍尔传感器体积小型化，由其制成的磁场探测器易于移动和定位，而且测量准确度高，所以被广泛应用于磁场测量。

本实验利用集成霍尔传感器制成的毫特计探测载流单线圈及亥姆霍兹线圈的磁场，学习掌握弱磁场的测量方法，并验证磁场的叠加原理。

参考书目：

[1] 赵凯华，陈熙谋. 电磁学[M]. 3 版. 北京：高等教育出版社，2011.

磁学三　观测变压器矽钢片的动态磁滞回线

铁磁材料除了具有高的导磁率外，另一个重要特性就是磁滞。当材料磁化时，磁感应强度 B 不仅与当时的磁场强度 H 有关，而且与以前的磁化状态有关。B 的变化总是滞后于 H 的变化。H 上升到某一值与下降到同一值时，铁磁材料内的 B 值并不相同。铁磁材料若处于周期性变化的磁场中，它将被反复磁化，构成动态磁滞回线。

本实验用示波器显示变压器矽钢片的动态磁滞回线，并通过定量测绘，计算出给定样品的主要磁学量。

参考书目：

[1] 邱关源. 电路[M]. 4 版. 北京：高等教育出版社，1999.
[2] 赵凯华，陈熙谋. 电磁学[M]. 3 版. 北京：高等教育出版社，2011.

磁学四　弯曲法测弹性模量及霍尔位置传感器的定标

随着科学技术的发展，微位移测量技术也得到迅速的发展。本实验介绍一种近年来新出现的先进的霍尔位置传感器，利用磁铁和霍尔元件间位置变化输出的信号来测量微小位移。运用该技术测量金属梁的微小位移，对霍尔位置传感器的定标和弯曲法测定金属的弹性模量。

通过实验加深对霍尔位置传感器应用的认识，学会传感器的定标，不同量值长度的测量和不同长度测量仪器的使用方法。

参考书目：

[1] 方佩敏. 新编传感器原理、应用、电路详解[M]. 北京：电子工业出版社，1994.
[2] 漆安慎，杜婵英. 力学[M]. 2 版. 北京：高等教育出版社，2009.
[3] 游海洋，赵在忠，陆申龙. 霍尔位置传感器测量固体材料的杨氏模量[J]. 物理实验，2000，20(8)：47-48.

磁学五　巨磁阻效应

巨磁阻材料是一种层状结构材料，由厚度为几纳米的铁磁金属层（Fe, Co, Ni 等）和非磁性金属层（Cr, Cu, Ag 等）交替制成。巨磁阻材料的电阻率在有外磁场作用时较之无外磁场作用时大幅度减小，比各向异性磁阻效应高一到两个数量级，通常在 10%以上，有些可达到 100%以上，从而能够用来探测微弱信号。

本仪器所用巨磁阻材料制成的传感器采用惠斯登电桥和磁通屏蔽技术。传感器基片上镀了一层很厚的磁性材料，这层材料对其下方的巨磁电阻形成磁屏蔽，不让任何外加磁场进入被屏蔽的电阻。测量不同外磁场下的 R_B/R_0 值，测定巨磁阻传感器输出电压 V 与通电导线电流 I 的关系。

参考资料：

[1] 翟宏如，鹿牧. 多层膜的巨磁电阻. 物理学进展[J]. 1997，17(2)：159-179.
[2] 姜宏伟. 磁性金属多层膜中的巨磁电阻效应[J]. 物理，1997，26(9)：562-567.
[3] 张欣，陆申龙，时晨. 巨磁电阻效应及应用设计性物理实验的研究[J]. 大学物理，2008，27(11)：1-4.

磁学六　磁阻效应

在一定条件下，导电材料的电阻值 R 随磁感应强度 B 的变化规律称为磁阻效应。实验证明，当磁阻材料处于较弱磁场中时，一般其阻值相对变化率 $\Delta R/R(0)$ 正比于磁感应强度的平方(B^2)，而在强磁场中 $\Delta R/R(0)$ 与磁感应强度 B 呈线性关系。磁阻传感器的上述特性在物理学和电子学方面有着重要应用。

本实验使用两种材料的传感器，利用砷化镓(GaAs)霍尔传感器测量磁感应强度，研究锑化铟(InSb)磁阻传感器在不同的磁感应强度下的电阻大小。通过实验了解半导体的霍尔效应和磁阻效应两种物理规律。

参考书目：

[1] 刘仲娥，张维新，宋永祥. 敏感元件与应用[M]. 青岛：中国海洋大学出版社，1993.
[2] 沈元华，陆申龙. 基础物理实验[M]. 北京：高等教育出版社，2003.
[3] 吴杨，娄捷，陆申龙. 锑化铟磁阻传感器特性测量及应用研究[J]. 物理实验，2001，21(10)：46-48.

磁学七　居里温度

磁性材料可分为铁磁性、反铁磁性和顺磁性材料三种。铁磁性物质的磁性随温度的变化而改变，当温度上升至某一值时，铁磁材料就由铁磁状态转变为顺磁状态，这个特征温度称为居里温度。居里温度是表征铁磁性材料基本特性的物理量，它仅与材料的化学成分和晶体结构有关。测定铁磁材料的居里温度不仅对磁性材料、磁性器件的研究和研制有用，而且对工程技术的应用都具有十分重要的意义。

本实验根据铁磁物质磁矩随温度变化的特性，采用交流电桥法测量铁磁物质自发磁化消失时的温度，即测定其居里温度。

参考书目：

[1] 林木欣. 近代物理实验教程[M]. 北京：科学出版社，1992.
[2] 赵凯华，陈熙谋. 电磁学[M]. 3 版. 北京：高等教育出版社，2011.

磁学八　电子顺磁共振

电子顺磁共振又称电子自旋共振。由于这种共振跃迁只能发生在原子的固有磁矩不为零的顺磁材料中,因此被称为电子顺磁共振,简称“EPR”。因为分子和固体中的磁矩主要是电子自旋磁矩的贡献所以又被称为电子自旋共振,简称“ESR”。由于电子的磁矩比原子核磁矩大得多,在同样的磁场下,电子顺磁共振的灵敏度也比核磁共振高得多,在物理、化学、生物、医学等领域有广泛的应用。

本实验使用微波进行电子顺磁共振实验,理解微波波段电子顺磁共振现象,测量并计算样品中的 g 因子。

参考书目:

[1] 吴思诚,王祖铨. 近代物理实验[M]. 北京:高等教育出版社,2005.
[2] 杨福家. 原子物理学[M]. 北京:高等教育出版社,2000.

磁学九　脉冲核磁共振

核磁共振(Nuclear Magnetic Resonance),简称 NMR,是指具有磁矩的原子核在静磁场中作进动时,受到电磁波的激发而产生的共振跃迁现象。若施加的产生核磁共振的旋转电磁场为一个时间宽度有限的脉冲,则这种核磁共振称为脉冲核磁共振。(脉冲)核磁共振由于其灵敏度高等诸多优点,因此它广泛应用于诸多领域,如物理学、化学工业及生物医学等。

本实验中,由仪器产生一系列的周期脉冲电磁波信号,激发样品体系产生脉冲核磁共振现象,利用示波器观察各脉冲消失期间样品体系的弛豫过程,并测定其横向弛豫时间。

参考书目:

[1] 黄永仁. 核磁共振理论原理[M]. 上海:华东师范大学出版社,1992.
[2] 杨福家. 原子物理学[M]. 北京:高等教育出版社,2000.

磁学十　塞曼效应

1896 年,塞曼发现,把产生光谱的光源置于足够强的磁场中,磁场作用于发光体,能使其光谱发生变化，一条谱线会分裂成几条偏振化的谱线，这种现象后来被称为塞曼效应。塞曼效应实验证实了原子具有磁矩，而且磁矩空间取向是量子化的，并随后得到了洛伦兹的理论解释。现在，塞曼效应仍然是研究原子内部能级结构的重要方法。

本实验通过法布里—珀罗标准具和偏振片观察光源在强磁场中的塞曼分裂现象及其偏振状态，由塞曼裂距计算电子的荷质比。

参考书目：

[1] 戴乐山，戴道宣. 近代物理实验[M]. 2 版. 北京：高等教育出版社，2006.
[2] 苏汝铿. 量子力学[M]. 2 版. 北京：高等教育出版社，2002.
[3] 杨福家. 原子物理学[M]. 北京：高等教育出版社，2000.
[4] 赵凯华，钟锡华. 光学[M]. 北京：北京大学出版社，2008.

设计性实验简介(传感器)

传感器一　热辐射的研究

铝立方腔体有四个侧面分别为黑面、白面、抛光铝面以及有洞磨砂铝面。该立方体被加热到大约 90℃时，可以比较不同颜色的表面腔体热辐射状况的差异，另外，也可以比较每种侧面表面的腔体热辐射状况与可见光在各表面反射状况的差异。

本实验利用红外光和可见光传感器对加热的铝立方腔体四个不同侧面的腔体热辐射情况与可见光在各表面反射情况进行电脑监控和数据采集。通过"Datastudio"软件进行分析和处理，进而研究腔体的热辐射特性。

参考书目：

[1] 吴建宝，张朝民，刘烈，等. 大学物理实验教程[M]. 北京：清华大学出版社，2013.

[2] 孙余凯，吴鸣山，项绮明. 传感器应用电路 300 例[M]. 北京：电子工业出版社，2008.

[3] 张洪润，傅瑾新，吕泉，等. 传感器技术大全(上册)[M]. 北京：北京航空航天大学出版社，2007.

[4] 王保国，刘淑艳，王新泉，等. 传热学[M]. 北京：机械工业出版社，2009.

传感器二　电脑控制弦音计

弦音计将信号输入到驱动线圈产生交变磁场，磁场驱动吉他弦振动，使用探测线圈记录弦的振动情况。

本实验利用电压传感器对弦上的波动情况进行电脑监控和数据采集。通过"Datastudio"软件进行分析和处理，研究弦线上波的传播特性，从而在一定精度下验证了波速与线密度及弦所受张力的关系。

参考书目：

[1] 吴建宝，张朝民，刘烈，等. 大学物理实验教程[M]. 北京：清华大学出版社，2013.

[2] 张洪润，傅瑾新，吕泉，等. 传感器技术大全(下册)[M]. 北京：北京航空航天大学出版社，2007.

[3] 王红理，俞晓红，肖国宏. 大学物理实验[M]. 西安：西安交通大学出版社，2014.

[4] 杜功焕，朱哲民，龚秀芬. 声学基础[M]. 南京：南京大学出版社，2001.

传感器三　地球磁场的测定

磁偏角是磁力线在水平面上的投影与地理正北方向之间形成的夹角，即磁子午线与地理子午线之间的夹角，磁偏角的大小各处都不同，在北半球，如果磁力线的方向偏正北方向以东成为东偏，偏正北方向以西成为西偏。磁倾角指磁针北端与水平面的夹角。

本实验利用旋转运动传感器和磁场传感器对不同转动角度时的地球磁感应强度进行电脑监控和数据采集，通过“Datastudio”软件进行分析和处理，测出地球磁场随转动角度的分布及地球磁偏角和磁倾角。

参考书目：

[1] 吴建宝，张朝民，刘烈，等. 大学物理实验教程[M]. 北京：清华大学出版社，2013.
[2] 北京大学地球物理系，地球物理教研室. 地球物理实验[M]. 北京：地震出版社，1987.
[3] 袁学城，等. 古地球磁场原理与应用[M]. 北京：地质出版社，1991.

传感器四　传感器光学综合实验

采用美国 PASCO 公司生产的光学实验系统，该系统利用传感器代替传统测量仪器，配以 Datastudio 数据处理软件，用电脑采集和处理数据，满足各种光学物理量的测量需要，能够设计包括光的干涉衍射、光的偏振、布鲁斯特角测定等多种光学实验。

光的干涉和衍射实验利用转动传感器和光传感器，对通过狭缝的激光光强分布情况进行电脑监控和数据采集，通过“Datastudio”软件进行分析和处理，给出不同位置的光强，从而研究光的干涉和衍射规律。

光的偏振实验利用转动传感器和光传感器，对通过偏振片的激光光强分布情况进行电脑监控和数据采集，通过“Datastudio”软件进行分析和处理，给出起偏器与检偏器不同角度时的光强，从而研究光偏振规律。

参考书目：

[1] 吴建宝，张朝民，刘烈，等. 大学物理实验教程[M]. 北京：清华大学出版社，2013.
[2] 朱红妹，张义炳，张金仓. 大学基础物理实验[M]. 北京：高等教育出版社，2012.
[3] 张兆奎，缪连元，张立. 大学物理实验[M]. 3 版. 北京：高等教育出版社，2008.
[4] 王红理，俞晓红，肖国宏. 大学物理实验[M]. 西安：西安交通大学出版社，2014.

传感器五　传感器力学综合实验

采用美国 PASCO 公司生产的动力学实验系统，该系统利用传感器代替传统测量仪器，配以 Datastudio 数据处理软件，用电脑采集和处理数据，满足各种力学物理量的测量需要，能够设计包括冲量、动量、动能、能量守恒、动量守恒、弹性碰撞、非弹性碰撞、简谐振动以及摩擦力等多种动力学实验。

加速度和简谐振动实验利用运动传感器和力传感器，对不同倾角的斜面上的弹簧和物体系统的振动周期和运动受力情况进行电脑监控和数据采集，通过"Datastudio"软件进行分析和处理，根据受力与弹簧形变情况可求出弹簧倔强系数 k，也能根据测量受力和物体运动加速度情况从而验证牛顿第二定律 $F = ma$。

冲量定理实验利用运动传感器和力传感器，对光滑导轨上的小车的运动情况和碰撞受力情况进行电脑监控和数据采集，通过"Datastudio"软件进行分析和处理，给出弹性碰撞前后速度及碰撞过程中力随时间的变化关系，从而在一定精度下验证了冲量定理。

参考书目：

[1] 吴建宝，张朝民，刘烈，等. 大学物理实验教程[M]. 北京：清华大学出版社，2013.
[2] 朱红妹，张义炳，张金仓. 大学基础物理实验[M]. 北京：高等教育出版社，2012.
[3] 张兆奎，缪连元，张立. 大学物理实验[M]. 3 版. 北京：高等教育出版社，2008.
[4] 王红理，俞晓红，肖国宏. 大学物理实验[M]. 西安：西安交通大学出版社，2014.

传感器六　桥梁振动实验

采用美国 PASCO 公司生产的桥梁振动实验系统，该系统利用传感器代替传统测量仪器，配以 Capstone 数据处理软件，用电脑采集和处理数据，可以研究不同的桥梁结构在敲击拱桥时所产生的谐振模式，也可研究桥梁在特定频率的正弦驱动下，桥梁上不同位置的受力振动情况。

参考书目：

[1] 吴建宝，张朝民，刘烈，等. 大学物理实验教程[M]. 北京：清华大学出版社，2013.
[2] 徐风云，邹立金，何玉珊. 桥梁振动分析与测试技术[J]，1984.
[3] 何度心. 桥梁振动研究[M]. 北京：地震出版社，1989.
[4] 章关永. 桥梁结构试验[M]. 北京：人民交通出版社，2010.

传感器七　万有引力常量的测量

引力扭秤拓展了物理学历史上一个非常伟大的实验——万有引力常量的测量，由亨利·卡文迪许在1798年完成。

引力扭秤包括悬挂在高敏感度的扭力钢丝下的2个38.3 g质量的物块，以及2个质量为1.5 kg按要求放置的物块。引力扭秤是定向的，两小球与地球之间的引力可忽略(摆几乎完美垂直并且水平对齐)。大物块置于小物块附近，大小两物块之间的万有引力通过观察扭力钢丝的扭曲程度测得。

参考书目：

[1] 吴建宝，张朝民，刘烈，等. 大学物理实验教程[M]. 北京：清华大学出版社，2013.
[2] 祝瑞琪，马见慈. 万有引力和引力场[M]. 北京：高等教育出版社，1985.
[3] (美)沙摩斯(shamos，m. h.). 物理史上的重要实验[M]. 史耀远，等，译. 北京：科学出版社，1985.

设计性实验简介(光学)

光学一 用临界角法测量棱镜的折射率

光束通过两种媒质界面时，存在全反射临界角。当入射角为全反射临界角时，这束光线的出射角定为临界出射角。利用光学原理，可建立棱镜折射率与棱镜顶角、临界出射角的测量关系。

本实验利用分光仪对三棱镜顶角以及临界出射角的测定，从而实现对棱镜材料折射率的测量。

参考书目：

[1] 母国光，战元龄. 光学[M]. 2 版. 北京：高等教育出版社，2009.
[2] 林抒，龚镇雄. 普通物理实验[M]. 北京：高等教育出版社，1981.
[3] 杨之昌. 几何光学实验[M]. 上海：上海科学技术出版社，1984.

光学二 用双光束干涉法测定钠光的波长

两束频率相同、振动方向相同且相位差恒定的光波在空间相遇时，其叠加区域可以观察到明暗相间的条纹，这就是光的干涉。

实验利用双棱镜将一实光源分成一对相干虚光源来实现双光束干涉，通过干涉区域中明暗条纹的间距、两虚光源间的距离以及光源至观察屏之间的距离与光源波长之间的测量关系式，可以测定此相干光源的波长。

参考书目：

[1] 程守洙，江之永. 普通物理学（第三册）（1982 年修订本）[M]. 北京：高等教育出版社，1982.
[2] 母国光，战元龄. 光学[M]. 2 版. 北京：高等教育出版社，2009.
[3] 林抒，龚镇雄. 普通物理实验[M]. 北京：高等教育出版社，1981：382-384.
[4] 杨之昌，马秀芳. 物理光学实验[M]. 上海：复旦大学出版社，1993.

光学三 迈克尔逊干涉仪

迈克尔逊是美国著名的实验物理学家，以光速的测定和迈克尔逊-莫雷实验著称。1883

年,他发明了以自己名字命名的干涉仪。迈克尔逊干涉仪在近代物理和计量技术中有着广泛的应用。

本实验要求学生了解该干涉仪的原理、结构及调整方法,利用迈克尔逊干涉仪实现分振幅干涉测量干涉光波的波长,实验中可看到不定域干涉条纹,也可进行等倾、等厚等定域干涉条纹的观察和测量。

参考书目:

[1] 程守洙,江之永. 普通物理学(第三册)(1982 年修订本)[M]. 北京:高等教育出版社,1982.
[2] E. 赫克特,A. 赞斯. 光学(下册)[M]. 北京:高等教育出版社,1980.
[3] 母国光,战元龄. 光学[M]. 北京:高等教育出版社,2009.
[4] D·哈里德,R·瑞斯尼克. 物理学(第二卷第二册)[M]. 北京:科学出版社,1978.
[5] A·M·波蒂斯,H·D·杨. 大学物理实验[M]. 北京:科学出版社,1982.
[6] 乔治·伽莫夫. 物理学发展史[M]. 北京:商务印书馆,1981.

光学四　利用布儒斯特定律测量玻璃折射率

自然光在两种媒质的界面上反射或折射时,反射光和折射光都将成为部分偏振光。英国物理学家布儒斯特从实验中确定,当入射角达到一个特定值,反射光将成为完全偏振光,此特定值后被称为布儒斯特角。

本实验在分光仪上测定布儒斯特角,并利用布儒斯特角与媒质(玻璃)折射率间的测量关系式,来确定媒质的折射率。

参考书目:

[1] 程守洙,江之永. 普通物理学(第三册)[M]. 3 版. 北京:高等教育出版社,1979.
[2] 杨之昌,王潜智,邱榴贞. 物理光学实验(上册)[M]. 上海:上海科技出版社,1986.
[3] R·M·惠特利,J·亚伍德. 伦敦工学院 200 个物理实验[M]. 北京:科学技术文献出版社,1984.
[4] 李允中,潘维济. 基础光学实验[M]. 天津:南开大学出版社,1987.
[5] A·M·波蒂斯,H·D·杨. 大学物理实验[M]. 北京:科学出版社,1982.
[6] D·哈里德,R·瑞斯尼克. 物理学(第二卷第二册)[M]. 北京: 科学出版社,1979.

光学五　光 电 效 应

19 世纪末,人们发现当光照射在金属表面时,金属表面会逸出电子,此现象称为光电效应。被释放的电子称为光电子,其动能与光的强度无关,而与光的频率成线性关系,这种现象无法用电磁理论来解释。1905 年爱因斯坦首先用光量子理论圆满地解释了光电效应。

本实验利用普朗克常数测定仪通过测量不同波长(频率)入射光所引起的光电效应特性来验证爱因斯坦光电效应方程、测定普朗克常数并从中体会光量子理论的正确性。

参考书目:

[1] 程守洙,江之永. 普通物理学(第三册)(1982 年修订本)[M]. 北京:高等教育出版社,1982.
[2] 母国光,战元龄. 光学[M]. 北京:高等教育出版社,2009.
[3] 保罗·A·蒂普勒. 近代物理基础及其应用[M]. 上海:科学技术出版社,1981.
[4] A·M·波蒂斯,H·D·杨. 大学物理实验[M]. 北京:科学出版社,1982.
[5] 弗·卡约里. 物理学史[M]. 广西:广西师范大学出版社,2008.

光学六　可见光区的氢原子光谱

氢原子的光谱线在可见光区共有四条,测量氢灯各光谱线的波长值可以了解氢原子的能级结构。

本实验在分光仪上用光栅测量氢原子的光谱波长,以此来验证玻尔对里德伯常数的预言,并对玻尔的氢原子结构模型有所理解。

参考书目:

[1] 程守洙,江之永. 普通物理学(第三册)(1982 年修订本)[M]. 北京:高等教育出版社,1982.
[2] D·哈里德,R·瑞斯尼克. 物理学(第三卷第二册)[M]. 北京:科学出版社,1980.
[3] 保罗·A·蒂普勒. 近代物理基础及其应用[M]. 上海:上海科学技术出版社,1981.
[4] 弗·卡约里. 物理学史[M]. 广西:广西师范大学出版社,2008.
[5] 艾米里奥·塞格莱. 物理名人和物理发现[M]. 北京:知识出版社,1986.

光学七　用旋光仪测旋光性溶液的旋光率和浓度

线偏振光通过某些物质的溶液(特别是含有不对称碳原子物质的溶液,如蔗糖溶液)后,线偏振光的振动面将旋转一定的角度 φ,这种现象称为旋光现象。利用求出的旋光率,通过测出旋光性溶液的旋光度,可确定溶液中所含旋光物质的浓度。

本实验要求学生观察线偏振光通过旋光物质的旋光现象,并学会用旋光仪测旋光性溶液的旋光率和浓度。

参考书目：

[1] 姚启钧. 光学教程[M]. 北京：高等教育出版社，1989.
[2] 张三慧，史田兰. 光学(近代物理)[M]. 北京：清华大学出版社，1991.

光学八　棱镜色散关系的研究

早在1672年，牛顿用一束近乎平行的白光通过玻璃棱镜时，在棱镜后面的屏上观察到一条彩色光带，这就是光的色散现象。在介质无吸收的光谱区域内，色散关系的函数形式早在1836年由科希得出，它是一个经验公式，在波长间隔不太大时，该式为：

$$n = A + \frac{B}{\lambda^2}$$

式中 A 和 B 都是光学材料的色散常数。

本实验就是要研究棱镜材料的色散关系，即确定待测棱镜材料的 $n = f(\lambda)$ 函数关系形式，并确定函数关系式中的各系数。为此应以光波波长 λ 为自变量，其对应的折射率 n 为因变量，作函数关系测量。

参考书目：

[1] 赵凯华，钟锡华. 光学(上册)[M]. 北京：北京大学出版社，2003.
[2] W. A. 赫尔顿. 光学物理实验[M]. 天津：南开大学物理系，1981.
[3] 王之江，顾培森. 实用光学技术手册[M]. 北京：机械工业出版社，2007.

光学九　激光干涉测量平板玻璃的楔角

有一激光点光源，若在其附近置一平板玻璃，由于经平板玻璃前后两表面反射回来的球面波是相干光，因此它们在空间相叠部分就形成了干涉区。

本实验利用一块带有一个小孔的屏，将激光点光源置于小孔处，待测平板玻璃平行此屏，利用屏上干涉圆环中心与小孔距离，屏与平板玻璃间距、平板玻璃厚度及其折射率同楔角之间的测量关系式，测量被测平板玻璃的楔角。

参考书目：

[1] 母国光，战元龄. 光学[M]. 2版. 北京：高等教育出版社，2009.
[2] 李允中，潘维济. 基础光学实验[M]. 天津：南开大学出版社，1987.

[3] 丁慎训，张孔时. 物理实验教程[M]. 北京：清华大学出版社，1992.

光学十　电 光 效 应

液晶态是一种介于液体和晶体之间的中间态，液晶是在形状、介电常数、折射率及电导率上具有各向异性特性的物质。如果对这样的物质施加电场（电流），则液晶分子取向结构会发生变化，从而改变其光学特性，这就是通常说的液晶的电光效应。

本实验要求学生测定扭曲向列相型（TN）液晶样品的电光曲线；并根据电光曲线，求出样品的阈值 U_{th}、饱和电压 U_r、对比度 D_r、陡度 β 等电光效应的主要参数。

参考书目：

[1] 李朝荣，徐平，唐芳，王慕冰. 基础物理实验（修订版）[M]. 北京：北京航空航天大学出版社，2010.
[2] 金光旭，高锦岳. 电光振幅调制实验[J]，物理实验：1990(5)，193-195.
[3] 朱文营，王辉林. 晶体半波电压测量方法[J]. 山东理工大学学报，2011(25)，6-8.

光学十一　超声光栅测量声速

当超声波在介质中传播时，超声波使介质产生弹性应力或应变，导致介质密度的空间分布出现稀疏相间的周期性变化，从而导致介质的折射率相应变化。光束通过这种介质，就好像通过光栅一样，会产生衍射现象，这样的现象称为超声致光衍射（亦称声光效应）。人们把这种载有超声的透明介质称为超声光栅。利用超声光栅可以测定超声波在介质中的传播速度。

本实验利用超声光栅声速仪来测量超声波在水中的传播速度。

参考书目：

[1] 丁慎训，张连芳. 物理实验教程[M]. 2 版. 北京：清华大学出版社，2005.
[2] 方利广. 大学物理实验[M]. 上海：同济大学出版社，2006.
[3] 李平. 大学物理实验[M]. 北京：高等教育出版社，2005.
[4] 叶文江，李儒颂，邢红玉，孙艳梅. 超声光栅测量液体中声速的改进[J]. 实验室研究与探索，2015(34)，26-29.

设计性实验简介(近代光学)

近代光学一　侧向光伏效应的研究

激光照射在金属-氧化物-半导体(例如 Ni—SiO_2—Si)结构的表面上时，会在半导体中被照射的位置产生大量的电子-空穴对，由于电子数密度与周围存在明显差异，电子会进行扩散，在同一面上接外电路可以测量出电势差，称为侧向光伏。

本实验利用万用表测量侧向光伏随激光照射点位置的变化关系，通过 Origin 软件进行数据分析与绘图，进而研究位移传感器的灵敏度、线性相关系数。

参考书目：

[1] 朱鹏飞. 培养学生独立与协作精神的创新性物理实验设计[J]. 教育教学论坛，2012(24)：244-245.

[2] A High Sensitivity Position-Sensitive Detector Based on Au—SiO_2—Si Structure. Liming Chi, Pengfei Zhu, Hui Wang, Xiaoan Huang, Xiangting Li. Journal of Optics, 2011, 13：015601.

[3] Enhancing the lateral photovoltaic effect by coating the absorbing film on metal-oxide-semiconductor structure. Chaomin Zhang, Pengfei Zhu, Fuxin Wang, Yunxia Ping, Jianbao Wu, Qi Lin, Bai Liang. Applied Optics, 2011,50(31)：G127-G130.

近代光学二　双极性电阻效应的研究

当激光照射在金属-氧化物-半导体(例如 Ni—SiO_2—Si)结构上，该器件的电阻在欧姆表施加的正负偏压下呈现出双极性，伴随着激光在器件表面上的移动，电阻有明显的变化。

本实验利用万用表测量器件的电阻随激光照射点位置的变化关系，通过 Origin 软件进行数据分析与绘图，进而研究位移传感器的灵敏度、线性相关系数。

参考书目：

[1] 朱鹏飞. 培养学生独立与协作精神的创新性物理实验设计[J]. 教育教学论坛，2012，第 24 期：244-245.

[2] 吴建宝，张朝民，刘烈，等. 大学物理实验教程[M]. 北京：清华大学出版社. 2013.

[3] Chongqi Yu, Hui Wang. Light-induced bipolar-resistance effect based on metal-oxide-semiconductor structures of Ti/SiO2/Si. Advanced. Materials, 2010, 22(9)：966-970.

近代光学三　空气折射率随气压变化关系研究

当空气的温度不变时，其折射率 n 与气压 P 为线性关系：$n=1+kP$，其中 k 为比例系数。

本实验利用步进电机驱动的活塞泵改变 Fabry-Perot 标准具内的气压,通过观察干涉光谱的扫描曲线峰的移动,计算出空气的折射率随气压变化的比例系数。

参考书目:

[1] 朱精敏,等. 气压扫描 Fabry-Perot 分光光度计和塞曼效应实验[J],实验室研究与探索,2001,20(增刊):131-134.
[2] 朱精敏,等. 用气压扫描法高精度测定 F-P 标准具镜面平面度[J]. 光学与光谱技术,1984,5(2):43-46.
[3] 朱精敏,等. 汞 5461Å 塞曼分量相对强度的研究[J]. 物理实验,1987,7(1):4-7.

近代光学四　扫描隧道显微镜测量光栅常数

扫描隧道显微镜的工作原理是基于量子力学的隧道效应。将原子线度的极细探针和被研究物质的表面作为两个电极,当样品与针尖的距离非常接近时(通常小于 1 nm),在外加电场的作用下,电子会穿过两个电极之间的势垒流向另一电极。隧道电流强度对针尖和样品之间的距离有着指数的依赖关系,当距离减小 0.1 nm,隧道电流即增加约一个数量级。

本实验利用扫描隧道显微镜观测微米级的光栅样品,根据隧道电流的变化,通过扫描图像观测一维光栅和二维光栅样品的表面形貌并测定光栅常数。

参考书目:

[1] 白春礼. 扫描隧道显微术及其应用[M]. 上海:上海科学技术出版社,1994.
[2] 杨桂林,江兴方,柯善哲. 近代物理[M]. 北京:科学出版社,2004.
[3] 黄德欢. 纳米技术与应用[M]. 上海:中国纺织大学出版社,2001.

近代光学五　光波导薄膜厚度和折射率的测量

有效折射率是表征光波导的重要参数,知道了有效折射率,才能计算波导的传播常数,进而根据光波导的色散方程计算波导介质的厚度、介电系数等其他参数。

本实验利用光电探测器、角度转台测量波导的三个连续的衰减全反射吸收峰的所对应的角度,通过测量光波导的有效折射率计算波导波膜厚度和折射率。

参考书目:

[1] 波恩 M,沃尔夫 E. 光学原理[M]. 北京:科学出版社,1978.
[2] CHEN W P, CHEN J M. Use of surface plasma waves for determination of the thickness and optical

constants of thin metallic films. Journal of the Optical Society of America，1981，71:189-191.
[3] 曹庄琪. 导波光学[M]. 北京:科学出版社,2007.

近代光学六　光敏电阻/光电池/光电二极管特性参数的测量

光电效应是指入射光子与探测器材料中的束缚电子发生相互作用,使束缚电子变成为自由电子的效应。光电效应分为内光电效应与外光电效应两类。入射光子引起探测器材料表面发射电子的效应称为外光电效应。入射光子激发的载流子(电子或空穴)仍保留在材料内部的效应称为内光电效应。

内光电效应器件有光电导探测器(例如光敏电阻)、光生伏特器件(光电池、光电二极管、光电三极管)。本测量三种内光电效应器件(光敏电阻、光电池、光电二极管)的特性参数。

参考书目:

[1] 王庆有. 光电技术[M]. 北京:电子工业出版社，2008.
[2] 安毓英. 光电子技术[M]. 北京:电子工业出版社出版,2007.
[3] 王清正,等. 光电探测技术[M]. 北京:电子工业出版社,1989.

近代光学七　YAG激光器输出特性测试

半导体泵浦的全固态脉冲激光器的输出能量和平均输出功率会随着泵浦电流的增大而增大。本实验通过改变泵浦电流,用激光能量计和激光功率计测量绿光(532 nm)的输出激光脉冲能量和平均输出功率的变化。

参考书目:

[1] 周炳琨,等. 激光原理[M]. 北京:国防工业出版社,2001.
[2] 蓝信钜. 激光技术[M]. 北京:科学出版社,2001.
[3] 雷仕湛. 激光技术手册[M]. 北京:科学出版社,1992.

近代光学八　透镜/望远镜/显微镜综合实验

透镜是光学系统中基础的光学元件,它能把光线汇聚或者发散。通过凸透镜、凹透镜的组合,可以组装成望远镜、显微镜。

本实验让学生在了解放大、显微的原理之后，自行搭建显微镜系统、望远镜系统，并掌握其使用方法，测量放大率。

参考书目：

[1] 波恩 M，沃尔夫 E. 光学原理[M]. 北京，科学出版社，1978.
[2] 赵凯华，钟锡华. 光学[M]. 北京：北京大学出版社，1984.
[3] 王之江，顾培森. 实用光学技术手册[M]. 北京：机械工业出版社，2007.

附录一　中华人民共和国法定计量单位

我国的法定计量单位(以下简称法定单位)包括：

① 国际单位制的基本单位(见表1)；

② 国际单位制的辅助单位(见表2)；

③ 国际单位制中具有专门名称的导出单位(见表3)；

④ 国家选定的非国际制单位(见表4)；

⑤ 由以上单位构成的组合形式的单位；

⑥ 由词头和以下单位所构成的十进倍数和分数单位(见表5)；

法定单位的定义、使用方法等，由国家计量局另行规定。

表1　国际单位制的基本单位

量的名称	单位名称	单位符号
长度	米	m
质量	千克(公斤)	kg
时间	秒	s
电流	安[培]	A
热力学温度	开[尔文]	K
物质的量	摩[尔]	mol
发光强度	坎[德拉]	cd

表2　国际单位制的辅助单位

量的名称	单位名称	单位符号
平面角	弧度	rad
立体角	球面度	sr

表3　国际单位制中具有专门名称的导出单位

量的名称	单位名称	单位符号	其他表示式例
频率	赫[兹]	Hz	s^{-1}
力;重力	牛[顿]	N	$kg \cdot m/s^2$
压力;压强;应力	帕[斯卡]	Pa	N/m^2
能量;功;热	焦[耳]	J	$N \cdot m$

（续表）

量的名称	单位名称	单位符号	其他表示式例
功率；辐射；通量	瓦[特]	W	J/s
电荷量	库[仑]	C	A·s
电位；电压；电动势	伏[特]	V	W/A
电容	法[拉]	F	C/V
电阻	欧[姆]	Ω	V/A
电导	西[门子]	S	A/V
电感	亨[利]	H	Wb/A
磁通量	韦[伯]	Wb	V·s
磁感应强度，磁通量密度	特[斯拉]	T	Wb/m^2
摄氏温度	摄氏度	℃	
光通量	流[明]	lm	cd·sr
光照度	勒[克斯]	l_x	l_m/m^2
放射性活度	贝可[勒尔]	B_q	S^{-1}
吸收剂量	戈[瑞]	Gy	J/kg
剂量当量	希[沃特]	Sv	J/kg

表 4　国家选定的非国际单位制单位

量的名称	单位名称	单位符号	换算关系和说明
时间	分	min	1 min＝60 s
	[小]时	h	1 h＝60 min＝3 600 s
	天(日)	d	1 d＝24 h＝96 400 s
平面角	[角]秒	(″)	1″＝(π/648 000)rad (π为圆周率)
	[角]分	(′)	1′＝60″＝(π/10 800)rad
	度	(°)	1°＝60′＝(π/180)rad
旋转速度	转每分	r/min	1 r/min＝(1/60)r/s
长度	海里	n mile	1 n mile＝1 852 m (只用于航程)
速度	节	kn	1 kn＝1 n mile/h ＝(1 852/3 600)m/s (只用于航行)
质量	吨	t	1 t＝10^3 kg
	原子质量单位	u	1 u≈1. 660 565 5×10^{-27} kg

（续表）

量的名称	单位名称	单位符号	换算关系和说明
体积	升	L(l)	$1\ L=1\ dm^3=10^{-3}\ m^3$
能	电子伏	eV	$1\ eV\approx1.602\ 189\ 2\times10^{-19}\ J$
级差	分贝	dB	
线密度	特[克斯]	tex	1 tex=1 g/km

表 5　用于构成十进倍数和分数单位的词头

所表示的因数	词头名称	词头符号
10^{18}	艾[可萨]	E
10^{15}	拍[它]	P
10^{12}	太[拉]	T
10^{9}	吉[咖]	G
10^{6}	兆	M
10^{3}	千	k
10^{2}	百	h
10^{1}	十	da
10^{-1}	分	d
10^{-2}	厘	c
10^{-3}	毫	m
10^{-6}	微	μ
10^{-9}	纳[诺]	n
10^{-12}	皮[可]	p
10^{-15}	飞[母托]	f
10^{-18}	阿[托]	a

注：1. 周、月、年（年的符号 a），为一般常用时间单位。

2. [　]内的字，是在不致混淆的情况下，可以省略的字。

3. (　)内的字为前者的同义语。

4. 角度单位度分秒的符号不处于数字后时，用括弧。

5. 升的符号中，小写字母 l 为备用符号。

6. r 为“转”的符号。

7. 人民生活和贸易中，质量习惯称为重量。

8. 公里为千米的俗称，符号为 km。

9. 10^4 称为万，10^8 称为亿，10^{12}称为万亿。这类数词的使用不受词头名称的影响，但不应与词头混淆。

附录二　国际计量局《实验不确定度的规定：建议书 INC—1(1980)》

1. 测量结果的不确定度一般包括几个分量。按其数值评定方法，这些分量可归入两类：

A 类：用统计方法计算的那些分量；

B 类：用其他方法计算的那些分量。

对于不确定度的分类，A 类和 B 类与以前的“偶然”和“系统”不一定存在简单的对应关系。“系统不确定度”这术语可能引起误解，应避免使用。

任何详细的不确定度报告应该有各分量的完整清单，每个分量应说明其数值的获得方法。

2. A 类分量用估计方差 Δ_{Ai}^2（或估计“标准差”Δ_{Ai}）和自由度 v_i 表征。必要时，应给出估计协方差。

3. B 类分量用 Δ_{Bj}^2 表征。可以认为 Δ_{Bj}^2 是假设存在的相应方差的近似。可以像方差那样去处理 Δ_{Bj}^2 并像标准差那样去处理 Δ_{Bj}。必要时，也应给出协方差。

4. 用方差合成的通常方法，可以得到表征合成不确定度的数值。应以“标准差”形式表示合成不确定度及其分量。

5. 对特殊用途，若须将合成不确定度乘以一个因子以获得总不确定度时，必须说明此因子的数值。

例：用螺旋测微计对某一长度量进行了多次测量，测量结果如下表，该螺旋测微计的示值误差范围为±0.004 mm，现分析其测量结果的不确定度。

n	1	2	3	4	5	6
x(mm)	5.105	5.120	5.103	5.117	5.111	5.122

(1) 由于重复测量同一物理量时，测量值有起伏，用统计方法计算其不确定度分量，计算方法为：

$$\text{平均值：} \bar{x} = \frac{\sum x_i}{n} = 5.1130\ \text{mm}$$

$$\text{平均值的标准偏差：} S = \sqrt{\frac{\sum (x_i - \bar{x})^2}{(n-1)n}} = 0.0033\ \text{mm}$$

不确定度分量：$\Delta_{A1} = t_p \cdot S = 2.57 \times 0.0033 = 0.0085\ \text{mm}(p = 0.95)$

(2) 螺旋测微计示值误差引起的不确定度分量，计算方法为：

近似认为在约定概率 $P=0.95$ 时，

不确定度分量为：$\Delta_{Bl}=\Delta_{仪}=0.004\ mm$

以上分量互不相关，因而合成不确定度为：

$$U=\sqrt{\Delta_{Al}^2+\Delta_{Bl}^2}=\sqrt{0.0085^2+0.004^2}=0.0094\ mm$$

测量结果为：

$$x=5.1130\pm0.0094\ mm(P=0.95)$$

附录三 不确定度的简化处理方法

不确定度是说明测量结果的一个参数，表征合理赋予被测量值的分散性，它表示由于误差的存在而被测量值不能确定的程度，是表征被测量的真值所处的量值范围的评定。不确定度反映了可能存在的误差分布范围，即随机误差分量和未定系统误差分量的联合分布范围。按其数值的评定方法可归成两类：A 类分量和 B 类分量。A 类分量是指由测量列的统计分析评定的不确定度分量，记作 Δ_A；B 类分量是指用非统计方法评定的不确定度分量，记作 Δ_B。对 A 类分量和 B 类分量的合成按方差合成原理进行，即：

$$U=\sqrt{\Delta_A^2+\Delta_B^2}$$

下面就大学物理实验中对 Δ_A 和 Δ_B 的简化进行说明。

一、只有随机误差存在时测量结果的表示

在物理实验中，对物理量 x 进行测量，因为该物理量的总体参数（真值及方差 σ^2）不知道，对 x 进行多次重复测量，得到测量列 x_1，x_2，…，x_n，可以计算出 $\bar{x}=\frac{1}{n}\sum x_i$，测量列的标准偏差 $\sigma_x=\sqrt{\frac{\sum(x_i-\bar{x})^2}{n-1}}$，$\bar{x}$ 的标准偏差 $\sigma_{\bar{x}}=\sqrt{\frac{\sum(x_i-\bar{x})^2}{n(n-1)}}=\frac{\sigma_x}{\sqrt{n}}$。由数理统计知识可知，在有限次测量中（$n<30$），测量数据不遵从正态分布，而是服从 t 分布，t 分布是英国统计学家戈塞特（Gosset）于 20 世纪初首次发现的，他以笔名“student”发表该研究成果，所以又称为学生分布。现在假定在测量时，可定系统误差已被消除，未定系统误差暂不考虑，只有随机误差。因此，对于置信概率 P，真值分布的范围是$[\bar{x}-t_p\sigma_{\bar{x}},\ \bar{x}+t_p\sigma_{\bar{x}}]$，或者表示为：

$$x=\bar{x}\pm t_p\sigma_{\bar{x}} \quad \text{置信概率 } P$$

上式表示被测量的直值落在$[\bar{x}-t_p\sigma_{\bar{x}},\ \bar{x}+t_p\sigma_{\bar{x}}]$内的概率 P。t_p 为一与置信概率 P 相联系的置信因子，可由查 t 分布表得到。

二、A 类分量 Δ_A 的简化

现在我们来研究 $t_p\sigma_{\bar{x}}$，t_p 是一置信因子，$\sigma_{\bar{x}}$ 是 $\bar{x}$ 的标准偏差，所以 $t_p\sigma_{\bar{x}}$ 是一由统计方法评定得到的，它正是不确定度 A 类分量 Δ_A。即：

$$\Delta_A=t_p\sigma_{\bar{x}}=t_p\frac{\sigma_x}{\sqrt{n}}=\frac{t_p}{\sqrt{n}}\sigma_x$$

t_p 在不同概率时取值是不同的，请看表 1。

表1　$\Delta_A=\dfrac{t_p}{\sqrt{n}}\sigma_x$ 的置信因子 t_p 的取值

测量次数 n	2	3	4	5	6	7	8	9	10	11	20	30	∞
$P=0.683$	1.84	1.32	1.20	1.14	1.11	1.09	1.08	1.07	1.06	1.05	1.03	1.02	1.00
$P=0.95$	12.7	4.30	3.18	2.78	2.57	2.45	2.36	2.31	2.26	2.23	2.09	2.05	1.96
$P=0.99$	63.7	9.93	5.84	4.60	4.03	3.71	3.50	3.36	3.25	3.17	2.86	2.76	2.58

在大学物理实验教学中，根据国家计量规范常取约定概率 $P=95\%$，测量次数通常取 $6\leqslant n\leqslant 10$，由上表可以看出 t_p 在 2.57～2.26 之间，t_p 可由表1查出。n 是已知的测量次数，所以 $t_p/\sqrt{n}$ 可以很方便的求出，但是有必要做进一步的简化，当 $P=0.95$、$6\leqslant n\leqslant 10$ 时，计算出 $t_p/\sqrt{n}$ 的值，列表2如下：

表2　$P=0.95$ 时的 $t_p/\sqrt{n}$ 值

测量次数 n	2	3	4	5	6	7	8	9	10	15	20	∞
$t_p/\sqrt{n}$	8.98	2.48	1.59	1.24	1.05	0.93	0.84	0.77	0.72	0.55	0.47	$1.96/\sqrt{n}$
近似值	9.0	2.5	1.6	1.2	$6\leqslant n\leqslant 10$ 时，$t_p/\sqrt{n}\approx 1$					$n>10$ 时，$t_p/\sqrt{n}=2/\sqrt{n}$		

由表2看出，当 $P=0.95$，$6\leqslant n\leqslant 10$ 时：$t_p/\sqrt{n}\approx 1$。则

$$\Delta_A=\sigma_x$$

这就是将 Δ_A 简化为 σ_x 的道理。要明确 Δ_A 和 σ_x 是两个不同的概念。

三、B类分量 Δ_B 的简化

B类分量是指用非统计方法评定的不确定度分量。B类分量在测量范围内无法做统计评定，比如数据的统计分析不能发现固定偏移（如操作或仪器偏移，时间引起的偏移等），一般可根据经验或其他信息进行估计，在大学物理实验教学中，一般只要考虑由仪器误差影响及测试条件不符合要求而引起的附加误差等因素，来估算B类分量，计算B类分量则用假设存在的相应近似标准差 U 来表征。

若已知B类分量的误差限为 Δ，则不确定度B类分量可由下式得出：

$$\Delta_B=k_p\frac{\Delta}{c}$$

式中 k_p 为一定置信概率下相应的置信因子，c 为相应分布的置信系数。

1. 置信系数 c 的取值

在实验中，当仪器的误差在$[-\Delta,\ +\Delta]$范围内没有根据确定其具有不对称性和多峰性时，可认为误差服从均匀分布，取 $c=\sqrt{3}$。比如，螺旋测微计 $\Delta=0.004$ mm，任作一次测量引起的误差都不会超过 0.004 mm。灵敏阈为 0.01 s 的停表，根据准确度等级计算出的电器仪表的 Δ 等。

2. 置信因子 k_p 的取值

在B类分量中，Δ 一般均指的是仪器的极限误差，因此可以认为是 $n\to\infty$ 的情形，这时许多分布都趋于正态分布，k_p 的取值由表3给出。

表3　正态分布下置信概率 P 的置信因子 k_p 值

P	0.50	0.683	0.90	0.95	0.955	0.99	0.997
k_p	0.675	1	1.65	1.96	2	2.58	3

由上表可看出，当 $P=0.95$ 时，$k_p=1.96$，则：

$$\Delta_B = k_p\frac{\Delta}{c} = \frac{1.96}{\sqrt{3}}\Delta \approx \Delta \quad (P = 0.95)$$

进行了适当的简化处理后，得到 $\Delta_B=\Delta$，同样要注意 Δ_B 和 Δ 是两个完全不同的概念。

四、测量结果的表示

综上所述，当 $6\leqslant n\leqslant 10$ 时，并取约定概率 $P=0.95$ 时，不确定度A类分量可近似表示为 $\Delta_A=\sigma_x$，不确定度B类分量可近似表示为 $\Delta_B=\Delta$，所以合成不确定度为

$$U=\sqrt{\Delta_A^2+\Delta_B^2}=\sqrt{\sigma_x^2+\Delta^2} \quad (P = 0.95)$$

当测量次数不满足 $6\leqslant n\leqslant 10$ 条件时，$\Delta_A=(t_p/\sqrt{n})\sigma_x$ 中的 $t_p/\sqrt{n}$ 不能近似看作1，具体量值与 n 有关，可查表2；Δ_B 仍为 Δ。这时：

$$U=\sqrt{\Delta_A^2+\Delta_B^2}=\sqrt{\left(\frac{t_p}{\sqrt{n}}\sigma_x\right)^2+\Delta^2}$$

将测量结果表示为：

$$x=\bar{x}\pm U \quad (单位)$$

$$E=\frac{U}{\bar{x}}\times 100\%$$

附录四 测量数据中异常值的检验

在实际工作中，测量数据并不总是处于理想状态中，由于种种原因，例如实验条件的突然变化，实验人员的过失，实验仪器的不稳定等，在数据中往往会混进一些过大或过小的数据，这些数据称为异常值，对于异常值应该进行剔除。

下面只讨论单一物理量测量。

一、单一物理量测量

对物理量 x 进行多次重复测量，得到测量列 $x_1, x_2, \cdots, x_n$，计算出 $\bar{x} = \frac{1}{n}\sum x_i$，标准偏差 $\sigma_x = \sqrt{\frac{\sum (x_i - \bar{x})^2}{n-1}}$。要从测量列中检验出异常值，可以有多种方法，其中最方便的是 3σ 准则。但是它要求测量次数 $n \geqslant 25$，这在大学物理实验中一般是做不到的。这里介绍一种可靠程度很高的格拉布斯(Grubbs)准则进行检验，也称为半极差型检验。

格拉布斯(Grubbs)准则为：选取一显著水平 α（一般取 $\alpha = 0.01$ 或 $\alpha = 0.05$），存在一与显著水平 α 和测量次数 n 有关的临界值 $g_0(n, \alpha)$，参阅附表，如果测量列中某一测量值 x_i 满足

$$|x_i - \bar{x}| \geqslant g_0(n, \alpha)\sigma_x$$

则认为该测量值 x_i 为异常值，应予以剔除。

附表 1　$g_0(n, \alpha)$ 值

n \ α	0.05	0.01	n \ α	0.05	0.01
3	1.153	1.155	8	2.032	2.221
4	1.463	1.492	9	2.110	2.323
5	1.672	1.749	10	2.176	2.410
6	1.822	1.944	11	2.234	2.485
7	1.938	2.097	12	2.285	2.550

例：某测量列为 8.72，8.74，8.71，8.74，8.56，8.49，8.72，8.69，8.97，8.68，计算得：$\bar{x} = 8.70$　$\sigma = 0.13$　$n = 10$，取显著水平 $\alpha = 0.05$

$$|8.97 - 8.70| = 0.27 < g_0(n, \alpha)\sigma = 0.283$$

所以没有异常数据。

附录五　数据处理规则要点

一、读数规则

1. 明确所用仪器的分度值；
2. 根据具体情况确定读数误差；
3. 测量值的末位应是读数误差所在位。

二、有效数字运算规则

1. 加、减运算：运算结果的有效数字末位位置和参与运算中最前面的末位位置相同。

2. 乘、除运算：一般情况下，运算结果的有效数字位数与参与运算中位数最少的相同。

3. 函数运算：函数运算结果的有效数字末位可用测量值末位变化 1 时其结果在哪一位产生差异来确定。

4. 运算过程中允许多保留一位有效数字（常数也按此处理），用计算（器）机作连续运算时，可保留机内运算位数，运算结果的有效位数仍由 1、2、3 规则确定。

三、测量结果的表示

1. 直接测量量的结果表示：

$$x = \bar{x} \pm U(\text{单位}) \quad E = \frac{U}{\bar{x}} \times 100\%$$

其中，$\bar{x} = \sum x_i / n$，$\sigma = \sqrt{\sum (x_i - \bar{x})^2 / (n-1)}$，$\Delta$ 由所测量仪器确定（可查附表七）。$U = \sqrt{\sigma^2 + \Delta^2}$。

2. 间接测量量

（1）测量关系式：$\phi = f(x, y)$，式中 x、y 为直接测量量；

（2）误差传递式：

$$U_\phi = \sqrt{\left(\frac{\partial f}{\partial x}\right)^2 U_x^2 + \left(\frac{\partial f}{\partial y}\right)^2 U_y^2}$$

（3）测量结果表示：

$$\phi = f(\bar{x}, \bar{y}) \pm U_\phi(\text{单位}) \quad E_\phi = \frac{U_\phi}{f(\bar{x}, \bar{y})} \times 100\%$$

3. 线性函数关系测量

(1) 函数关系：$y=a+bx$，有大于2对的(x_i, y_i)测量值；

(2) 用最小二乘法进行线性拟合，处理过程要点是：

① 首先记录计算机的计算结果；

② 然后从计算结果中按取位原则读出并表示为：

$a\pm U_a$(单位)
$b\pm U_b$(单位) $E_b=\dfrac{U_b}{b}\times100\%$；

③ 若要通过b计算待测的物理量，则：

a. 先写出计算关系式，算出待测量；

b. 按不确定度传递式，计算待测量的不确定度；

c. 最后表示待测量的测量结果。

注意：

(1) 所有结果表示中的U、E只取1～2位有效数字，最佳值的末位与相应的U末位对齐。

(2) 对于实验中的任何测量结果，均应贯彻"先表示，后使用"的原则。

四、作图规则

1. 图纸：线性直角坐标纸(毫米方格纸)。
2. 分度：原则上数据中可靠位在图中也应是可靠的，且应使图线有近似1的斜率。
3. 点、线：测点应用"+"等记号标记清晰，图线应光滑匀整。
4. 说明：至少要有图名。

五、一致性讨论

对同一物理量有两个或两个以上的测量结果：

$$\bar{\phi}_1\pm U_1$$

$$\bar{\phi}_2\pm U_2$$

则应进行一致性讨论，方法是：

1. 求 $\delta=|\bar{\phi}_1-\bar{\phi}_2|$， $\Delta=\sqrt{U_1^2+U_2^2}$
2. 判据：① $\delta\leqslant\Delta$ 为两个结果一致；

   ② $\delta>\Delta$ 为两结果不一致。

(均应说明在多大精度条件下一致或不一致)

附录六　常用实验仪器介绍

一、测长仪器

1. 游标卡尺

游标卡尺结构如图 1 所示。D 为主尺，上面附有毫米分度尺，C 为副尺，亦称游标，上面有读数分度，它可以在主尺上左右滑动，测量钳口 A′，B′和尾尺 E 皆在副尺上。A、A′钳口可用于测量普通长度和圆外径，B、B′钳口可用于测量内径等，故又称内卡口。E 尾尺可用于测量深度，又称深浅尺。

现以 10 分度游标卡尺(即副尺上是 10 个分度)为例来说明其测量原理。这种游标卡尺的副尺上 10 个分度的总长为 9 mm，即副尺上 10 个分度与主尺上 9 个分度值相等，所以，副尺上每一分度值比主尺上分度值小 0.1 mm，而当副尺上第“1”根刻线与主尺上某刻线对齐时，则副尺上“0”刻线与主尺与其左边相邻刻线的差值(原为主尺上的估读值)为 0.1 mm；当副尺上第“2”根刻线与主尺上某一刻线对齐时，则副尺上“0”刻线与主尺上与其左边相邻刻线的差值为 0.2 mm……以此类推，副尺上第“N”根刻线与主尺某刻线对齐，则主尺上的估读值就是 $0.1\times N$ mm。游标卡尺就是通过这种游标法把原来在毫米尺上估读的数值变成为可靠读数，提高了测量精度。

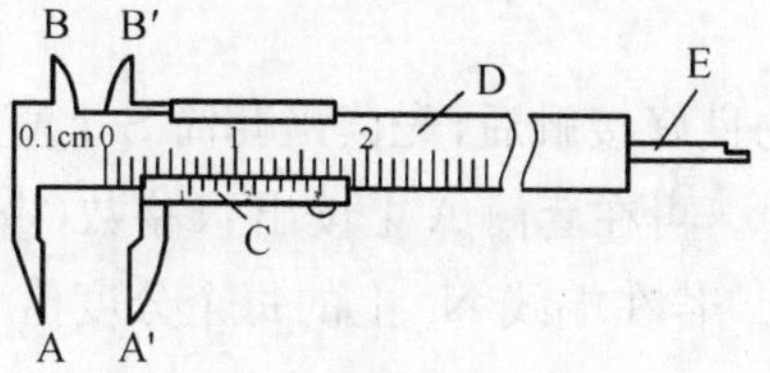

图 1

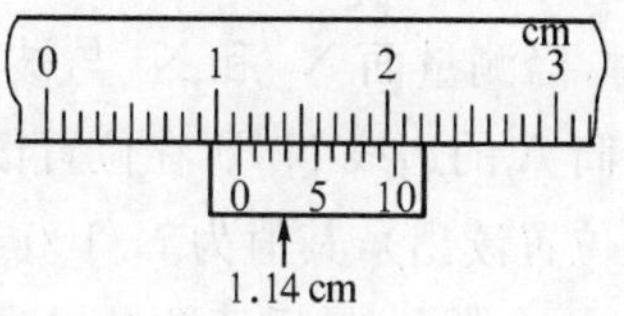

图 2

测量时，只要先从副尺的“0”刻线所在位置读出主尺上整数毫米值，再加上在副尺上读出值 $0.1\times N$ mm 即可，如图 2 所示。

游标卡尺除 10 分度外，还有 20 分度、50 分度等，不论分度如何，其原理皆相同。如果用 y 表示主尺上最小分度值，用 x 表示副尺上分度值，且副尺上共有 n 个分度，则有：

$$nx=(n-1)y \quad 或 \quad nx=(2n-1)y$$

即

$$y-x=\frac{1}{n}y \quad 或 \quad 2y-x=\frac{1}{n}y$$

由上可见，副尺上每格长度 x 比主尺每 1 格(或 2 格)长度短 y/n，因此，在测量时，如果知道副尺上第 N 根刻线与主尺上某一刻线对齐，则主尺上有估读值即为 $N\cdot(y/n)$。

该仪器在使用前，应检查初读数。

国内常用游标卡尺的测量范围及示值误差如表1所示。

表1 单位(mm)

游标分度值 / 示值误差 / 测量范围	0.02	0.05	0.1
0～300	±0.02	±0.05	±0.10
300～500	±0.04	±0.05	±0.10
500～700	±0.05	±0.075	±0.10
700～900	±0.06	±0.10	±0.15
900～1 000	±0.07	±0.125	±0.15

2. 螺旋测微计(千分尺)

螺旋测微计的结构如图3所示。S是固定套筒，内部有螺纹，表面有一根分度值为0.5 mm的直尺。A为活动套筒，它与测量杆B连为一体，B与S以螺纹机构配合(B上的螺杆部分在固定套筒内部，因而看不见)。当旋转套筒A一周时，测量杆端面N_1将前推或后退0.5 mm，即套筒A的测量端线N_3在直尺上移动一个分度值。如果在测量端线N_3的周长上均匀分度为50等分，那么，在测量时就可准确读到0.5/50 mm(即0.01 mm)。

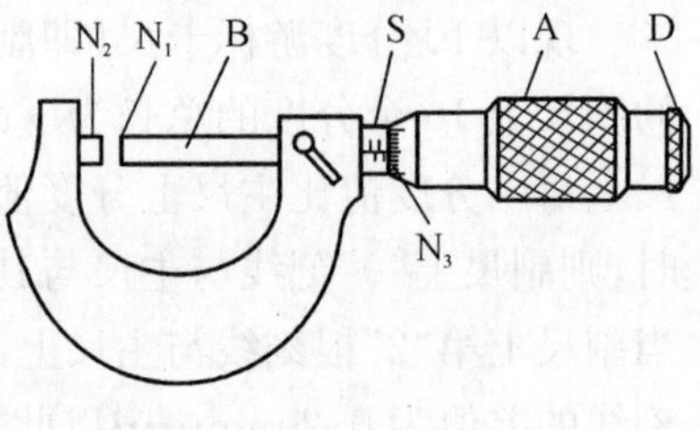

图3

又因在端线N_3的刻度上还可估读一位，所以，读数的有效数字可读到千分之一毫米的数量级，故该仪器又称千分尺。

在测量时，当测量面N_1和N_2与被测物良好接触后，先读出套筒S上直尺的整数格毫米值M(由套筒A的边线N_3所在位置读出)。再在套筒A上读出N格数(由直尺中线所对应N_3边线的位置读出)，其值为N/100 mm。若在端线N_3上的每个分度值可估读到$k/10$(即$k/1\,000$ mm)，那么，最后读数结果为：

$$x = M + \frac{N}{100} + \frac{k}{1\,000} \quad (\text{mm})$$

使用该仪器须注意以下几点：

(1) 测量前应检查零位读数(即初读数)；

(2) 测量时，应转动棘轮手柄D，以它的摩擦力带动套筒A的转动，即推动测量杆B，当测量面N_1、N_2与被测物良好接触后，棘轮手柄便自动打滑。这样操作，不但可以保护螺纹机构，而且可以减小测量误差；

(3) 使用完毕，测量面N_1、N_2之间应留有间隙，以防因热胀损坏螺纹和测量面间不通风而锈蚀。

常用螺旋测微计的示值误差如表2所示。

表 2　　　　单位(mm)

测量范围	0～100	100～150	150～200	200～300	300～400	400～500
示值范围	±0.004	±0.005	±0.006	±0.007	±0.008	±0.10

3. 读数显微镜(测距显微镜、比长仪):

读数显微镜是用来测量微小距离或微小距离变化的仪器。它的构造分为机械部分和光学部分。其结构示意图如图 4 所示。其使用说明如下:

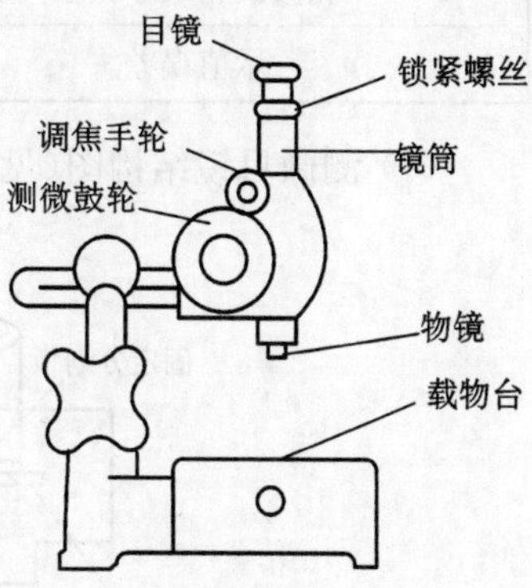

图 4

(1) 调节目镜套筒,使能清晰看到分划板上的十字叉丝线,图 5 就是显微镜分划板上的十字叉丝线,它是由相互垂直的单线与双线所组成。

(2) 转动调焦手轮(为防止物镜与被测工件接触挤压,总是粗调到物镜最低点,随后从下往上调节),使视域中见到清晰的被测工件像。

(3) 调节分划板的十字叉丝线的单线与标尺平行,这是读数显微镜测量前的关键性调节,由于十字叉丝线中心交点的运动轨迹总是平行于标尺的,所以只要在载物台上置一参照直线物(如整齐纸边、尺刃、狭缝边等)。使该直线与十字叉丝线中心交点的运动轨迹相吻合,然后转动分划板使单线与该参照直线重合即可(见图 6)。

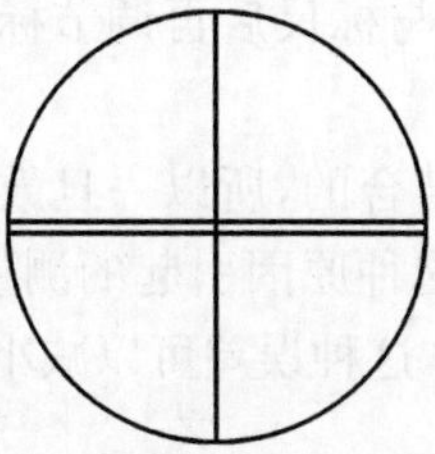

图 5

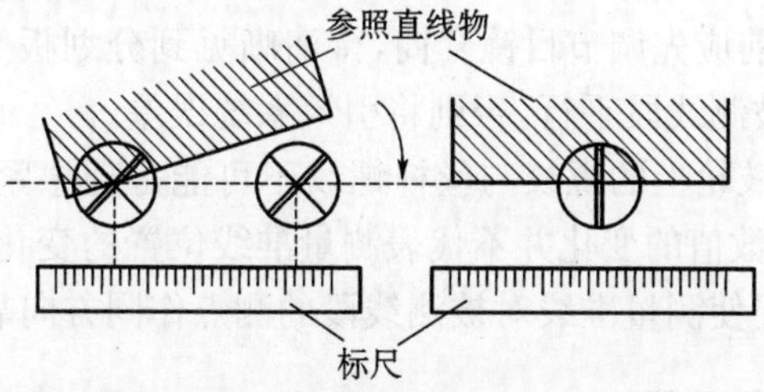

图 6

由于鼓轮的螺纹与丝杆螺纹之间不可能是理想紧密的,而读数又在鼓轮上进行,所以给测量工作带来了间隙误差,又称空回误差。假如每次测量准线均作同方向靠拢,防止正反旋转即可消除这个误差。

JXD-2 型读数显微镜的主要技术参数如表 3 所示。

表 3

显微镜放大倍数	30 倍
最小分度值	0.01 mm
测量范围	50 mm
示值误差	<±0.015 mm(指最大累计误差)

4. MCU-15 型测微目镜

MCU-15 型测微目镜主要技术参数如表 4 所示。

表 4

目镜放大倍数	15 倍
有效测量范围	8 mm
目镜分划尺格值	1 mm
测微鼓轮最小读数	0.01 mm
示值误差	<0.01 mm

(1) 测微目镜结构图(见图 7)

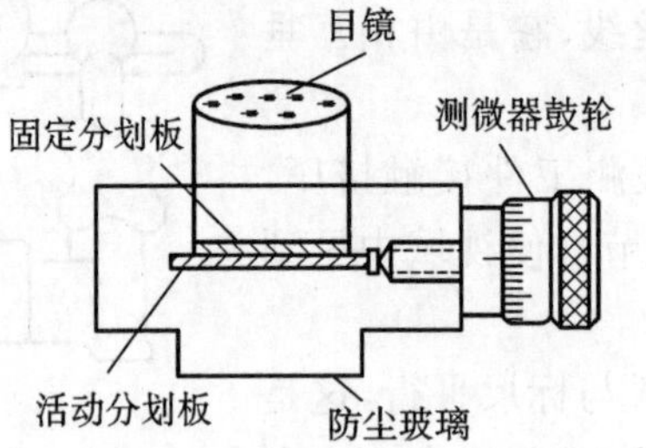

图 7

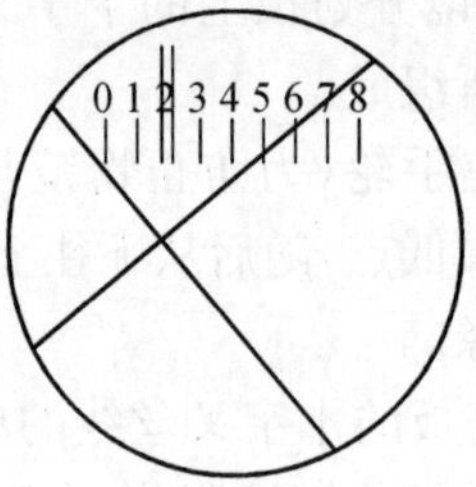

图 8

(2) 使用说明

① 由于实际物体是无法放在测微目镜分划板上作测量的,所以它只是光学测量中的一块屏,用来测量屏上光学像的几何尺寸。

② 测量前应先调节目镜套筒,待清晰见到分划板叉丝与标尺后再调节标度方向,使目镜内标尺与被测线段平行,否则将引入系统误差。

③ 由于鼓轮上的螺纹与丝杆螺纹不可能是理想紧密结合的,所以一旦鼓轮作正、反转之初,鼓轮上数值的变化并不代表测量准线位置的变化。这种原因引起的测量误差称为空回误差。只要使测量准线对被测线段的测点作同方向靠拢,这种误差可以减小。

二、物理天平

1. 天平是利用杠杆原理测量质量的仪器。物理天平的结构如图 9 所示。

天平的横梁 B 由一刀口 a 支立于立柱 H 的顶端,横梁两端各有刀口 b_1、b_2,其上装有挂钩 H_1、H_2,钩下各挂一盘 D_1、D_2;底座上有 c_1、c_2 两螺丝可调节底座水平。横梁上有一可滑动的游码 R,根据它在横梁上的位置还可读数;秤物前,应将 R 置于横梁上的零刻度处进行空载平衡调整;空载不平衡时,应调横梁两端的小螺丝 A_1、A_2。通常情况下,模梁是加在支承螺钉 F_1、F_2 上的(刀口 a 与立柱 H 顶端分离,以保护刀口)称制动状态,只有在需要观察天平两端是否平衡时

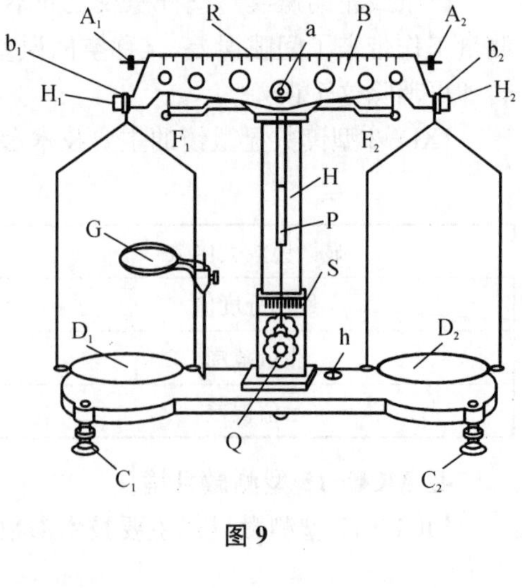

图 9

才慢慢转动 Q 钮，使横梁离开支承螺钉，让刀口支立于立柱的顶端(称启动状态)。

2. 天平的主要技术指标

(1) 称量:天平允许称衡的最大质量。

(2) 分度值与灵敏度:分度值是天平平衡时，为使天平指针从标度尺的平衡位置偏转一个分度，在一盘中所需添加的最小质量。分度值的倒数为灵敏度。

(3) TW-1 型物理天平的技术指标:称量—1 000 g，分度值—0.1 g。

3. 使用天平的操作规程

(1) 明确所用天平的称量与分度值，以确定该天平是否适用;

(2) 调节天平底座水平:由底座上的水准泡 h 判断;

(3) 调节天平空载平衡:通过调节横梁两端小螺丝 A_1、A_2 实现。

(4) 称衡:待测物在左盘、砝码在右盘，通过增减砝码及变动游标位置实现平衡。

(5) 操作注意事项

① 启动天平时应在两盘无晃动情况下缓缓旋转启动钮 Q，以免撞击刀口。

② 在作出天平两端平衡或不平衡的判断后，应立即制动。

③ 一切其他操作(如增减砝码、移动游码等)均应在天平制动状态下进行。

三、数字计时器

数字计时器是用于记录时间的仪器，它的工作原理如图 10 所示:

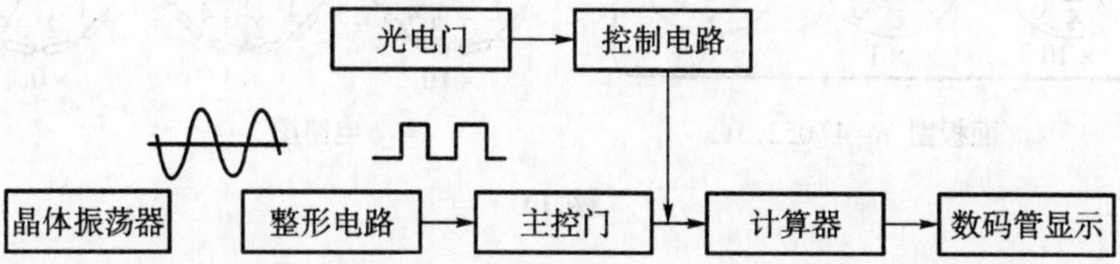

图 10

由石英晶体振荡器产生一个固定高频振荡信号(10^5 Hz)，经过整形电路成为脉冲讯号传到主控门，而主控门的“开”或“关”的状态多光电门即光电传感器的控制。

光电门装置如图 11 所示。在 A 和 B 内分别装有发光二极管和光敏二极管，当发光二极管发出的红外光通过透光孔 S_1 和 S_2 照射到光敏二极管上时，其阻值将有较大变化(如受光照射时，阻值变小)，因此它可改变“控制电路”的工作状态，即可起到打开或关闭主控门的作用。

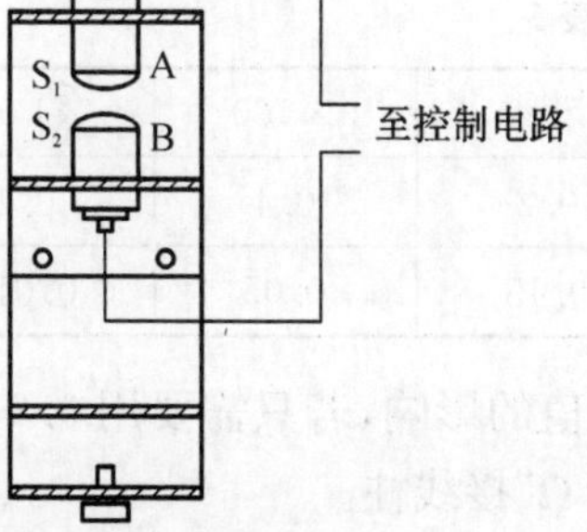

图 11

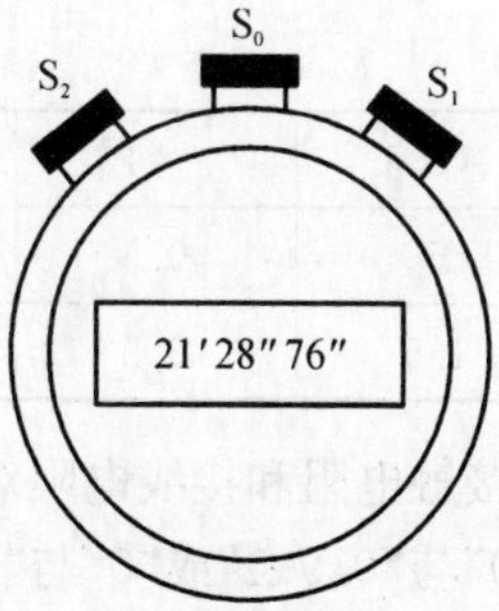

图 12

这样的数字计时器测量精度可达 10^{-5} s 或更高(10^{-8} s)，其误差一般是末位的±1。

电子秒表是用手来控制主控门的计时仪器，一般只显示到 0.01 s，其按钮和面板如图 12 所示。

S_0 是计时计历、闹钟、秒表三种模式选择按钮，在秒表模式下：S_1 为启动、停止按钮；S_2 为复零按钮。

图 12 中显示的是 21′28.76″，特别要注意的是秒以下是十进制数。

四、变阻器

1. 电阻箱

图 13 是一只六位(即有六个变阻旋钮)电阻箱的面板和内部线路图。电阻箱的各级电阻由锰铜线绕制而成(这种材料阻值稳定性好)，并使各级间能成十进制的步进式调节。

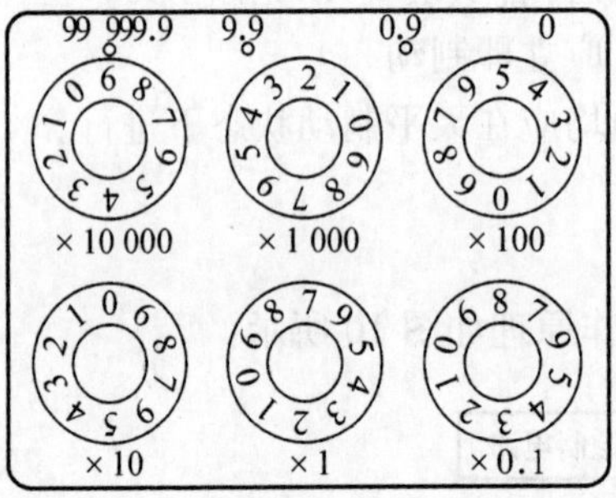

面板图 R=47 052.3 Ω　　　　电路图

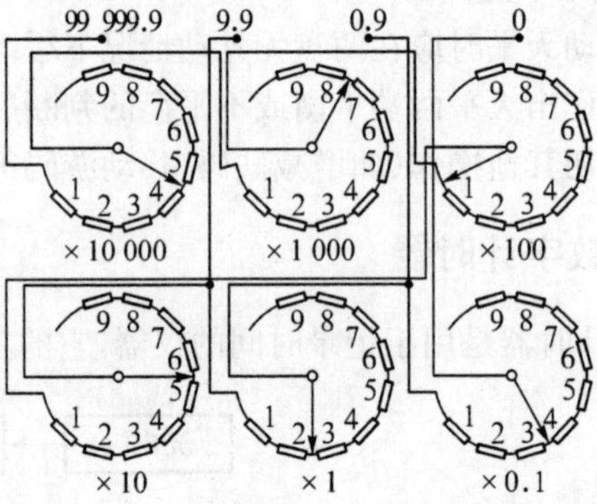

图 13

使用时只要将各级旋钮的指标值乘上各级的倍率，然后将其相加，便是电阻箱上指示的总阻值。如图 13 面板上所指示的总阻值（0～99 999.9 引出端时)为 47 052.3 Ω。

电阻箱的仪器误差可按下列计算：

$$\Delta R = \sum_{1}^{m} a_i \% \cdot R_i$$

式中 m 是电阻箱的盘数，R_i 是第 i 盘的示值，a_i 是第 i 个盘的准确度等级，各盘的 a_i 值列于表 5.

表 5

盘　标	×0.1	×1	×10	×100	×1 000	×10 000
准确度等级 a_i	5	0.5	0.2	0.1	0.1	0.1
允许电流(A)	1.5	0.5	0.15	0.05	0.015	0.005

为减小旋钮的接触电阻和接线电阻对示值的影响，若只需要用 0.9 Ω 或 9.9 Ω 以下的电阻值时，应使用“0”与“0.9 Ω”或“0”与“9.9 Ω”接线柱。

电阻箱在使用中要注意流经电阻箱的电流不能超过其允许值，否则将烧坏电阻箱。

ZX21 型电阻箱各级允许电流值已列于表 5 中。

2. 滑线变阻器

滑线变阻器外型结构如图 14 所示。它是将电阻丝(如镍铬丝)绕在绝缘瓷管上而做成的,电阻丝的两端分别接在 A 和 B 接线柱上,金属滑动片 C 可在金属梁上左右滑动,但 C 的下端始终与电阻丝接触,上端始终与金属梁接触。所以,金属片 C 相当于电阻丝的可变抽头点,如图 15 所示。在使用中为接线方便,在金属梁的两端(或一端)装有接线柱(如图 14 中 C′处)。当 C 点左移,R_{AC}减小,R_{BC}增大;反之,当 C 点右移,R_{AC}增大,R_{BC}减小,而 $R_{AC}+R_{BC}=R_{AB}$不变。

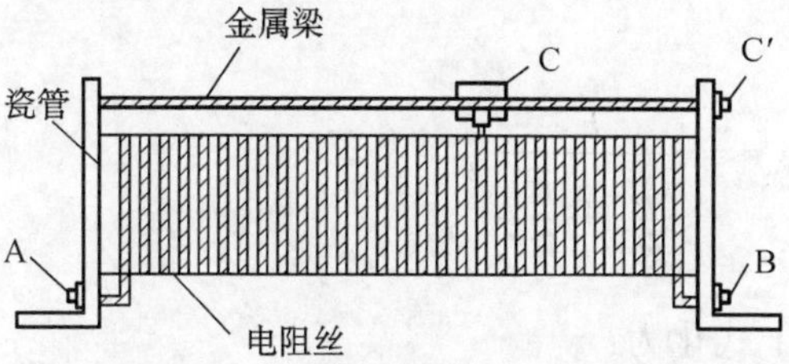

图 14

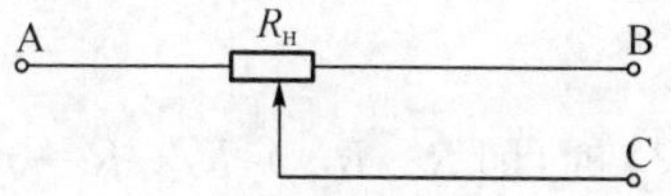

图 15

滑线变阻器在实际线路中有两种接入法:

(1) 限流器接法:如图 16 所示,将滑线变阻器的 A、C 端(或 B、C 端)串接在电路中。此时,回路中的电流 I 为:

$$I=\frac{E}{R+R_{AC}}$$

由上式可知,在 E、R 不变的情况下,可滑动 C 点和改变阻值 R_{AC}来控制回路里电流 I 的变化。

当滑动点 C 移至 A 端时,即 $R_{AC}=0$,则电流 I 最大:$I_{max}=E/R$;

当滑动点 C 移至 B 端时,即 $R_{AC}=R_H$,则电流 I 最小:$I_{min}=E/(R+R_H)$;

也就是说,改变滑线变阻器的接入阻值可以控制电流的变化范围为:

$$\Delta I=I_{max}-I_{min}=\frac{R_H}{R(R+R_H)}\cdot E=\frac{R_H}{R}I_{min}$$

由此式可以看出,要使控制调节电流的范围大一些,就必须选择 R_H 尽量大于负载 R 的阻值。

在实际使用中,当把滑线变阻器作为限流器时,为安全计,开始应全部串接在电路里,使电路中电流为最小(即图 16 中 C 点应移至 B 端)。

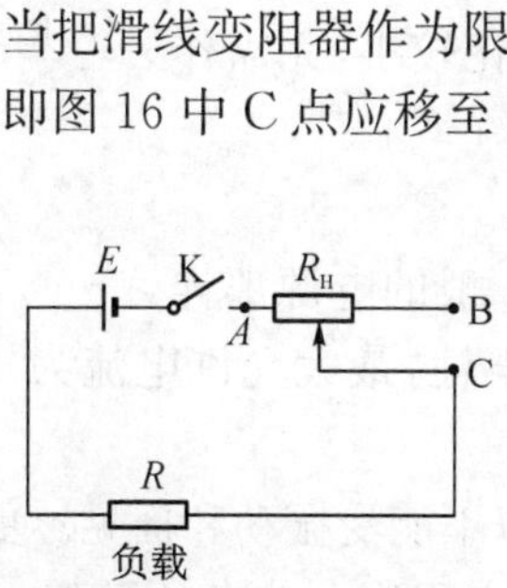

图 16

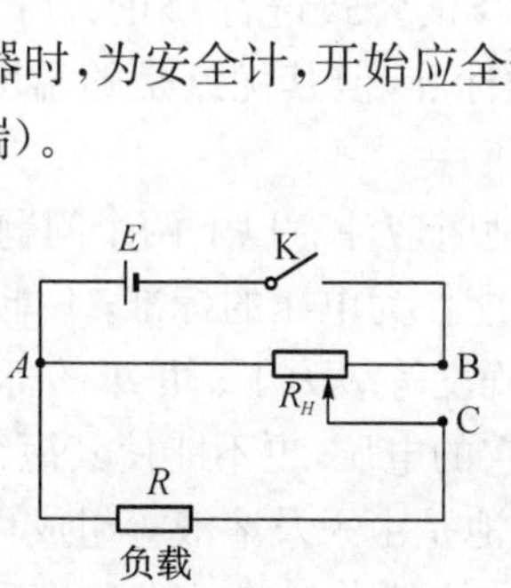

图 17

(2) 分压器接法：如图 17 所示，它是将滑线变阻器的两个固定端 A、B 并接在电源 E 的两端，这样电源电压就降在变阻器的整个电阻丝上。外负载 R 所取用的电压是在滑线变阻器的滑动端 C 和固定端 A 之间的部分电压 V_{AC}，此时电压值大小将随 C 点的位置变化而变化，故起到分压作用。

由图 5 可得：

$$V_{AC}=\frac{E}{R_{BC}+\dfrac{R_{AC}\cdot R}{R_{AC}+R}}\cdot\frac{R_{AC}\cdot R}{R_{AC}+R}=\frac{R\cdot R_{AC}}{R_{AC}R_{BC}+R_{BC}R+R_{AC}R}\cdot E$$

因 $R_{AC}=R_H-R_{BC}$ 代入上式得：

$$V_{AC}=\frac{E}{\dfrac{R_{BC}}{R}+\dfrac{R_H}{R_{AC}}}$$

当 $R\gg R_H$ 时（即 $R\gg R_{BC}$），$R_{BC}/R\rightarrow 0$，故上式化为：

$$V_{AC}=\frac{R_{AC}}{R_H}\cdot E=\frac{E}{R_H}\cdot R_{AC}$$

由于 E、R_H 可视为定值，所以分压 V_{AC} 将随 R_{AC} 作线性变化，其范围是从 0～E。也就是说，要想使外电路负载上的电压可以作线性变化，就必须使所选用的滑线变阻器的阻值远小于负载电阻。

同样，在采用这种用法时，为防止过压，在接通电源前，应将滑线变阻器的 C 点移到使外电路压为 0 的位置（即图 17 中 A 端）。

最后，要提醒注意的是，不管是将滑线变阻器作为限流器用还是作为分压器用，都不允许流经滑线变阻器的电流超过其额定值，此额定值在变阻器的铭牌上有标注。

五、标准电池

标准电池是电压的标准量具，是一种汞镉化学电池；电池的电解质溶液为硫酸镉溶液，如图 18 所示。根据电池中溶液的浓度，标准电池可分为饱和式和不饱和式两种。前者特点是：电动势稳定、温度系数（温度对电动势变化）较大；使用时应按出厂证明卡上给出的温度修正公式进行修正。后者电动势稳定性较低，只能作为较低的标准，但其优点是随温度变化较小，无需作温度修正。

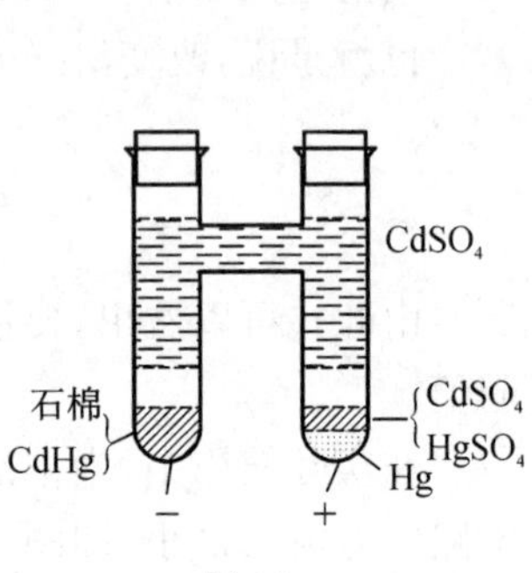

图 18

在使用标准电池时应注意以下两个问题：

1. 标准电池只能作为电压的标准，不能像一般的电源那样供给电流。对于准确度等级为Ⅰ、Ⅱ级的标准电池，最大允许电流为 10 μA。所以严禁用电压表直接去测量它的电压，更不能使其短路。

2. 由于标准电池是由汞及溶液等组成，所以不能受振动和摇晃。更不能倾斜或倒置。

我国的标准电池按其电动势的准确度和稳定程度分为若干等级。本实验室使用的是

BC9 型饱和标准电池，其温度修正公式为：

$$E_t = 1.018\,59 - 4.0 \times 10^{-5}(t-20) - 1.0 \times 10^{-6}(t-20)^2 \text{ V}$$

式中 E_t 为温度为 t℃时标准电池的电动势；t 为标准电池上温度计的读数。

六、磁电式仪表

磁电式仪表的作用原理是以永久磁铁间隙中磁场与载流动圈相互作用为基础的。其结构如图 19(a)、图 19(b)所示。转动线圈处于磁铁和磁芯之间形成的固定磁场中，并由轴承支撑着，可绕轴在间隙中转动；当有电流通过转动线圈时，由于受到磁场力的作用而发生转动，其所受转动磁力矩为：

$$M = NBSI$$

式中 N 为线圈匝数，S 是线圈面积，B 是间隙中的磁感应强度，I 是线圈中流过的电流。

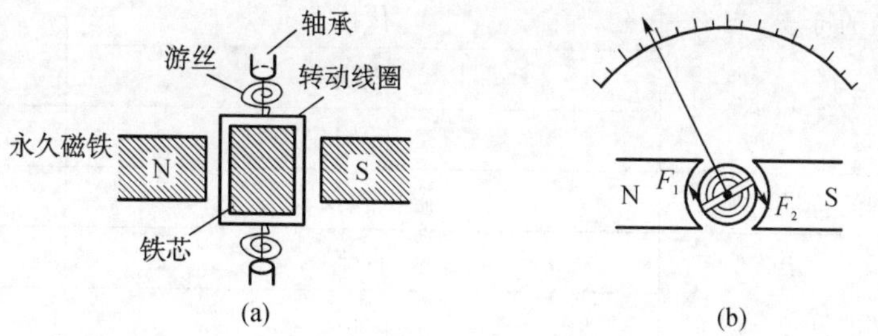

图 19

线圈上下各有一盘游丝(反向绕制)，当线圈转动时，游丝将发生扭转而产生一个反力矩，此力矩与转角 θ 成正比，即：

$$M' = D\theta$$

式中 D 为游丝的扭转系数。

当磁力矩 M 和扭转反力矩 M' 相等时为线圈的平衡位置，线圈所带动的指针就在仪表面上指出某一刻度位置，此时有：

$$\theta = \frac{NBS}{D} \cdot I = KI$$

式中 K 称电表的电流灵敏度。

由上式可知，转动线圈的偏转角度 θ 与流经线圈的电流 I 成正比关系，这就是磁电式仪表读数盘上的刻度呈线性分布的依据。

一般情况下，电表指针偏转角度 θ 约为 90°左右，所以通入线圈的电流也是有限的，对应于使转角 θ=90°(最大偏转位置)的电流 I_g 称为电表的电流量程，即可测的最大电流值。若转动线圈的内阻为 R_g，此时可测的最大电压值即为 $V_g = I_g R_g$，由于绕制转动线圈的导线直径一般只有 0.1 mm 数量级甚至更细，故只允许 mA 级或 μA 级电流通过，加之偏转角度也有一定范围，要想用于测量超过 I_g 的电流和 V_g 的电压，就必须采取措施，即测量大电流时用并联电阻进行分流的方法；测量大电压时，用串联电阻进行分压的方法。

根据我国国家标准《电测量指示仪表通用技术条件》GB 776—1976 的规定，指示仪表准确度等级分为 0.1、0.2、0.5、1.0、1.5、2.5 和 5.0 共七级，其指示误差可按下式计算：

$$\Delta = X \cdot S\%$$

式中 X 为所用电表的量程（满刻度指示值），S 为所用电表的准确度等级（标明在电表表盘上）。

磁电式仪表的各项技术特征均用统一规定的标记标在电表表盘上，表 6 为仪表上各项符号标记的说明。

表 6

符号类别	名称	符号
测量单位的符号	安培	A
	毫安	mA
	伏特	V
	毫伏	mV
	欧姆	Ω
工作原理的符号	磁电式仪表	⋂
电流种类的符号	直流	—
	交流	～
	交直流	≂
准确度等级的符号	以标尺量限百分数表示，如 1.5 级	1.5
	以指示值的百分数表示，如 1.5 级	(1.5)
工作位置的符号	标尺为垂直的位置	⊥
	标尺为水平的位置	⌐
	标尺位置与水平位置倾斜，如 60°	∠60°
绝缘强度的符号	不进行绝缘强度试验	☆
	绝缘强度试验电压为 2 kV	☆
端钮、调零器的符号	负端钮	−
	正端钮	+
	调零器	↙↘
防磁级的符号	防外界磁场共分 4 级，如 1 级防外界磁场，允许产生误差 0.5%	[I]
工作环境温湿度符号	工作环境 0℃～40℃，湿度 85%以下	△A
	工作环境 −20℃～50℃，湿度 85%以下	△B

现以 C31-A 安培表为例，表面上除有表的测量单位符号“A”外，尚有“0.5、△A、⋂、—、⌐、[I]、☆”等标记，以说明该表的技术特性。

此种电表是张丝式磁电式仪表，准确度为 0.5 级，并设计成多量程，以插销方式变换量程，使用方便。为提高读数的准确度，在刻度尺的下方还设有反光镜，以此来消除视差。

使用时注意以下两点：

(1) 使用前必须把指针调整到零位。

(2) 在接通电路前，必须对电路中的电流或电压有所估计，以免因过载而损坏仪表(如不知，可从较大量程开始)。

另外，实验室中还常用到下列几种磁电式仪表：

1. 万用表

万用表实际上是具有多种测量功能的仪表，一般常用于测量电压、电流和电阻等。

图 20 是 MF-30 型万用表的表面，转换开关 K 用于变换所要测量的内容和量程。当它转到某一位置时，万用表中的表头就与表内的某些元件组成相应的单一测量仪表，图 21(a)、图 21(b)、图 21(c)分别为测量直流电流、直流电压和交流电压时的万用表内部线路简图。

图 22 是万用表测电阻的线路简图。由图上可知，测量电阻实际上是在测量通过待测电阻 R_x 和内部电阻(R_g、R_0 和 R_1)的电流，所以，表头的指示电流：

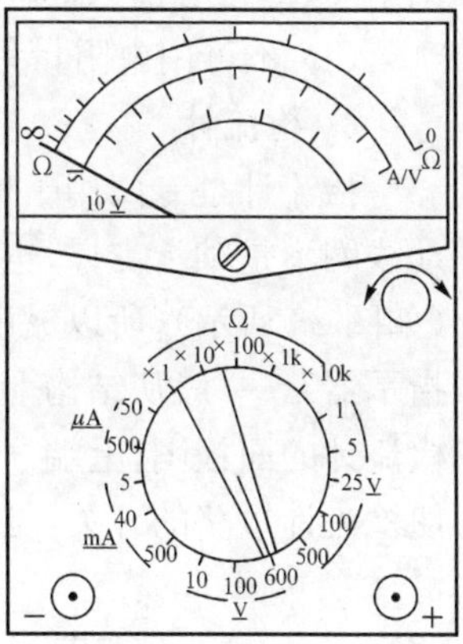

图 20

$$I=\frac{E}{R_0+R_1+R_g+R_x}$$

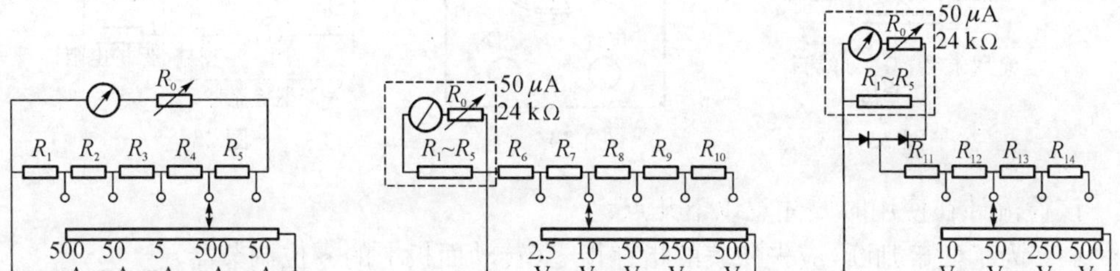

图 21

由于 R_g、R_0、R_1 和 E 是定值，所以电流大小仅决定于待测电阻 R_x。且电阻 R_x 越大，电流越小，即电表指针偏转越小。反之，R_x 越小，电流越大，电表指针偏转角度越大。由此可见，表面上电阻标尺的刻度值大小的方向是与电流、电压标度方向相反的，而且是非线性的。

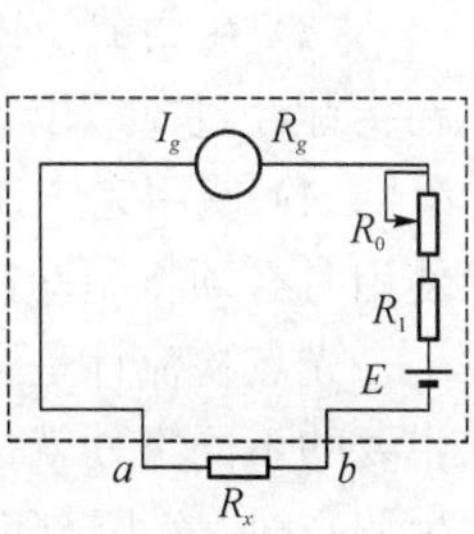

图 22

使用万用表需注意以下几点：

(1) 要校正零点。在测量电流或电压时，如指针不指零位，可调节表面上"零点校正器",使之指零。测量电阻前还要使两测量表棒短路,看指针是否作满量程偏转而指在"0"Ω 处,如果不是,可旋"调零电位器"解决(如仍不能调零,可能是电池已旧,电压过低,应更换电池解决)。

(2) 在明确待测量后,将转换开关转到该内容位置,如果事先不知道待测电压或电流的大小,可先置于最大量程位置,在该量程上,如果发现表的指针偏转很小或几乎不偏转,再换到较低档量程上,直到最接近被测值的量程为止。

(3) 为提高电阻的测量准确度,在测量电阻时,所选电阻档应能使指针指在标度尺中间刻度线(即中心值 $R_{中}$)附近,一般在 $1/5R_{中}$ 和 $5R_{中}$ 之间。

(4) 不可用电阻量程去测量电压或电流,以防损坏电表。

2. 检流计

检流计是专门用于检验电路中有无电流的仪器,它与万用表的表头不同之处是:它的转动线圈不是轴承支撑,也不是游丝装置,而是用金属丝(或称张丝)把转动线圈悬挂在磁场中(如图 23 所示),所以灵敏度较高,一般可达 10^{-6}~10^{-10}安培/格。常在电测量中作为"平衡指示器"。一般从结构上又可把检流计分为指针式和光点式两种。图 24 是 AC5 型指针式检流计的面板图,上端"+"、"−"为接线柱,下端"电计"和"短路"按钮分别是接通检流计和使检流计短路的开关(见图 25)。

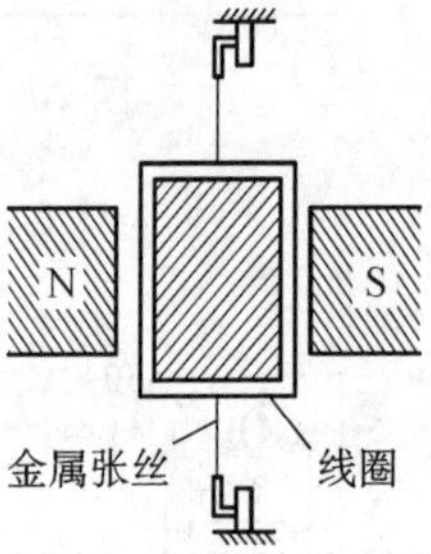

图 23

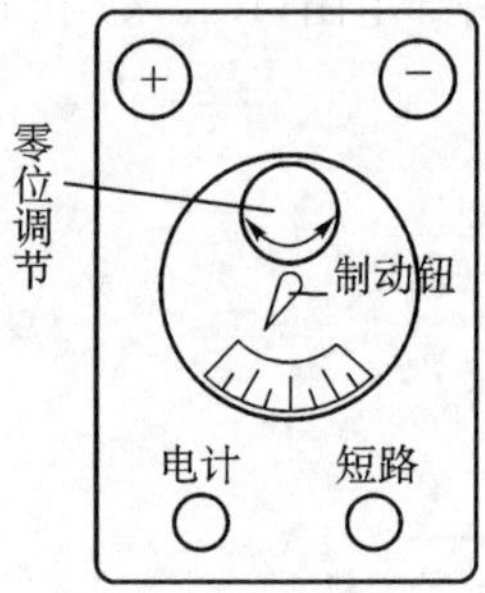

图 24

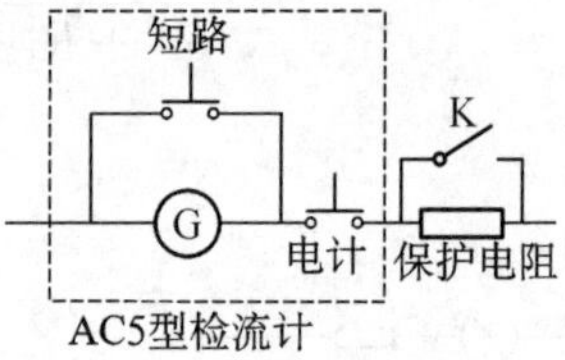

图 25

该检流计在使用时要注意以下几点:

(1) 为了便于判断,应先使表的指针指零(转动面板上的零位调节器)。

(2) 由于检流计只允许通过微小电流,所以,在使用时应再另外串接一个保护电阻(附开关),在有此电阻的情况下,先进行电路平衡的调节,待基本达到平衡以后,再合上开关 K,使保护电阻短路而恢复测量电路原来的灵敏度,这样检流计又会有较大的偏转,此时需再进行电路平衡调节,直到指针指零为止。前者称为粗调,后者称为细调。

(3) 在调节使用时,如果发现指针偏转速度很大或摆不停,应迅速放开"电计"按钮,并在指针经过"零"位置时,按下"短路"钮,使指针快速停下。

(4) 使用完毕,应将制动钮拨向红点位置,使转动线圈处于制动状态,以起保护作用(在使用时必须将制动钮拨在白点位置处)。

光点检流计是采用光反射机构所产生的光斑进行零位指示的仪表。它与指针式检流计主要的不同之处就是在悬挂转动线圈的张丝上安装了一面小反光镜(见图 26)。当线圈发生偏转时,该小镜随张丝扭转而发生偏转,使照射到镜面的入射光的反射方向(通常以光斑形式)也发生偏转(见图 27),其偏转角度与流入线圈的电流成正比。由于这种检流计的刻度尺与反射镜之间的距离可以做得很长，灵敏度自然也就可以大大提高，故在测量精度要求较高的场合常被采用。

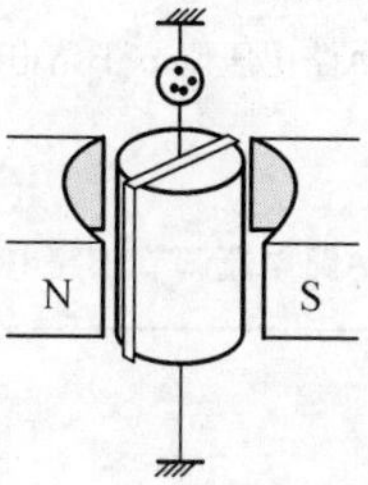

图 26

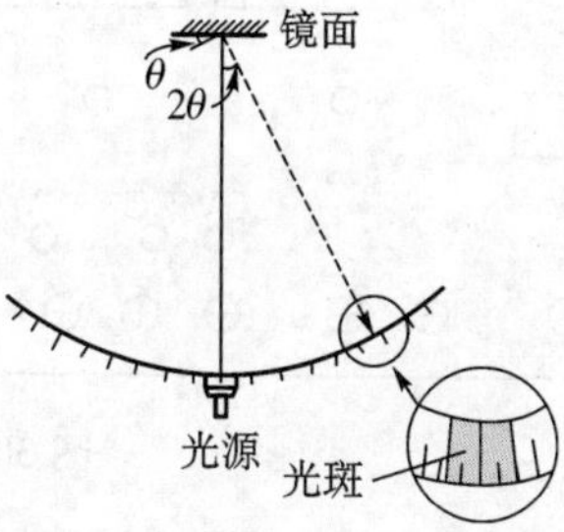

图 27

七、电源

电源是实验室的通用设备，分为直流电源和交流电源两类。

1. 直流电源

实验室常用的直流电源有电池、整流器和晶体管稳压电源等。

普通电池如图 28 所示，虽然其储能有限，但由于成本低、体积小、挪动方便，所以在功耗要求不大的场合有其实用价值。要注意的是：它是化学电池，输出电压会随使用的时间而下降，故不能把它的标称值当成定值。另外，当将它装入仪器中使用时，特别要防止它流液，它会腐蚀仪器中的部件。

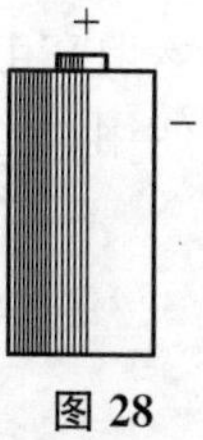

图 28

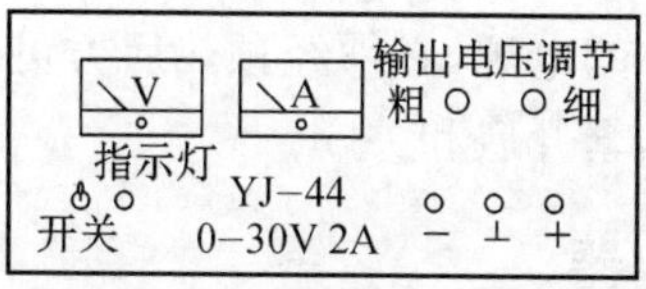

图 29

晶体管稳压电源是目前实验室中最常用的直流电源，虽然其种类繁多，但在其面板上总是有电源开关、输出电压的“＋”、“－”接线柱、电压指示表与输出电压调节钮等。使用前应先看清它们的标记和用途。图 29 是 YJ-44 型稳压电源面板图。该稳压电源面板上装有电压、电流指示表，输出电压有粗、细两个调节钮。接入电路使用时，在打开开关前应将粗、细调节钮反时针旋到底；打开开关后，可看着两表的指示值调到所需电压。

图 30 是 XJ 1780A 型直流稳压电源面板图。它具有三路完全独立输出：一路固定输出为 5 V，2 A；其余二路可调输出为 A 路和 B 路，每路均可输出 0～24 V，0～1 A 的直流电源，均具有稳压、稳流两种工作方式。绿灯表示 CV（稳压）、红灯表示 CC（稳流）。开机前，将“电流调节”旋钮调到最大值，“电压调节”旋钮调到最小值；开机后再将“电压调节”旋钮调至需要的电压值。

2. 交流电源

常用的交流电源为市电网所供给的 220 V 交流电压，此电压可以通过变压器装置使其升高或降低，以满足使用的需要。

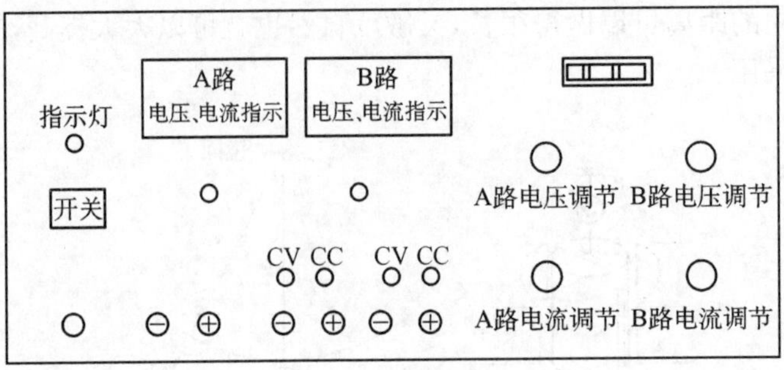

图 30

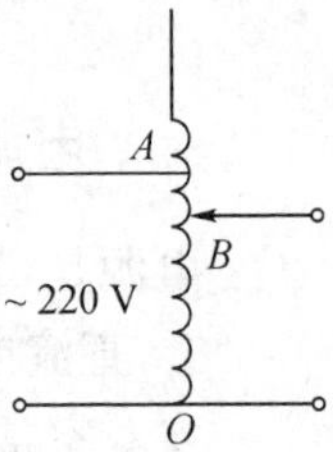

图 31

实验室经常用自耦变压器进行交流电压升降的变换，如图 31 所示，变压器的 A、O 端是初级交流 220 V 的输入端，B、O 端是次级电压的输出端，且 B 端触点可滑动，使次级电压在 0～240 V(或更高)范围内连续可调，使用十分方便。但要注意一点，由于"0"是初、次级的共用结点，故在接线时，"0"不可接市电网的"火线"，它必须接"地"。不然，次级的所谓"地"端对地将有 220 V 的交流电压，即使 B 调至 O，B、O 之间电压为零，但它们对地仍有 220 V 电压，这在实验中是很危险的。因此事先最好测定初级的"火线"端，如不作测定，为安全起见，应先将输出端与负载接好，然后再将 220 V 市电接到输入端。使用完毕，应先断开 220 V 电压，再拆其他接线。

不论使用何种电源均应注意：

(1) 电源的输出端严禁短路；

(2) 负载要求的电压和电流不可超过电源的额定值(该值在电源上都有标记)；

(3) 对于有预热要求的电源，必须经预热后方可正常使用；

(4) 电源开关不可频繁开启和关闭。

八、低频信号发生器

实验室常用低频信号发生器作为标准信号源。图 32(a)为 EM32030DDS 全数字合成函数发生器的面板图。

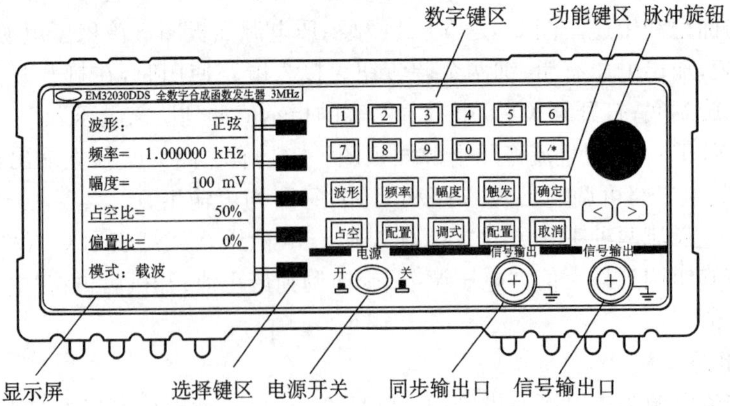

图 32

EM32030DDS 全数字合成函数发生器，有 9 种函数波形和 4 种任意波形可供选择，其中函数波形为正弦、方波、三角波、升斜坡、降斜坡、伪随机噪声，$\sin(x)/x$、升指数、降指数，任意波形允许用户根据自己的需要创建，其频率特征参见表 7。

表 7

EM 32030 信号发生器频率特征	正弦波	1 mHz～仪器上限频率
	方波	1 mHz～仪器上限频率
	其他波形	1 mHz～100 kHz
	最高分辨率	100 μHz 或 8 位数字
	长期稳定度	50 ppm(0°～40℃)
	短期稳定度	1 ppm 开机预热稳定后
	精度	0. 05 Hz(≥100 Hz)；100 μMz(＜100 Hz)

九、示波器

示波器除能直接用于观察各种周期性变化的电压波形和测量电压数值大小外，还可以用于测量一切转化为电压量的其他物理量，如电流、频率、相位、压力、温度、磁场等。

1. 示波管结构和电子束偏转原理

示波器主要由示波管(图 33 所示)、垂直(Y 轴)放大器、水平(X 轴)放大器，锯齿波发生器、衰减器和电源等部分组成。其中示波管是示波器的核心部分。

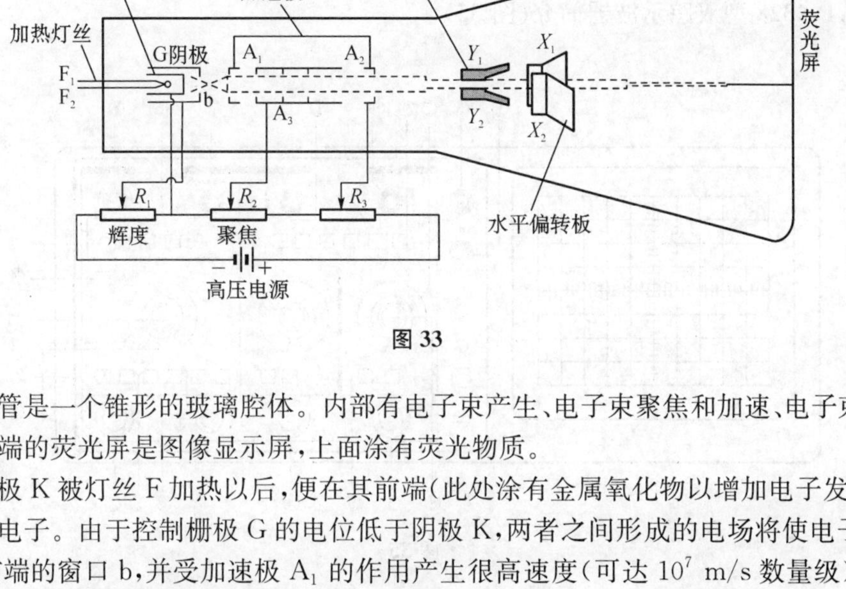

图 33

示波管是一个锥形的玻璃腔体。内部有电子束产生、电子束聚焦和加速、电子束偏转等机构。前端的荧光屏是图像显示屏，上面涂有荧光物质。

当阴极 K 被灯丝 F 加热以后，便在其前端(此处涂有金属氧化物以增加电子发射量)发射出大量电子。由于控制栅极 G 的电位低于阴极 K，两者之间形成的电场将使电子大多趋向 G 极前端的窗口 b，并受加速极 A_1 的作用产生很高速度(可达 10^7 m/s 数量级)，穿过 b 孔后进入 A_3、A_2 板形成的聚焦和进一步加速的电场而形成一束紧聚在一起的电子束，通过偏转板打在荧光屏上，使荧光物质发光。

打在荧光屏上光点的亮度与通过控制栅极 G 的小孔 b 的电子密度成正比，所以改变控制栅极的电压（通过 R_1 电位器）就可以改变光亮度，因此称为辉度调节。改变聚焦极电压（通过 R_2 电位器）可以改变电子束的聚焦程度，能使光点的直径最小，图像最清晰。

当垂直和水平两对偏转板上都没有加电压时，电子束将打在荧光屏的中央 O 点处（见图 34b），当只在水平偏转板上加直流电压时，电子束通过其间将受到该两板极间电场的作用而发生偏转（图 34a）偏转距离大小和左右方向由所加电压大小和两板上的极性决定，如图 34b 中的 C、C'点。同理，如只在垂直偏转板上加直流电压，荧光屏上的光点将作向上或向下和偏转，如图 34b 中的 B、B'点。如果在两对偏转板上同时加上直流电压，则电子束穿过两对偏转板时将分别受到两个相互垂直的电场和作用，打到荧光屏上的光点就如图 34b 中和 D、D'或 E、E'，偏转方向向着电压较大的极板。

由上可知，只要调节两对极板上的电压就能控制屏上光点（或图像）的位置。当偏转板上所加的电压是交变电压时，偏转板间的电场将是交变的，因此光点将跟随电压的变化而运动，若交变电压频率较高时，将在屏上显示出水平或垂直亮线，或两个方向运动合成的轨迹。

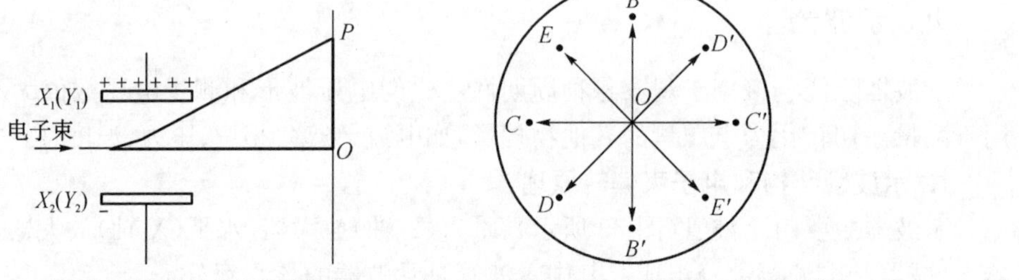

(a) 电子束通过偏转板的运动轨迹　　(b) 光点位置与所加在偏转板上电压的关系

图 34

2. YB 4328 型双踪示波器简介（图 35）

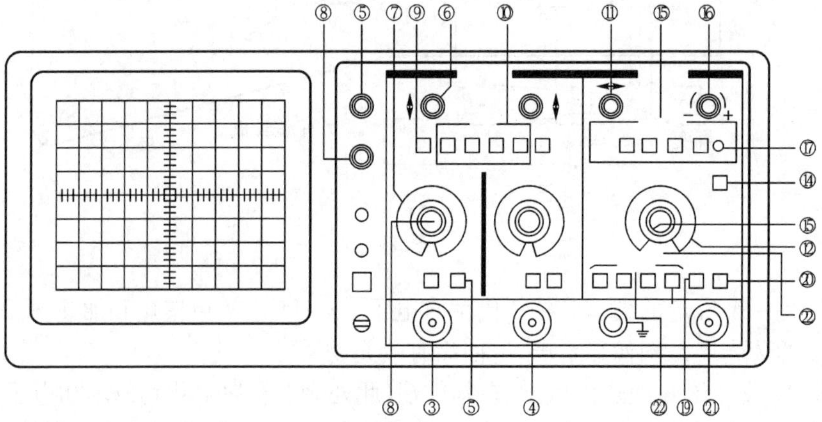

图 35

控制件的名称和作用：

(1) 辉度(INTENSITY)——光迹亮度调节。

(2) 聚焦(FOCUS)——用以调节示波管电子束的焦点，使显示的光点成为细而清晰的圆点。

(3) 通道 1 输入插座 CH1(*X*)——双功能端口，在常规使用时，此端口作为垂直通道 1 的输入口，当仪器工作在 *X*-*Y* 方式时此端口作为水平轴信号输入口。

(4) 通道 2 输入插座 CH2(*Y*)——垂直通道 2 的输入端口，在 *X*-*Y* 方式时，作为 *Y* 轴输入口。

(5) 耦合方式(AC GND DC)——GND：输入端处于接地状态，用以确定输入端为零电位时光迹所在位置；AC：信号中的直流分量被隔开，用以观察信号的交流成分；DC：信号与仪器通道直接耦合，当需要观察信号的直流分量或被测信号的频率较低时应选用此方式。

(6) 垂直位移(POSITION)——用以调节光迹在垂直方向的位置。

(7) 灵敏度选择开关(VOLTS/DIV)——选择垂直轴的偏转系数，从 5 mV/div～10 V/div分 11 个档级调整，可根据被测信号的电压幅度选择合适的档级。

(8) 微调(VARIABLE)——用以连续调节垂直轴的偏转系数，该旋钮顺时针旋足时为校准位置，此时可根据“VOLTS/DIV”开关度盘位置和屏幕显示幅度读取该信号的电压值。

(9) 通道扩展开关(PULL×5)——按入此开关，增益扩展 5 倍。

(10) 垂直方式(MODE)——选择垂直系统的工作方式。

- CH1：只显示 CH1 通道的信号。CH2：只显示 CH2 通道的信号。
- 交替：两路信号交替显示，该方式适合于在扫描速率较快时使用。
- 断续：两路信号断续工作，适合于在扫描速率较慢时同时观察两路信号。
- 叠加：用于显示两路信号相加的结果，当 CH2 极性开关被按入时，则两信号相减。
- CH2 反相：按入此键时，CH2 的信号被反相。

(11) 水平位移(POSITION)——用以调节光迹在水平方向的位置。

(12) 扫描速率(SEC/DIV)——根据被测信号的频率高低，选择合适的档级。当扫速微调置校准位置时，可根据度盘的位置和波形在水平轴的距离读出被测信号的时间参数。

(13) 微调(VARIABLE)——用于连续调节扫描速率，顺时针旋足为校准位置。

(14) 扫描扩展开关(×5)——按入此键，水平速率扩展 5 倍。

(15) 扫描方式(SWEEP MODE)——选择产生扫描的方式。

- 极性(SLOPE)：用以选择被测信号在上升沿或下降沿触发扫描。
- 自动(AUTO)：当无触发信号输入时，屏幕上显示扫描光迹；有触发信号输入时，调节电平可使波形稳定的显示在屏幕上，此方式适合观察频率在 50 Hz 以上的信号。
- 常态(NORM)：无信号输入时，屏幕上无光迹显示；有信号输入时，且触发电平旋钮在合适位置上，电路被触发扫描，当被测信号频率低于 50 Hz 时必须选择该方式。
- 锁定：仪器工作在锁定状态后，无需调节电平即可使波形稳定的显示在屏幕上。
- 单次：用于产生单次扫描，按动复位键，当触发信号输入时，扫描只产生一次，下次扫描需再次按动复位键。

(16) 电平(LEVEL)——用以调节被测信号在变化至某一电平时触发扫描。

(17) 触发指示(TRIG'D READY)——该指示灯具有两种功能指示,在非单次扫描方式时,该灯亮表示扫描电路工作在被触发状态;在单次扫描方式时,该灯亮表示扫描电路在准备状态,此时若有信号输入将产生一次扫描,指示灯随之熄灭。

(18) 触发源(TRIGGER SOURCE)——用于选择不同的触发源。

• CH1:在双踪显示时,触发信号来自 CH1 通道;单踪显示时,触发信号则来自被显示的通道。

• CH2:在双踪显示时,触发信号来自 CH2 通道;单踪显示时,触发信号则来自被显示的通道。

• 交替:在双踪交替显示时,触发信号交替来自于两个 Y 通道,此方式用于同时观察两路不相关的信号。

• 电源:触发信号来自于市电。外接:触发信号来自于触发输入端口。

(19) AC/DC——外触发信号的耦合方式,当选择外触发源,且信号频率很低时,应将开关 DC 位置。

(20) 常态/TV(NORM/TV)——一般测量此开关置常态位置,当需观察电视信号时,应将此开关置 TV 位置。

(21) 外触发输入(EXT INPUT)——当选择外触发方式时,触发信号由此端口输入。

(22) X-Y 方式——在某些特殊场合,X 轴的光迹偏转需由外来信号控制或需要 X 轴也作为被测信号的输入通道,如:外接扫描信号李萨如图形的观察或作为其他设备的显示装置等都需要用到该方式。将 SEC/DIV 开关逆时针方向旋足至 X-Y 位置,由 CH1 (X)端口输入 X 轴信号,其偏转灵敏度仍按该通道的 VOLTS/DIV 开关指示读取,但该方式的 X 轴灵敏度扩展则是水平扩展×5 按键来控制。

十、箱式惠斯登电桥

图 36 和图 37 是 QJ23 型直流电桥的面板图和线路图。

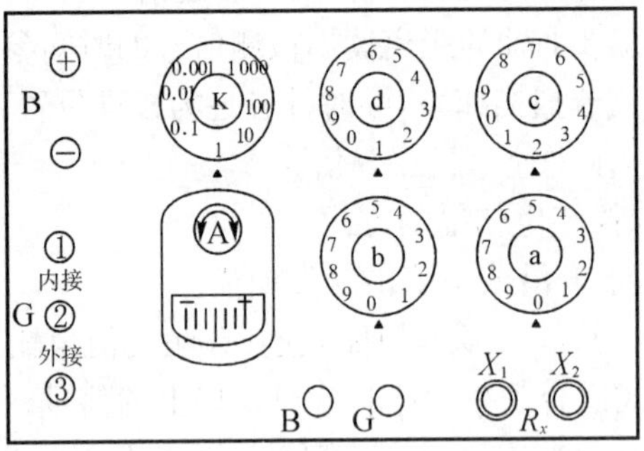

图 36

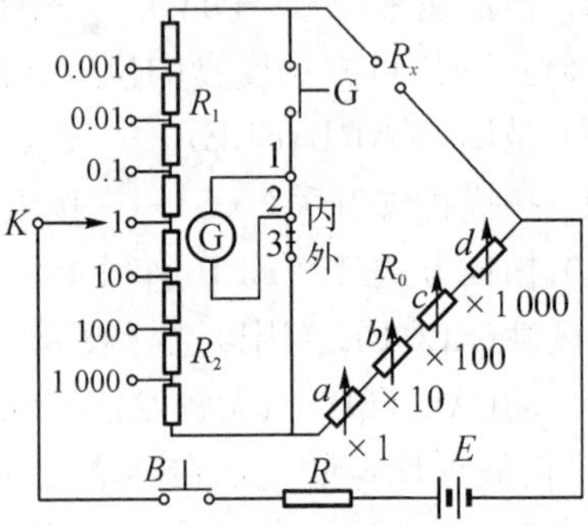

图 37

1. 面板介绍

(1) a、b、c、d 为测量臂上四个可变电阻,对应于线路图中的 R_0。

(2) K 为比例臂,对应于线路图中的转换开关 K。

(3) B、G 分别为电源开关和检流计通路开关,对应于线路图中的 B、G 按钮。

(4) ⊕、⊖为电源接线柱。

(5) X_1 和 X_2 为待测电阻接线柱。

(6) A 为检流计调零旋钮。

(7)"内接"和"外接"处的"1""2""3"是内接或外接检流计的接线柱。当用电桥自备的检流计时，须用金属片（或导线）将"2""3"连起来。如用外部检流计应将"1""2"短路，而"2""3"接外部检流计。

2. 使用方法

(1) 先估计一下待测电阻 R_x 的阻值大小，并接在"R_x"处。

(2) 在⊕、⊖处接上直流电源，电压大小参考《QJ23 型电桥准确度及电压选择》表。

(3) 选择比例臂时，应以能使测量臂上"×1 000"旋钮不为"0"为原则，这样可使测量结果有最多的有效数字。

(4) 接通电路时，应先按"B"钮，后按"G"钮；切断电路时，应先松"G"钮，后松"B"钮，而且接通时间尽量不要过长。

表 8　QJ23 电桥准确度及电源电压选择

倍率	量限(Ω)	准确度(%)	电源电压(V)	检流计
×0.001	1～9.999	±1	4.5	内附
×0.01	10～99.99	±0.5	4.5	
×0.1	100～999.9	±0.2	4.5	
×1	1 000～9 999	±0.2	6	
×10	1 000×10～4 999×10	±0.2	15	
×10	5 000×10～9 999×10	±0.2	15	外附
×100	$1\,000\times10^2$～$9\,999\times10^2$	±0.5	15	
×1 000	$1\,000\times10^3$～$9\,999\times10^3$	±1	15	

(5) 为较快调好测量臂的电阻，应先从最高档（×1 000 档）开始调节，如旋动钮到某一位置时，接通电路后，检流计指针向右（或向左）偏转，当逐次减小或增大该档指示值到某一位置时，检流计指针开始反向，即向左（或向右）偏转，那么说明在最后一次改变量内已能使检流计指针指零，只是在这一档里改变量太大，无法实现平衡，故必须调下一级（即×100 档）旋钮，以此类推，直到检流计指针指零，即电桥平衡为止。此时，被测电阻 R_x 为：

$$R_x = KR_0$$

式中 K 为比例臂上指示的比例（或称倍率）数。R_0 为测量臂上四个旋钮所指示的阻值和，即：

$$R_0 = d\times1\,000 + c\times100 + b\times10 + a\times1 \quad (\Omega)$$

（d、c、b、a 分别为四个旋钮盘上的指示数）

(6) 如果在调整最高档旋钮时，检流计指针始终指向一边（即不发生反转），应改变比例臂。如指向"＋"方向，应增大比例臂，如指向"－"，应减小比例臂。

十一、电位差计

1. 原理电路和仪器面板图

图 38 为电位差计原理图。当选择开关 K_1 分别拨到“标准”和“未知”两位置上，电路都能得到补偿，则有：

$$\left.\begin{aligned} E_x &= IR' \\ E_s &= IR'_s \end{aligned}\right\} \quad E_x = \frac{R'}{R'_s} \cdot E_s$$

式中 R' 和 R'_s 为补偿电阻，E_s 为标准电池电动势；当 I 为仪器标准化电流时，直接从仪器上读出被测电压 E_x 的值。

仪器面板图如图 39 所示。

(1) 工作电流调节部分(原理图中 R_p)：由“粗”“中”“细”三只调节电阻组成。

(2) 标准电池的电动势补偿部分为 R_s 钮，应先根据实验环境温度算出标准电池电动势值，然后将 R_s 钮旋到对应的数值处。

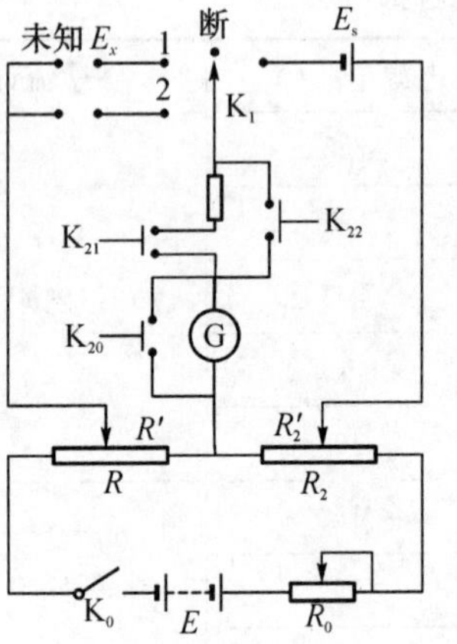

图 38

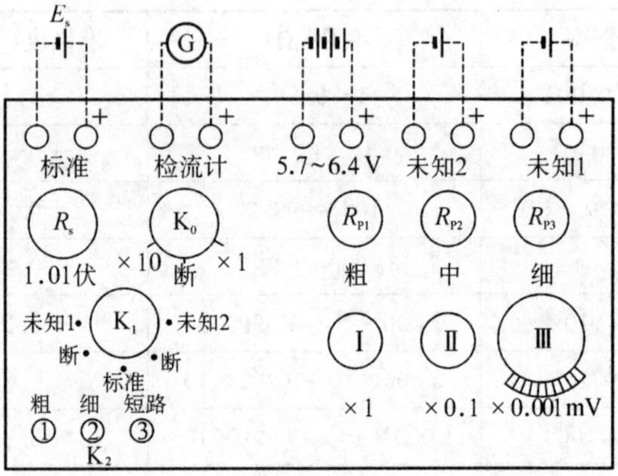

图 39

(3) 测量回路部分：由Ⅰ、Ⅱ旋钮和转盘Ⅲ组成。转盘Ⅲ上附有游标读数装置。

(4) K_0 为电源开关和量程转换开关，中间位置为电路断开(面板上未标)，量程有×1、×10 两档。

(5) K_1 为选择开关，可选择“标准”“未知 1”“未知 2”。

(6) K_2 为检流计回路上“粗”、“细”、“短路”揿压式接触开关。

2. 使用方法

(1) 先按面板上一排接线柱所标示的内容接上标准电池、检流计、直流电源(5.7～6.4 V)和被测电动势，要注意“＋”“－”极性要求。

(2) 根据实验环境温度计算 E_s，旋转好 R_s 的对应位置。

(3) K_0 拨至×1 处(如发现量程不够再拨至×10 档)

(4) 调好检流计零位。

(5) 将 K_1 转至“标准”处，进行电流标准化调节。即断续按 K_2 的“粗”钮，顺次调节 R_{p1}(粗)的 R_{p2}(中)，直到检流计指针(或光斑)指零，接着再按下 K_2 的“细”钮，此时，检流计又有偏转，再顺次调 R_{p2}（中）和 R_{p3}（细），使检流计指零，即达到补偿状态。此时电位差计中的工作电流达到了 0.01 A 的标准化电流。

（3）将 K_1 转至“未知 1”（或未知 2，视被测电动势的接入位置而定），进行未知电动势 E_x 的测量。先按下 K_2“粗”钮，顺次调节旋钮“Ⅰ”、“Ⅱ”和转盘“Ⅲ”，使检流计指针（或光斑）指零。然后再按下 K_2“细”钮，此时，检流计又有偏转，再顺次调“Ⅱ”和“Ⅲ”，直到检流计指零，这时，Ⅰ、Ⅱ、Ⅲ上读出的数值总和再乘以 K_0 位置所示倍率就是被测电动势的值。

3. 使用注意事项

（1）标准电池、外接电源和未知电动势的极性不可接错。

（2）测量时必须先进行“电流标准化”，再进行被测电动势的测量，并要不断检查电流标准化状态。

（3）转盘“Ⅲ”上有一小段刻度空缺（此处对应内部滑线电阻的空缺），游标的“零”刻线如在此段内，待测回路将处于断路状态。

4. 主要技术指标

（1）测量范围：

“×10”档　自 0～171 mV，转盘最小分度值 10 μV，游标尺分度值 1 μV。

“×1”档　自 0～17.1 mV，转盘最小分度值 1 μV，游标尺分度值 0.1 μV。

（2）准确度：在温度 15～25 ℃时，仪器的误差限 Δ 为：

“×10” 档　$\Delta \leqslant (5\times 10^{-4}U_x + 5\times 10^{-6})$ V　U_x 为测量值(V)

“×1” 档　$\Delta \leqslant (5\times 10^{-4}U'_x + 1.5\times 10^{-6})$ V　U'_x 为测量值(V)

（3）仪器的工作电流为 10 mA。

十二、常用光源简介

光源是光学实验必不可少的重要部分，对不同的观测目的需选用合适的光源。

1. 白炽灯

它是以钨丝为发光物体的光源，灯泡内的钨丝在惰性气体中通电加热，使钨丝炽热发光，它发出的光的光谱分布是连续的，其光谱能量分布曲线与钨丝的温度有关。实验室用的白炽灯多属低电压的，如 6 V、12 V 等。与一般民用白炽灯相比，其灯丝较短、发光面集中，易于实现高亮度的点光源、线光源等要求。使用时切勿超过其额定工作电压。

2. 钠灯和汞灯

它们是分别充有钠蒸汽或汞蒸汽的气体放电光源。其结构和线路图如图 40 所示。线路中的镇流器是起保护作用的，它在钠灯或汞灯触发后起限流作用，以保护灯管不会被烧坏。因此，在使用此种金属蒸汽的气体放电灯时，必须在线路中串联符合灯管要求的镇流器后，才能接到电源上去。钠灯发出两条波长非常接近的光谱线：$5\,890\times 10^{-10}$ m 和 $5\,896\times 10^{-10}$ m，通常取它们的平均值 $5\,893\times 10^{-10}$ m 表示钠灯发出的单色光波长，它是很好的单色光源。而低压汞灯在可见光区域发出数个波长的光谱线，它可供许多光学仪器（如单色仪、分光仪等）作为基

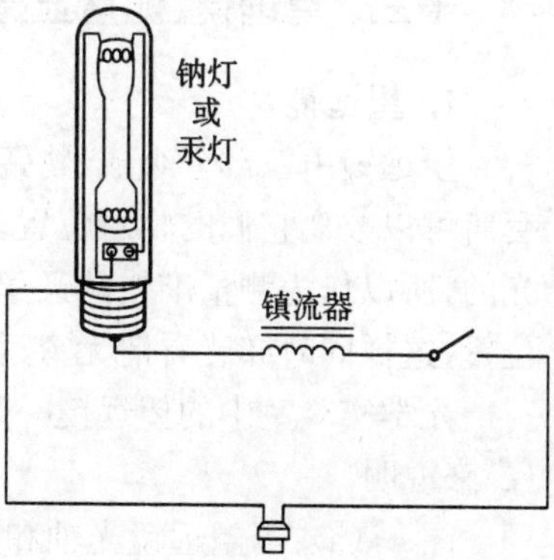

图 40

准波长。当需从低压汞灯中取得单一波长时，尚需配以适当的滤光装置(滤去不需要的光谱线以获得某波长的单色光)或分光装置(将各波长在空间上展开以获得所需波长的单色光)。表9为上海电光器件厂生产的钠灯和低压汞灯的主要技术数据：

表 9

名称	型号	电源电压(V)	管端工作电压(V)	工作电流(A)	功率(W)	光谱特性波长 $\times10^{-10}$ m
钠灯	GP20Na	220	20	1.3	20	5 890，5 896
低压汞灯	GP20Hg	220	20	1.3	30	4 047，4 358，5 461 5 770，5 790

3. He-Ne 激光器

它是一种气体激光器，发射的激光波长是 $6\ 328\times10^{-10}$ m；与其他光源相比，具有单色性好、亮度高、方向性好等优点。一台 He-Ne 激光器由激光电源和 He-Ne 激光管两部分组成，其结构和接线如图41所示。激光电源是直流高压电源，它直接接在激光管的电极引脚上，使用时严禁触及电极引出脚。表10为北京科学仪器厂生产的1007型 He-Ne 激光管的主要技术性能指标：

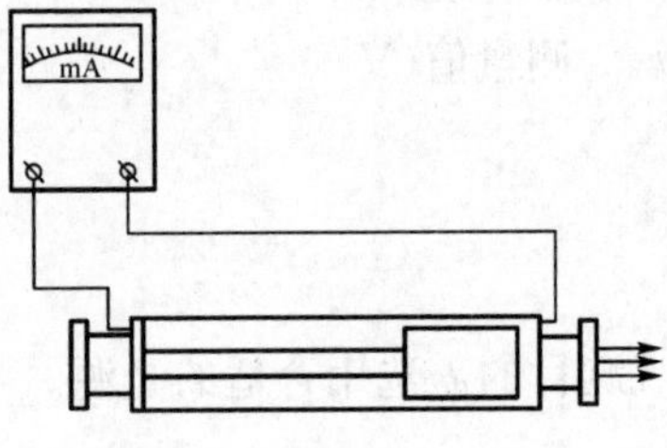

图 41

表 10

输出波长	$6\ 328\times10^{-10}$ m
输出功率	>0.8 mW
光束发散角	1.7 毫弧度
触发电压	7 000 V
工作电压	1 000 V
工作电流	4 mA

从表10可以看出：这种激光管输出功率只有毫瓦量级，但其光束截面很小，因此单位面积的辐射功率相当大，如果激光束直射眼底，将对人眼视网膜造成永久性的损伤，所以切勿直接对着激光束及反射其镜观看。

十三、望远镜、测量显微镜的结构和调整

1. 望远镜

望远镜由三部分组成：物镜、叉丝和目镜(图42)，它们分别装在三个套筒上，前后移动套筒可以改变它们的相对位置。由于实验室中的望远镜是用来观察无穷远物体射来的平行光的，所以作为测量准线的叉丝应放置在物镜的焦平面上，目镜则应位于能清晰看清叉丝的位置，这样同时亦能看清无穷远物体的像了。

光学实验室中的望远镜一般是用于确定平行光方向的。现用图43(a)、图43(b)、图43(c)来说明。

图43(a)：当望远镜光轴和光束1平行时，光束1会聚在叉丝交点 O 上，光束2是斜光束，会聚在焦平面的 P 点上。

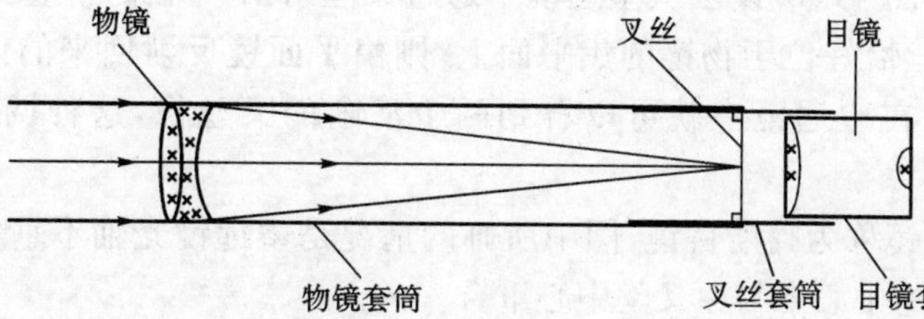

图 42

图 43(b)：若望远镜上下前后平移一个位置，由于光轴仍和光束 1 平行，所以光束 1 和 2 的成像位置不会改变。

图 43(c)：若将望远镜光轴转过一角度 α，即使光轴平行于光束 2，则光束 2 会聚在叉丝交点 O 上，光束 1 则会聚在焦平面的 P' 上。

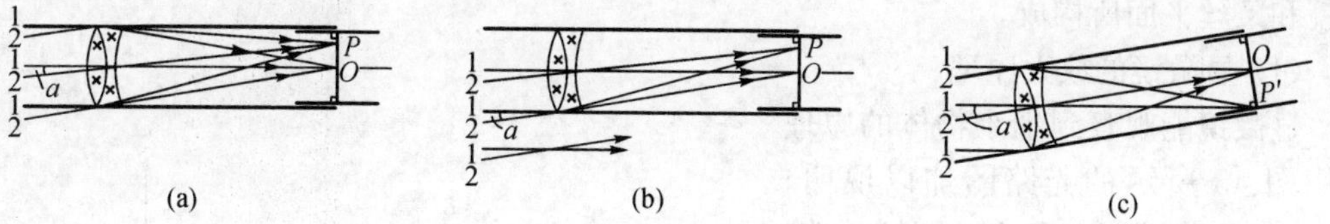

图 43

根据望远镜光轴转过的角度可测出 1、2 两束平行光的夹角，因此可以望远镜一般是专用来确定光线方向的基本光学测量工具。

望远镜的调节方法如下：

(1) 改变目镜和叉丝之间的距离，使在目镜中能清晰地看清叉丝。

(2) 一起移动目镜和叉丝(图 42 中叉丝套筒)使叉丝位于物镜的焦平面上。它可以通过两种方法来实现。

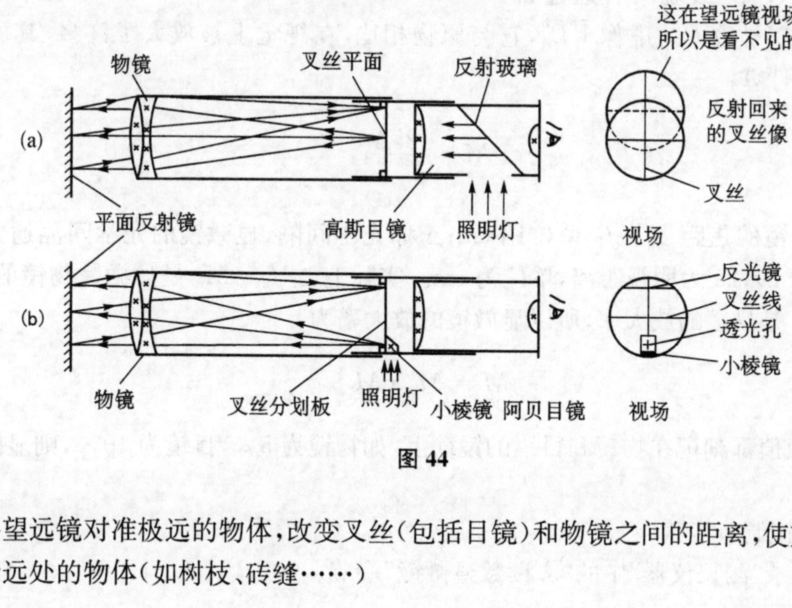

图 44

①将望远镜对准极远的物体，改变叉丝(包括目镜)和物镜之间的距离，使望远镜中能清楚地看清远处的物体(如树枝、砖缝……)

② 如图 44(a)、图 44(b)设法从望远镜中通过叉丝射出一光束，在望远镜前旋转一块平面反射境。若叉丝恰好位于物镜的焦平面上，则由平面镜反射回来的像必定也在物镜焦平面上，因而此时在望远镜中就可以看到两个清晰的叉丝像，这种调节方法称为“自准法”。

图 44(a)中的目镜称为高斯目镜，图中所画的情况是望远镜光轴不垂直平面反射镜的情况，故反射叉丝像的中心未与原叉丝中心重合。

图 44(b)是另一种自准直目镜，它用 45°直角反射棱镜的一个直角面紧贴在叉丝分划板上，该画上有一个十字形透光孔，这种目镜称阿贝目镜；图中画的是望远镜光轴垂直于平面反射镜的情况，反射像与透光孔对十字中心叉丝线的交点是中心对称的，在叉丝分划板上有一条标线以标明望远镜光轴垂直平面反射镜时像所应在的位置。

2. 测量显微镜

显微镜是用于观察测量微小物体的仪器，其主要部分是显微镜的镜筒装置，它由目镜、物镜和叉丝平面所构成。

(1) 显微镜的放大原理

显微镜能观察到细小物体的原理可用图 45 所示的光路图加以说明。图中 L_1 为物镜，F_1 和 F_1'分别为物镜的前、后焦点，焦距为 f_1；L_2 为目镜，F_2 和 F_2'分别为目镜的前、后焦点，焦距为 f_2。

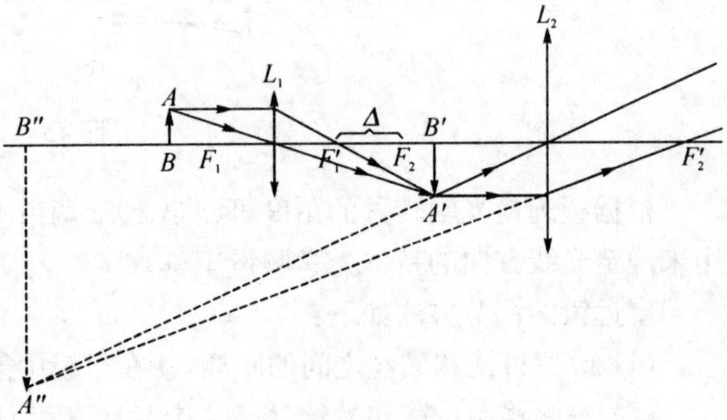

图 45

当某一细小物体$\overline{AB}$处于物镜的前焦点 F_1 外侧附近时，该物体经物镜成放大的实像于目镜的前焦点 F_2 的内侧附近($\overline{A'B'}$)；此时，由于目镜对此成像又起放大作用，故观察者通过目镜就会看到$\overline{A'B'}$被放大的虚像$\overline{A''B''}$，它与原物相比，在视觉上被放大了许多，其放大率 M 可按下式近似计算：

$$M = \frac{25\Delta}{f_1 f_2}$$

式中物镜和目镜的焦距 f_1、f_2 单位用 cm；Δ 称光学间隔，显微镜的光学间隔通常是定值(17 cm 或 19 cm)；25 为明视距离，单位为 cm。实际上 $\Delta/f_1 = M_0$ 是显微镜物镜的放大率，而 $25/f_2 = M_e$ 是目镜的放大率，所以显微镜的放大率为：

$$M = M_0 \cdot M_e$$

M_0 和 M_e 的数值都刻记在物镜和目镜的镜筒上，如物镜为 5×，目镜为 10×，则显微镜的放大率 $M=50$。

(2) 显微镜调节步骤

参阅本附录“测长仪器”中的“3. 读数显微镜”一节。

3. 视差及其消除方法

在使用上述两种基本光学测量工具时，尚需注意消除“视差”。

因为目镜犹如一块放大镜，用放大镜观察物体时，只要像在离眼睛 25 cm（明视距离）到无穷远的范围内，人眼都能较舒服地看清这个像，而像空间 25 cm—∞的区域对应于物空间就是透镜焦点附近的一段距离 Δ（图 46）。这就是说，物体位于 Δ 区域内时，人眼通过放大镜实际上都是能看清楚的。

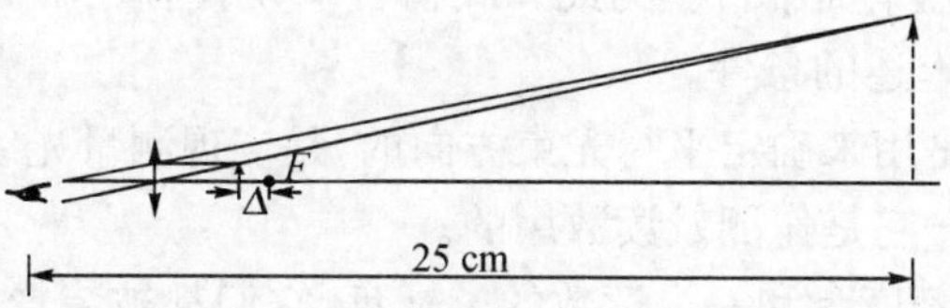

图 46

正因为目镜存在着在一段区域 Δ，当叉丝和被观察物体通过物镜所成的像均在目镜的 Δ 区域内，但它们又不在同一平面上时，就产生了视差现象。在这种情况下，当眼睛位置变化时，叉丝和被观察物的像就会随之相对移动，这在高精度的光学测量中是不允许的，所以在使用目视光学仪器时必须消除视差现象。

消除视差的方法是：

（1）望远镜：改变物镜和叉丝（包括目镜）之间的距离，使被观察物通过物镜所成的像正好与叉丝平面重合。

（2）显微镜：改变显微镜筒（包括目镜、叉丝和物镜）相对于被观察物的距离，使被观察物通过物镜所成的像正好与叉丝平面重合。

检验视差已消除的标准是：眼睛位置变化时，叉丝和物体像之间没有可观察得出的相对位移。

十四、分光仪

1. 分光仪的基本结构

分光仪由五部分组成，它们是底座，平行光管、载物台、望远镜和角度读数盘。图 47 是该仪器的俯视图。

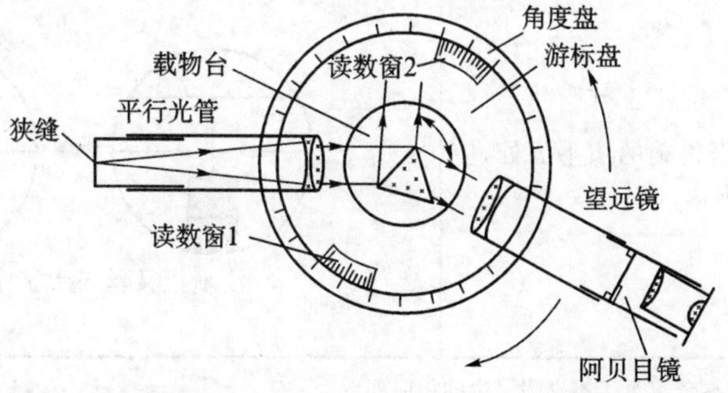

图 47

（1）底座——底座中心有一垂直图面的中心转轴，望远镜和读数圆盘（刻度和游标盘）可绕该轴转动。

（2）平行光管——它的作用是产生平行光。

（3）载物台——它是用来旋转待测样品的。

由于待测量的角度平面不是重合在角度盘平面上的（许多情况不能将角度盘直接放在待测的角度平面内），所以它是一种非接触式测量，这种测量的一个重要条件是待测量的角度平面必须和角度读数盘平面平行。为此。载物台下设置有三个调节台面倾斜的螺丝，通过对它们的调整来实现上述的条件。

（4）望远镜——它是用来确定平行光束方向的，是实现测量光线偏转角的工具。

（5）角度读数盘——它是作测量读数用的。

它包括一个 360°的刻度盘和一个读数的游标盘，它们都被装置在一个和仪器转轴垂直的平面内，但它们不能独立地绕轴旋转，其中一个（角度盘或游标盘）和载物台固结在一起，另一个（游标盘或角度盘）和望远镜固结在一起，所以它们将分别跟随载物台或望远镜一起转动，以完成角度的测量任务。

2. 分光仪的自身调整

为使分光仪能用于测量光学实验中的光线偏转角度，分光仪自身必须先做好下列三步调整。

在前两步调整时，要用自准法成像，所以在载物台上应按图 48(a)或图 48(b)放置一平面反射镜 M。

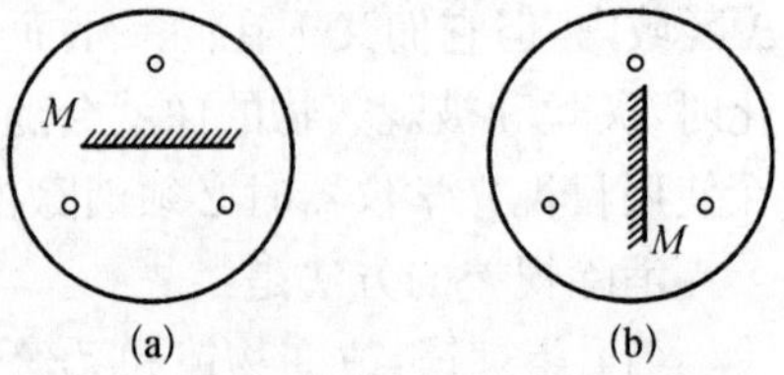

图 48

（1）望远镜能接收平行光——自准法

调节内容	现象与判据
① 调节目镜，使能看清叉丝线。	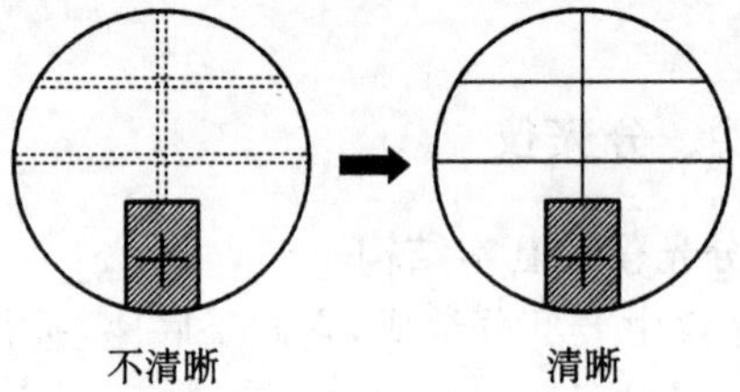
② 用自准法调节叉丝至物镜的焦平面处，应看到清晰的十字反射像。	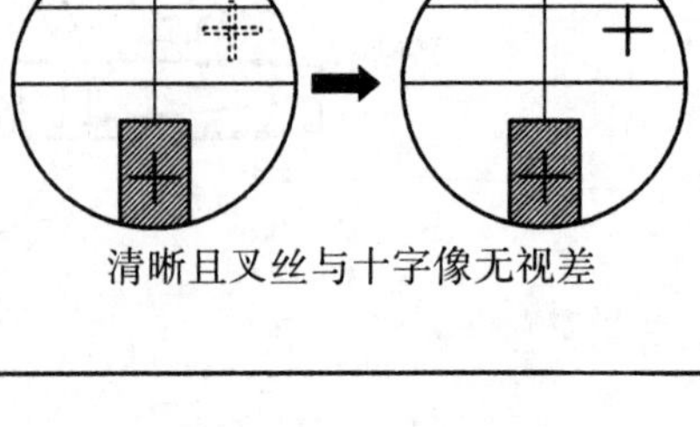

＊有关望远镜结构和调节可见于本书附录中的相应部分

（2）望远镜光轴与仪器转轴垂直——“各半调节”法

<table>
<tr><th>调节内容</th><th>判据与状态示意</th></tr>
<tr><td>① 调节望远镜倾斜螺丝或载物台倾斜螺丝，使望远镜光轴与平面反射镜垂直。</td><td>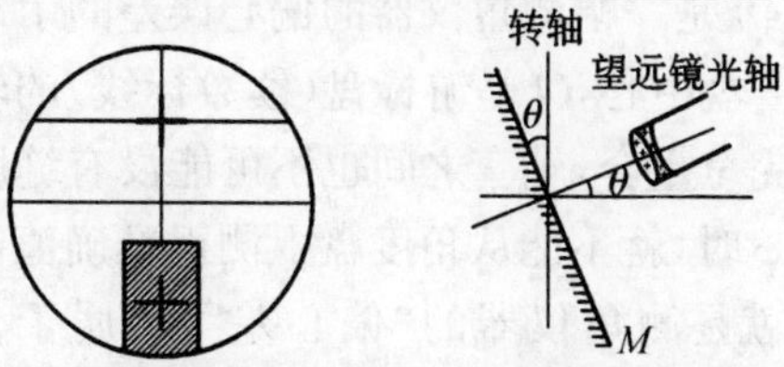
</td></tr>
<tr><td>② 将载物台(连同平面反射镜)绕轴转 180°，若望远镜光轴未与转轴垂直(则镜面法线也未与转轴垂直)，则十字像将与上横叉丝线分离一段距离 s。</td><td>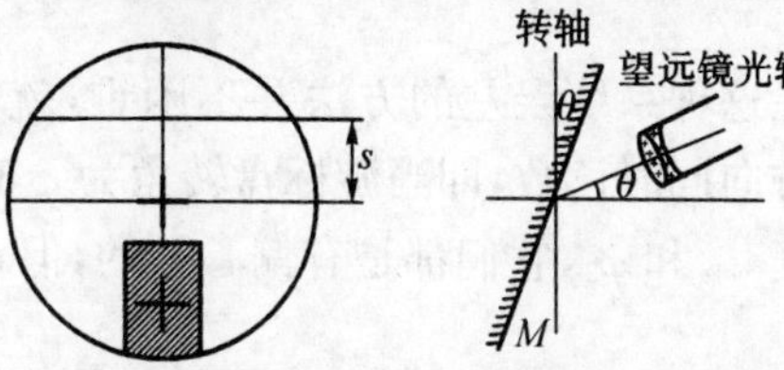
</td></tr>
<tr><td>③ 调节望远镜倾斜螺丝使十字像和上横叉丝线距离成为原来距离的 1/2。</td><td>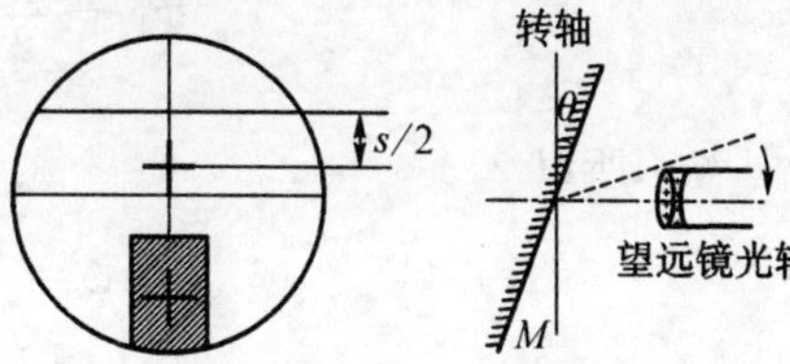
</td></tr>
<tr><td>④ 调节载物台倾斜螺丝，使十字像调至与上横叉丝重合，然后再将载物台转 180°，若十字像与上横丝叉线仍有分离，则重复③、④，直至平面反射镜正反两面的反射十字像均在上横叉丝线上为止。</td><td>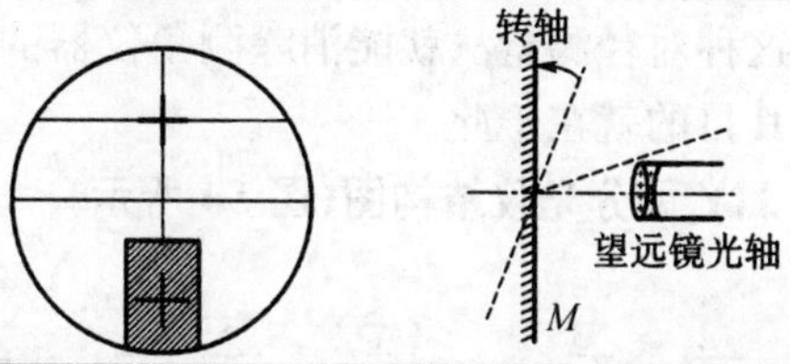
</td></tr>
</table>

（3）平行光管能出射平行光——用望远镜观察法

调节内容	现象与判据
① 望远镜对准平行光管，前后移动平行光管上的狭缝，使狭缝调整到平行光管物镜的焦平面上，此时在望远镜中应见到清晰的狭缝像。	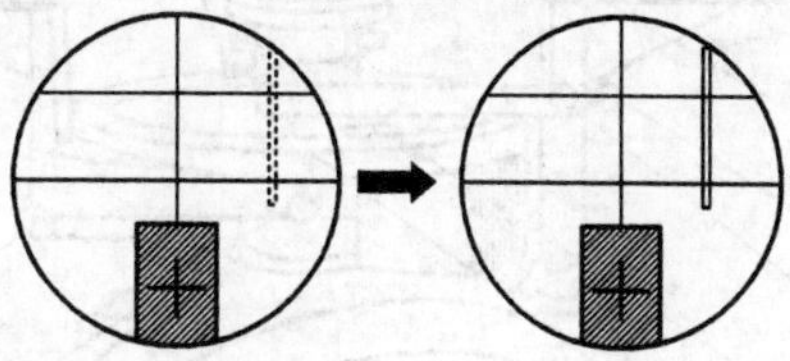
② 调节平行光管倾斜螺丝使平行光管光轴垂直仪器转轴，此时狭缝像对称于中央横叉丝线，狭缝上下正好与望远镜视场内接(若狭缝不在望远镜视场边缘，可稍转动望远镜)。	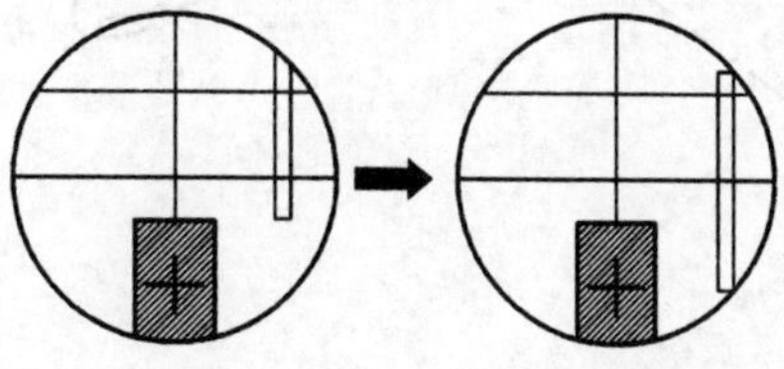
③ 调节狭缝宽度到便于准确测量的状态。(进行测量时，必须用望远镜中的纵叉丝线对准狭缝的各种像，如反射像、折射像……)	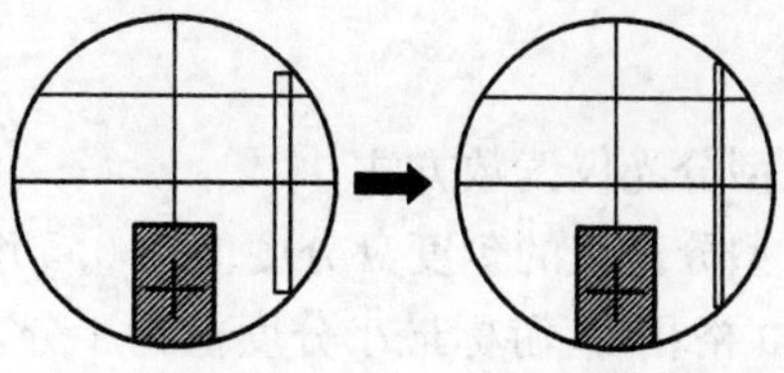

3. 测角仪器的偏心误差及其消除方法

图 49 是一幅测角仪器的偏心误差的示意图(画时夸大了),图中 O 是角度盘中心,O' 是游标盘(读数标线)的转动中心,由于制造时它们不能完全重合,轴套之间也不可能没有缝隙,因此当游标盘转过一个角度 φ 时,就不能从角度盘上测得准确值,$\varphi \neq \varphi_1$,$\varphi \neq \varphi_2$,($\varphi_1 \neq \varphi_2$),这就是测角仪器的“偏心差”,它属于仪器结构所引起的系统误差。

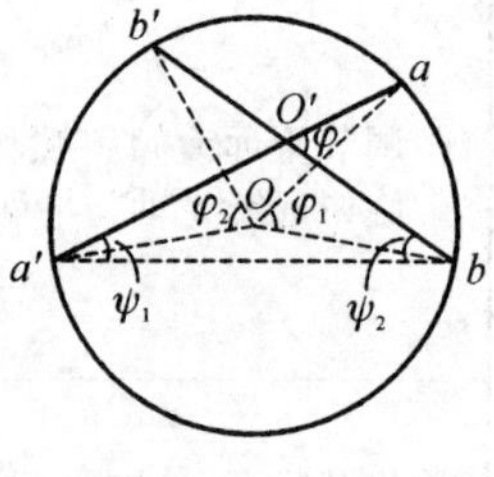

图 49

消除这种系统误差的方法并不困难,就像图 49 那样,在游标盘的对径方向同时读数,即当游标盘转角为 φ 时,从游标盘对径方向可测得角度 φ_1 和 φ_2,它们都是有偏心差的,但在图 49 中引一根辅助线 $a'b$ 后,就可得:

$$\Psi_1 = \frac{\varphi_1}{2},\ \Psi_2 = \frac{\varphi_2}{2}$$

而 $\varphi = \Psi_1 + \Psi_2$,所以

$$\varphi = \frac{\varphi_1 + \varphi_2}{2}$$

即利用这种对径测量法就能消除测角仪器的偏心差。分光仪上设置有对径方向上的两个读数游标其目的就在于此。

4. JJY 型分光仪结构图(图 50 所示)

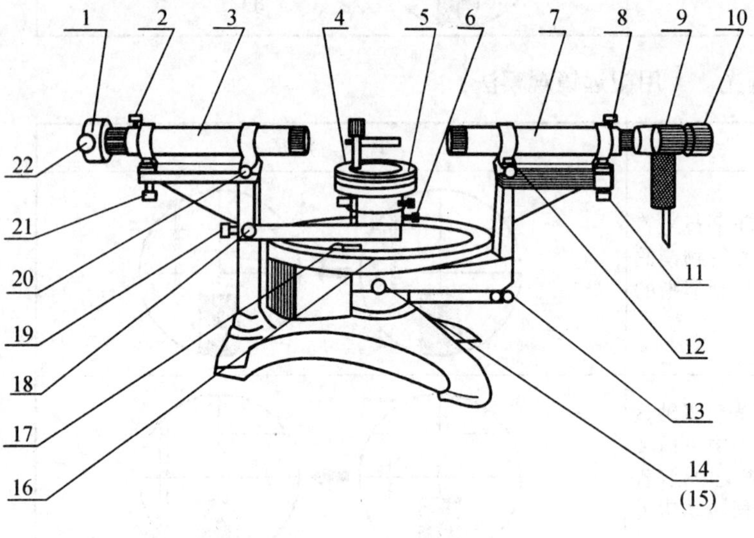

1. 狭缝装置
2. 狭缝套筒锁紧螺丝
3. 平行光管
4. 载物台
5. 载物台倾斜螺丝
6. 载物台锁紧螺丝
7. 望远镜
8. 目镜套筒锁紧螺丝
9. 自准直目镜(阿贝目镜)
10. 目镜视度调节手轮
11. 望远镜光轴高低调节螺丝
12. 望远镜光轴水平倾斜螺丝
13. 望远镜微调螺丝
14. 转轴与刻度盘止动螺丝
15. 望远镜止动螺丝(在背面)
16. 刻度盘
17. 游标盘
18. 转轴微调螺丝
19. 游标盘止动螺丝
20. 平行光管光轴水平方向调节螺丝
21. 平行光管光轴高低调节螺丝
22. 狭缝宽度调节螺丝

图 50

JJY 型分光仪读数方法

JJY 型分充仪的刻度盘分度值为 0.5 度,0.5 度以下用游标细分。游标上有 30 格与刻度盘上 29 格相等,游标最小分度值为 1 分。读数时先看游标零刻线所指的位置,读出主刻

度盘上读数，再加上游标的读数。例如，图 51 中游标零位指在主刻度盘 334°30′稍多一点的位置，而游标上第 20 格恰与主刻度盘上的某一刻度线对齐，因此该读数为：334°30′＋20′＝334°50′。

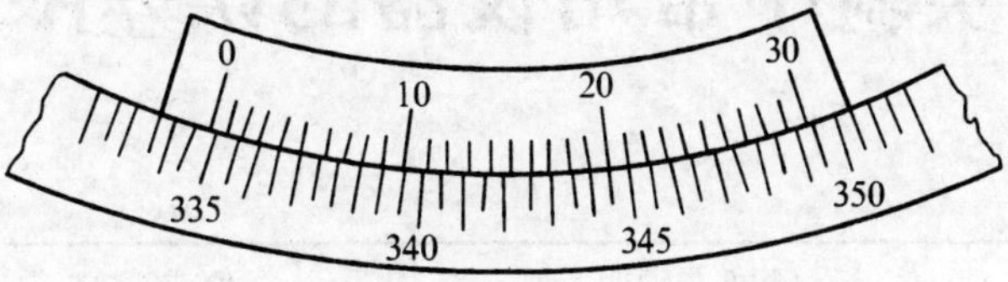

图 51

5. 分光仪主要技术参数

表 11

型号	刻度盘读数范围	游标分度值	Δ
FGY-01	0～360°	0.5′	0.5′
JJY	0～360°	1′	1′

附录七　实验中常用仪器的误差限——Δ值

<table>
<tr><th>序号</th><th>名称</th><th colspan="2">条件与说明</th><th>Δ值或算式</th><th>标准</th></tr>
<tr><td>1</td><td>游标卡尺</td><td colspan="2">测量范围 0～150 mm
① 分度值：0.02 mm
② 分度值：0.05 mm
③ 分度值：0.1 mm</td><td>① 0.02 mm
② 0.05 mm
③ 0.1 mm</td><td>GB 1214—1985</td></tr>
<tr><td>2</td><td>螺旋测微计</td><td colspan="2">测量范围 0～50 mm</td><td>0.004 mm</td><td>GB 1216—1985</td></tr>
<tr><td>3</td><td>读数显微镜</td><td colspan="2">MUC-15 型</td><td>0.015 mm</td><td></td></tr>
<tr><td>4</td><td>测微目镜</td><td colspan="2">JXD-2 型</td><td>0.01 mm</td><td></td></tr>
<tr><td>5</td><td>米尺</td><td colspan="2">① 1 m 钢直尺
② 一般性米尺</td><td>① 0.2 mm
② 最小分度值的 1/2</td><td></td></tr>
<tr><td>6</td><td>水银温度计</td><td colspan="2">测量范围 0～+100℃
① 分度值为 1℃，局侵
② 分度值为 2℃，局浸</td><td>① 1.5℃
② 3.0℃</td><td>ABY 270—1984</td></tr>
<tr><td>7</td><td>直流电表</td><td colspan="2">量程 X_n，级别 S</td><td>$X_n \cdot S\%$</td><td>GB 776—1976</td></tr>
<tr><td rowspan="7">8</td><td rowspan="7">电阻箱</td><td>步进值(Ω)</td><td>等级 a_i</td><td rowspan="7">$\sum a_i\% \cdot R_i$</td><td rowspan="7">GB 3949—1983</td></tr>
<tr><td>×10 000</td><td>0.1</td></tr>
<tr><td>×1 000</td><td>0.1</td></tr>
<tr><td>×100</td><td>0.1</td></tr>
<tr><td>×10</td><td>0.2</td></tr>
<tr><td>×1</td><td>0.5</td></tr>
<tr><td>×0.1</td><td>5</td></tr>
<tr><td>9</td><td>计时器</td><td colspan="2">① 电子秒表
② CSZ 数字测时器</td><td>① $(5.8\times10^{-6}\ t+0.01)$s
② 1 s 内 50 μs
10 s 内 0.5 ms</td><td></td></tr>
<tr><td>10</td><td>低频信号发生器</td><td colspan="2">① JXD-11 型
② XD7 型</td><td>① $f\cdot 5\%+1$ Hz
② $f\cdot 2\%+1$ Hz</td><td></td></tr>
<tr><td>11</td><td>数字频率计</td><td colspan="2">PP-18 型</td><td>$f\cdot 0005\%+1$ Hz</td><td></td></tr>
<tr><td>12</td><td>直流电桥</td><td colspan="2">① QJ23 型
（所选倍率为 K）
② QJ42 型
（所选倍率的满度值为 R_{max}）</td><td>① $K(0.2\%\cdot R_0+0.2)\Omega$
② $2\%\cdot R_{max}$</td><td>JB 1391—1974</td></tr>
</table>

(续表)

序号	名称	条件与说明	Δ值或算式	标准
13	直流电位差计	UJ31 型 ① ×1 档 ② ×10 档	① $5\times10^{-4}\cdot U_x+1.5\times10^{-6}$ V ② $5\times10^{-4}\cdot U_x+5\times10^{-6}$ V	JB 1390—1974
14	分光仪	① FGY-01 型 ② JJY 型	① 0.5′ ② 1′	
15	*三线摆	J_0 为转动惯量理论值	$J_0\times5\%$	
16	*扭摆仪	J_0 为转动惯量理论值	$J_0\times2\%$	
17	*自由落体重力加速度测定仪	g_0 为本地重力加速度公认值	$g_0\times3\%$	
18	*弹性模量测定仪		$Y\times5\%$	
19	*ET-79 粘度计		$\eta_0\times5\%$	
20	*SW 型声速测量仪		$v_0\times2\%$	
21	*迈克尔逊干涉仪		$\lambda_0\times1\%$	
22	*光电效应实验仪		$h_0\times3\%$	

注:标有*号的是教学仪器的综合Δ值,在一致性讨论时可考虑此项。

附录八　常用的物理数据

一、基本物理常数

量	符号	数值	单位
光速	c	299 792 458(精确值)	m/s
真空磁导率	μ_0	$4\pi\times10^{-7}=12.566\ 37\cdots\times10^{-7}$(精确值)	H/m
真空电容率	ε_0	$1/(\mu_0 c^2)=8.854\ 18\cdots\times10^{-12}$(精确值)	F/m
牛顿引力常数	G	$(6.672\ 59\pm0.000\ 85)\times10^{-11}$	$N\cdot m^2/kg^2$
普朗克常数	h	$(6.626\ 075\ 5)\pm0.000\ 004\ 0)\times10^{-34}$	J·s
基本电荷	e	$(1.602\ 177\ 33\pm0.000\ 000\ 49)\times10^{-19}$	C
电子质量	m_e	$(9.109\ 389\ 7\pm0.000\ 005\ 4)\times10^{31}$	kg
电子荷质比	$-e/m_e$	$(-1.758\ 819\ 62\pm0.000\ 000\ 53)\times10^{11}$	C/kg
质子质量	m_p	$(1.672\ 623\ 1\pm0.000\ 001\ 0)\times10^{27}$	kg
中子质量	m_n	$(1.674\ 928\ 6\pm0.000\ 001\ 0)\times10^{-27}$	kg
里德伯常数	R_∞	$(1.097\ 373\ 153\ 4\pm0.000\ 000\ 001\ 3)\times10^{7}$	1/m
玻尔兹曼常数	k	$(1.380\ 658\pm0.000\ 021)\times10^{-23}$	J/K

二、部分金属的弹性模量(杨氏模量)

金属	弹性模量 $Y(N/m^2)$
铝	$7.000\times10^{10}\sim7.100\times10^{10}$
铜	$1.050\times10^{11}\sim1.300\times10^{11}$
铁	$1.900\times10^{11}\sim2.100\times10^{11}$
碳钢	$2.000\times10^{11}\sim2.100\times10^{11}$
合金钢	$2.100\times10^{11}\sim2.200\times10^{11}$

三、部分液体的黏度

液体	温度(℃)	η(Pa·s)
变压器油	20	19 800
蓖麻油	10	242×10^4
葵花籽油	20	50 000
甘油	20	1 499×10^3
	100	12 945
鱼肝油	20	45 600
	80	4 600

四、部分物质的折射率

物质	折射率(波长为589.3 nm D线)
空气	1.000 292 6
水(20℃)	1.333 0
冕(K)玻璃(轻)	1.515 3*
冕(K)玻璃(重)	1.615 2*
燧石(F)玻璃(轻)	1.608 5*
燧石(F)玻璃(重)	1.751 5*

*随玻璃牌号而有不同。

五、常用气体光源波长表

光源	波长(nm, 1 nm=10^{-9} m)	颜色
H(氢)	656.28(H_α)	红
	486.13(H_β)	绿蓝
	434.05(H_γ)	紫
	410.17(H_δ)	紫
Na(钠)	589.529(D_1)	黄
	588.995(D_2)	黄

(续表)

光源	波长(nm, 1 nm=10^{-9} m)	颜色
Hg(汞)	579.065	黄
	576.959	黄
	546.074 0	绿
	491.604	绿蓝
	435.835	蓝
	407.781	蓝紫
	404.656	蓝紫
He-Ne 激光	632.8	橙